普通高等教育“十二五”规划教材

示范院校重点建设专业系列教材

水力学基础

主　编　张智涌　朱李英　高向前

副主编　曾　琳　何　飞　刘艺平　潘　露

主　审　田明武

内 容 提 要

本书共分13个专题，内容包括：液体的基本特性和主要物理力学性质，静水压强，平面壁与曲面壁上静水作用力的计算，水流运动的基本原理，水流型态与水头损失，水头损失计算，短管计算，简单长管计算，明渠恒定均匀流，明渠恒定非均匀流，水面曲线分析及计算，闸孔出流及堰流的设计计算，水工建筑物下游水流的衔接与消能。

本书可作为高职高专水利水电建筑工程、水利工程、水利工程监理、水利工程施工、城市水利等专业的通用教材，也可作为其他专业的教材或教学参考书，同时也可作为水利工程技术人员学习参考用书。

图书在版编目（CIP）数据

水力学基础 / 张智涌，朱李英，高向前主编. -- 北京：中国水利水电出版社，2013.8(2021.7重印)
普通高等教育"十二五"规划教材　示范院校重点建设专业系列教材
ISBN 978-7-5170-1081-4

Ⅰ. ①水… Ⅱ. ①张… ②朱… ③高… Ⅲ. ①水力学－高等学校－教材 Ⅳ. ①TV13

中国版本图书馆CIP数据核字(2013)第187158号

书　　名	普通高等教育"十二五"规划教材 示范院校重点建设专业系列教材 **水力学基础**
作　　者	主　编　张智涌　朱李英　高向前 副主编　曾　琳　何　飞　刘艺平　潘　露 主　审　田明武
出版发行	中国水利水电出版社 （北京市海淀区玉渊潭南路1号D座　100038） 网址：www. waterpub. com. cn E-mail：sales@waterpub. com. cn 电话：(010) 68367658（营销中心）
经　　售	北京科水图书销售中心（零售） 电话：(010) 88383994、63202643、68545874 全国各地新华书店和相关出版物销售网点
排　　版	中国水利水电出版社微机排版中心
印　　刷	清淞永业（天津）印刷有限公司
规　　格	184mm×260mm　16开本　15印张　356千字
版　　次	2013年8月第1版　2021年7月第6次印刷
印　　数	10031—14030册
定　　价	**46.00**元

前言

本书是根据国家“十二五”教育发展规划纲要及《中共中央 国务院关于加快水利改革发展的决定》(2011 中央 1 号文件)、《国家中长期教育改革和发展规划纲要》(2010～2020 年)、《教育部关于全面提高高等职业教育教学质量的若干意见》(教高［2006］16 号)等文件精神，按照水利部示范院校建设、省级示范院校建设对课程改革的相关要求编写的。

此次出版的《水力学基础》在总结水利类高等职业教育多年教学改革的基础上，本着理论够用，实践突出，体现现代水利新技术、新材料、新理念的原则，在篇幅上作了较大幅度的删减，调整以后的理论课时比原来的大为减少，同时更加突出实践性教学环节，体现了高职高专教育特色，更加适应了当前教学改革的新形势。

本书主要编写人员如下：绪论、专题十二由潘露编写，专题一、专题十三由刘艺平编写，专题二由张智涌、高向前编写，专题三、专题四由高向前编写，专题五由朱李英编写，专题六由张智涌、朱李英编写，专题七、专题八由何飞编写，专题九、专题十、专题十一由曾琳编写。

本书由四川水利职业技术学院张智涌、朱李英、高向前担任主编，曾琳、何飞、潘露、刘艺平担任副主编，田明武担任主审。

本书在编写过程中，学习和借鉴了很多参考书，在此，对相关作者表示衷心的感谢。四川水利职业技术学院水工专业教学团队的刘建明院长、于建华副院长等相关领导及同仁，对本书的编写给予了大力支持，并提出宝贵意见；相关兄弟院校也为本书的编写给予了大力支持。在此，一并谨向他们表示真诚的感谢和致以崇高的敬意。

囿于作者水平，书中尚存在诸多不足，恳请读者批评指正，多提宝贵意见。

编者

2013 年 6 月

目录

绪　论

学习要求

掌握水力学的性质和任务。

一、水力学的定义和研究对象

水力学是研究水（或其他液体）处于平衡和机械运用状态下的力学规律，并探讨运用这些规律解决工程实际问题的一门学科。它是一门技术学科，是力学的一个分支。在诸多种类的液体中，由于实际工程中接触最多的是水，本学科便以水作为液体研究的主要对象，故称为水力学。水力学的基本原理和一般水力计算方法不仅适用于水，也同样适用于其他一些液体。

水力学在工农业生产和实际工程中，占有相当重要的地位，广泛用于解决水力发电、水文水资源、道路与桥梁、农田水利、机电排灌、河道整治、给排水、环境工程等领域中涉及的与液体运动规律有关的技术问题。水力学在研究液体平衡和机械运动规律时，将应用到物理学及理论力学中有关物体平衡及运动规律的原理，如力系平衡定理、动量定理、动能定理等。通过本课程的学习既有利于力学基础知识的巩固与提高，又有利于培养学生分析、解决实际问题的能力。因此，水力学是一门连接前期基础课程和后续专业课程的承前启后的学科，是水利类专业的一门重要的专业基础课。

水力学由水静力学和水动力学两大部分组成。水静力学研究的是液体的平衡规律，即当液体处于静止（或者相对静止）状态时的力学规律及其在工程实际中的应用；水动力学研究的是液体的运动规律，即当液体处于运动状态时作用于液体上的力与运动要素之间的关系，以及液体的运动特性与能量转换等。

二、水利工程中的水力学问题和任务

在水利工程的勘测、设计、施工和运行管理各个环节中需要解决大量水力学问题。为了明确水力学的任务，我们以一个水资源综合利用的水利枢纽工程为例，来了解一下实际工程中常见的水力学问题。

为了满足防洪、灌溉、航运等各方面的要求，常在河道上筑坝以抬高上游水位形成水库。同时修建泄洪、通航、引水及输水建筑物、水电站等，组成水利枢纽。在规划时就必须分析自然河流河势与天然水流形态，妥善布局每一个建筑物，正确确定水库的各种水位和下泄流量，合理设计引水、输水和泄洪建筑物过水断面的形状、尺寸，以充分利用水资源，发挥水资源最大效用。

在河道上筑坝后，坝上游水位将沿河道抬高形成水面曲线，导致河流两岸的农田等可能被淹没，必须依靠水力计算确定筑坝后水库的淹没范围，为移民和水库综合效应评估提供必要的依据。

水库蓄水后，大坝就会受到静水或动水压力的作用，在校核坝体稳定时，必须计算上下游水对坝体的水压力。在坝前水压力的作用下，水库中的水还会有部分沿坝基土壤或岩石的缝隙向下游渗流，渗透对坝基的作用力也必须依靠水力计算来确定。

水库泄洪时，因溢流坝段上下游水位差一般较大，水流下泄时具有较大动能，必须采取有效措施，消除多余有害能量，防止或削弱高速水流对下游河床的冲刷，以确保建筑物安全。

归纳起来，大致可以分为以下六个问题：

(1) 水流对建筑物的作用力。

(2) 水工建筑物的过水能力。

(3) 水能利用和能量损失。

(4) 河渠水面线问题。

(5) 水流型态及泄水建筑物下游水流的衔接消能问题。

(6) 渗流问题。

另外还可以解决：高速水流中的掺气问题、气蚀、冲击波、涡流、水污染等问题。

专题一　液体的基本特性和主要物理力学性质

学习要求

掌握液体的基本特性，了解液体的惯性、万有引力特性、黏滞性、压缩性以及表面张力等五个主要物理特性。

知识点一　液体的基本特性

自然界的物质一般有三种存在形式，即气体、液体和固体。固体由于其分子间距很小，黏聚力很大，所以能够保持固定的形状和体积，在外力作用下不易发生变形。液体和气体统称为流体，流体的分子间距较大，黏聚力小，在微小的剪切力的作用下易发生流动和变形，而不能保持固定的形状。

液体和气体的主要区别是在外力的作用下液体和气体的可压缩程度不同。液体不易被压缩，而气体易被压缩。水作为一种流体，在运动过程中表现出与固体不同的特点。

知识点二　液体的主要物理力学性质

一、液体的惯性

惯性是物体保持原有运动状态的性质。

物体惯性的大小用质量来表示，质量愈大的物体，惯性愈大，其反抗改变原有运动状态的能力就愈强。设物体的加速度为 a，质量为 m，则惯性力 F 为

$$F=-ma \tag{1-1}$$

式中　m——质量，g 或 kg；

　　a——加速度，m/s^2。

对于均质液体来说，质量可用密度来表示，其计算公式为

$$\rho=\frac{m}{V} \tag{1-2}$$

式中　ρ——密度，kg/m^3 或 g/cm^3。

同一液体密度随温度和压强变化，但变化甚小，一般可看成是常数。对于水而言，在一个标准大气压下，温度为 4℃时，$\rho=1000kg/m^3$。

二、液体的万有引力特性

万有引力特性是指运动物体之间相互吸引的性质，地球对物体的吸引力为重力或重量。

重量用 G 来表示，重量的单位为 N 或 kN。对于质量为 m 的液体，其重量为

$$G=mg \tag{1-3}$$

式中 g——重力加速度，为简化计算，本书采用 $g=9.8\text{m/s}^2$。

对于均质液体，单位体积的重量为容重（重度或重率），其计算公式为

$$\gamma=\frac{G}{V} \tag{1-4}$$

式中 γ——液体的容重，N/m^3 或 kN/m^3。

容重与密度的关系为

$$\gamma=\rho g \tag{1-5}$$

在水力学中，为简化计算，一般水的容重为 $\gamma=9.8\text{kN/m}^3$；水银的容重为 $\gamma=133.3\text{kN/m}^3$。

【例题 1-1】 已知某液体的 $V=6\text{m}^3$，$\rho=983.3\text{kg/m}^3$，求该液体的质量和容重。

解： 由式（1-2）可知液体质量为

$$m=\rho V=983.3\times6=5899.8(\text{kg})$$

由式（1-5）可知液体的容重为

$$\gamma=\rho g=983.3\times9.8=9636.3(\text{N/m}^3)$$

三、液体的黏滞性

1. 黏滞性

液体在运动状态下，利用内摩擦力来抵抗剪切变形的性质称为液体的黏滞性，黏滞性在液体运动时才显示出来，即静止时液体不能承受切力来抵抗剪切变形。

2. 牛顿内摩擦定律及黏滞力系数

为了说明黏滞性的存在对水流的影响，现以明渠水流为例予以说明。当渠道中的水流作直线运动，且液体质点是有规则的分层流动不相互混掺时，测得其垂线上的流速分布如图 1-1 所示。在渠道底部，由于黏滞性的存在，水流与边壁之间存在着附着力，液体质点的速度为零；距渠道愈远流速愈大，当忽略表面张力的影响时，自由表面的流速最大。垂线上各点的流速不等，表明液体内部流层间存在着相对运动。

流层间的相对运动一经形成后，快层的质点将带动慢层的质点，从而在相邻流层的接触面上产生成对的内摩擦力，如图 1-1（b）所示的快慢接触面上的 T 和 T'，它们大小相等，方向相反，作用在不同流层上。内摩擦力一方面作用于质点上使其发生剪切变形运动；另一方面，对于质点来说，它又是抵抗剪切变形运动的力。设如图 1-1（a）所示的质团 $ABCD$ 上、下层中心处的流速分别为 $u+\text{d}u$ 和 u。因为两流层的速度不等，经 $\text{d}t$ 时段后，质团变形呈 $A'B'C'D'$ 形状，这种变形就是因为流层间的接触面上产生的内摩擦力作用的结果。内摩擦力的大小可由牛顿内摩擦定律确定，即

$$T=\mu A\frac{\text{d}u}{\text{d}y} \tag{1-6}$$

单位面积上的摩擦力（黏滞切应力）为

$$\tau=\frac{T}{A}=\mu\frac{\text{d}u}{\text{d}y} \tag{1-7}$$

式中 T——内摩擦力；

A——相对流层所接触的面积；

μ——动力黏滞系数，$N \cdot s/m^2$ 或 $Pa \cdot s$；

$\frac{du}{dy}$——水流流速沿水深的变化率。

式（1-6）、式（1-7）为牛顿内摩擦定律。表明液体内摩擦力的大小与液体的性质和温度有关，与流速无关，与流速梯度有关，与接触面面积大小成正比，与正压力无关。

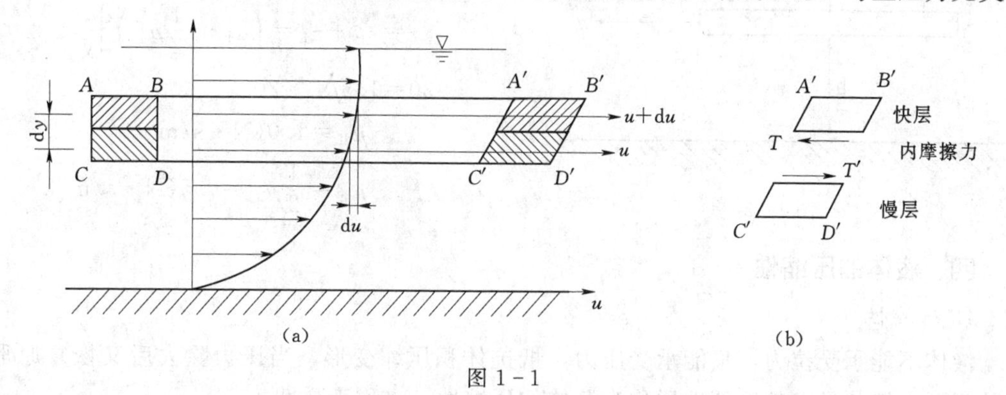

图 1-1

μ 与液体的种类和温度有关，见表 1-1（主要为水的）。

从表中可看出 t 越大 μ 越小，μ 越大黏滞性越大。水力学中，液体的黏滞性还可以用 $\nu=\frac{\mu}{\rho}$，为运动黏滞系数（m^2/s 或 cm^2/s）。

设水温为 t，以℃计，水的运动黏滞系数的计算公式为

$$\nu=\frac{0.01775}{1+0.0337t+0.000221t^2} \tag{1-8}$$

式（1-8）中 ν 的单位为 cm^2/s。牛顿内摩擦定律只适用于牛顿液体（油、酒精、水银），对于非牛顿液体（血浆、泥浆、牙膏等）将用另外公式进行计算。

表 1-1　　不同温度条件下水的物理性质

温度 t (℃)	重度 γ (kN/m^3)	密度 ρ (kg/m^3)	动力黏滞系数 μ ($\times10^{-3}Pa \cdot s$)	运动黏滞系数 ν ($\times10^{-6}m^2/s$)	压缩系数 β ($\times10^{-9}m^2/Pa$)	表面张力系数 σ (N/m)
0	9.805	999.9	1.781	1.785	0.495	0.0756
5	9.807	1000.0	1.518	1.519	0.485	0.0749
10	9.804	999.7	1.306	1.306	0.476	0.0742
15	9.798	999.1	1.139	1.139	0.465	0.0735
20	9.789	998.2	1.002	1.003	0.459	0.0728
25	9.777	997.0	0.890	0.893	0.450	0.0720
30	9.764	995.7	0.798	0.800	0.444	0.0712
40	9.730	992.2	0.653	0.658	0.439	0.0696
50	9.689	988.0	0.547	0.553	0.437	0.0679
60	9.642	983.2	0.466	0.474	0.439	0.0662
70	9.589	977.8	0.404	0.413	0.444	0.0644
80	9.530	971.8	0.354	0.364	0.455	0.0626
90	9.466	965.3	0.315	0.326	0.467	0.0608
100	9.399	958.4	0.282	0.294	0.483	0.0589

【例题 1-2】 一极薄平板（如图 1-2 所示）在厚度为 4cm 的液流层中以 $u=0.8\text{m/s}$ 的速度运动，动力黏滞系数 $\mu_{上}$ 为 $\mu_{下}$ 的 2 倍，两层液流在平板上产生的总切应力为 $\tau=30\text{N/m}^2$，试求 $\mu_{上}$、$\mu_{下}$。

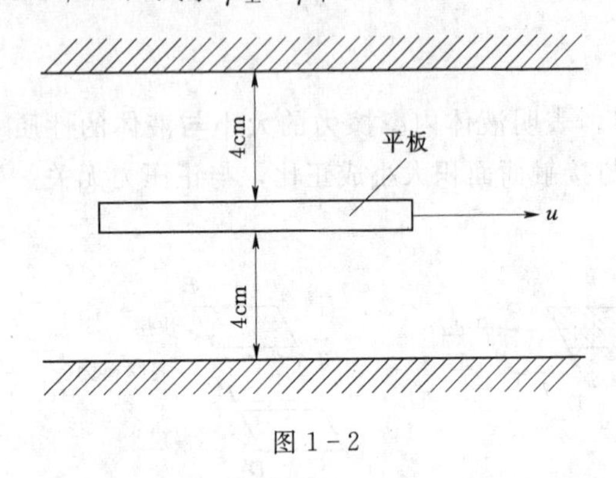

图 1-2

解：

$$\frac{\mathrm{d}u}{\mathrm{d}y}=\frac{0.8}{0.04}=20\ (1/\text{s})$$

$$\tau=\mu\frac{\mathrm{d}u}{\mathrm{d}y}$$

$$\tau=\tau_{上}+\tau_{下}=\left(\mu_{上}+\frac{1}{2}\mu_{上}\right)\frac{\mathrm{d}u}{\mathrm{d}y}$$

$$30=1.5\mu_{上}\times 20$$

$$\mu_{上}=1.0(\text{N}\cdot\text{s/m}^2)$$

$$\mu_{下}=\frac{1}{2}\mu_{上}=0.5(\text{N}\cdot\text{s/m}^2)$$

四、液体的压缩性

1. 压缩性

液体不能承受拉力，只能承受压力，抵抗体积压缩变形，当压力除去后又恢复原形，消除变形。液体具有的这种性质称为液体的压缩性，也称为弹性。

2. 体积缩小系数和体积弹性系数

液体的压缩性可以用体积压缩系数 β 来表示。设质量一定的液体，其体积为 V，当压强增加 $\mathrm{d}p$ 时，体积相应减小 $\mathrm{d}V$，其体积的相对压缩值为 $\frac{\mathrm{d}V}{V}$，则体积压缩系数为

$$\beta=-\frac{\frac{\mathrm{d}V}{V}}{\mathrm{d}p} \tag{1-9}$$

体积压缩系数的单位为 m^2/N 或 $1/\text{Pa}$。

在材料力学中，弹性系数的一般定义为应力与应变之比。若用 K 表示液体的体积弹性系数，可见体积压缩系数的倒数就是体积弹性系数，即

$$K=\frac{1}{\beta} \tag{1-10}$$

K 的单位为 N/m^2 或 Pa。

液体的体积压缩系数和体积弹性系数与液体性质有关，同一种液体的体积压缩系数和体积弹性系数随温度和压强变化而变化，但变化不大，一般视为常数。在实际应用中，除特殊问题，一般我们认为液体是不可以压缩的。

五、表面张力特性

表面张力特性是指液体自由表面存在一微小张力的性质，这是一种局部水力现象。表面张力不仅存在于液体的自由表面上，也存在于不相混合的两层液体之间的接触面上。水利工程中所接触的水面一般较大，故在水力学问题中，一般不考虑表面张力的影响。

在水力学试验中，经常使用玻璃管（测压管）测量水压强或水面高度，当玻璃内径比较小时，则需要考虑由于表面张力引起的毛细管现象所造成的影响，如图 1-3 所示。

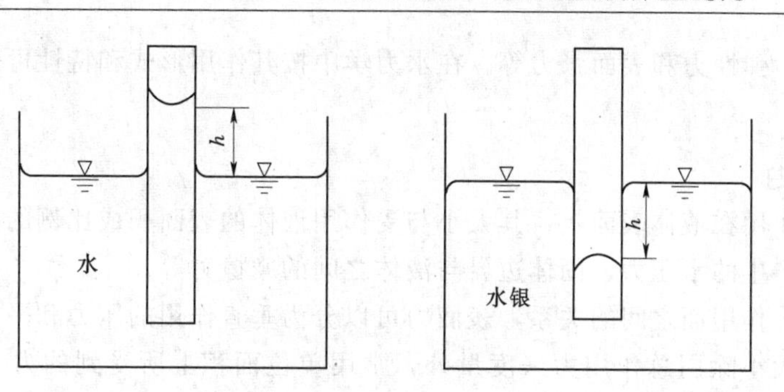

图 1－3

以上介绍的五种物理性质，都在不同程度上影响和决定着液体的运动，但每一种性质的影响程度并不是相同的。就一般而论，液体的压缩性和表面张力特性只对某些特殊水流运动产生影响，所以只在特殊情况下考虑，而前三种性质对液体运动的影响起着重要作用。

知识点三　连续介质假说与理想液体

一、连续介质假说

液体的真实结构是由运动着的分子组成，水分子与水分子之间存在有空隙，如果按实际情况去研究，是相当困难的，由于水力学是为工程服务的，不需要研究水分子的运动（微观运动）情况，只需研究宏观的机械运动，而分子间的空隙与研究的范围相比小得多，在水力学研究中，将液体假设成一种由无数没有微观运动的质点所组成且毫无空隙地充满所占据的空间的连续体——这种抽象化的液体模型即为 1753 年由欧拉提出来的连续介质假说。

在连续介质假说的基础上，可以把液体看成是密度分布均匀的，各部分和各方向的物理性质都是均质的和各向同性的。

有了连续介质的概念，就可以用数学中的连续函数理论来研究液体的运动。

实践表明连续介质假说条件下所得到的结论与客观实际十分相符，完全能够满足工程实际需要。因此，一般的水力学问题都是以连续介质假说作为基础的。

二、理想液体

由于实际情况液体存在有黏滞性，而且对液体运动的影响较为复杂，确定起来是很困难的，为简化方便，提出理想液体的概念，所谓理想液体就是将水看成是不可压缩的，不能膨胀，没有黏滞性和表面张力的连续性介质。由于实际液体的压缩性、膨胀性和表面张力均很小，与理想液体差别不大，但黏滞性是否存在则是理想液体与实际液体的最重要的差别。研究问题时一般先按理想液体考虑，得出结论，再按实际液体考虑，修正黏滞性的影响带来的偏差。

知识点四　作用在液体上的力

液体无论在平衡（静止）或运动状态，均受各种力的作用，按其物理性质有惯性力、重力、摩擦力、弹性力和表面张力等。在水力学中按其作用形式和特性可分为表面力和质量力两种。

一、表面力

表面力指作用在液体表面上，其大小与受作用液体的表面积成比例的力。其代表力有液体接触面上产生的水压力、固体边界与液体之间的摩擦力等。

按面积力与作用面之间的关系，表面力可以分为垂直作用的压力和平行作用的切力两种。表面力的大小除用总作用力来度量外，常用单位面积上所受到的力（即应力）来表示。垂直指向作用面的应力称为压应力或压强，与作用面平行的应力称为切应力。

二、质量力

质量力作用在研究液体的每一个质点上，其大小与液体质量成正比。如惯性力、重力等均属质量力。对于均质液体而言，因液体的质量与其体积成正比，所以又叫体积力。与表面力一样，质量力的大小也可以用单位质量液体上所受的质量力来度量，这种单位质量液体上所受的质量力称为单位质量力，以符号 f 表示。设质量为 m 的液体，其上所作用的总质量力为 F，则单位质量力为

$$f=\frac{F}{m} \tag{1-11}$$

若总质量力 F 在各个坐标轴上的投影为 F_X、F_Y、F_Z，则单位质量力在 X，Y，Z 坐标轴上投影为

$$\left.\begin{aligned} X&=\frac{F_X}{m} \\ Y&=\frac{F_Y}{m} \\ Z&=\frac{F_Z}{m} \end{aligned}\right\} \tag{1-12}$$

如取 Z 轴与铅垂方向一致且规定向上为正，则作用于单位质量液体上的重力在各坐标的分力为：$X=0$，$Y=0$，$Z=-mg/m=-g$。

专 题 小 结

1. 自然界的物质一般有三种存在形式，即气体、液体和固体。液体和气体统称为流体。

2. 惯性是物体保持原有运动状态的性质。物体惯性的大小用质量来表示，质量愈大的物体，惯性愈大，其反抗改变原有运动状态的能力就愈强。设物体的加速度为 a，质量为 m，则惯性力 F 为 $F=-ma$。

3. 万有引力特性是指运动物体之间相互吸引的性质，地球对物体的吸引力为重力或重量。重量用 G 来表示，重量的单位为 N 或 kN。对于质量为 m 的液体，其重量为 $G=mg$。

4. 液体在运动状态下，利用内摩擦力来抵抗剪切变形的性质叫液体的黏滞性，黏滞性只在液体运动时显示出来，即静止时液体不能承受切力来抵抗剪切变形。通过牛顿内摩

擦定律能够确定出内摩擦力的大小，即 $T=\mu A\frac{du}{dy}$。

5. 液体不能承受拉力，只能承受压力，抵抗体积压缩变形。液体具有的这种性质称为液体的压缩性。

6. 表面张力特性是指液体自由表面受到一微小拉力的性质。

习　题

一、填空题

1. 液体的主要物理力学性质有（　　　　　）。

2. 黏滞性是液体所（　　　）的性质，黏滞阻力的大小和（　　　）有关，其数学表达式为（　　　　）。

3. 理想液体与实际液体的本质区别在于（　　　　）。

二、简答题

1. 液体在两块平行板间活动，流速分布如图 1-4 所示，从中取出 A、B、C 三块自由水体，试分析：

(1) 各水体上下两平面上所受切应力的方向。

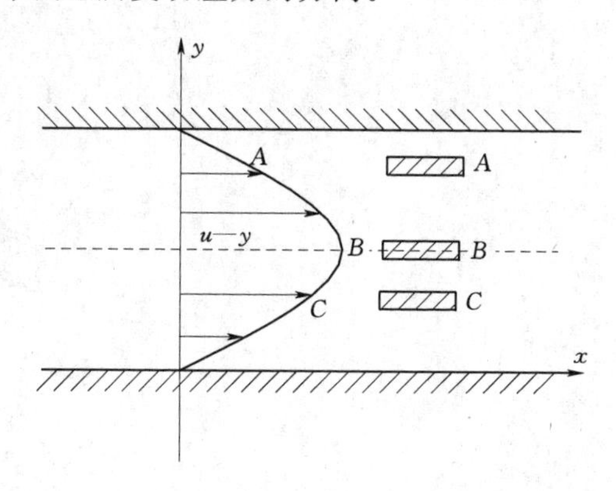

图 1-4

(2) 定性指出哪个面上的切应力大，哪个小？为什么？

2. 已知液体中的流速分布 u—y 如图 1-5 所示三种情况：(a) 矩形分布；(b) 三角形分布；(c) 抛物线分布。试定性地画出各种情况下的切应力分布图 τ—y。

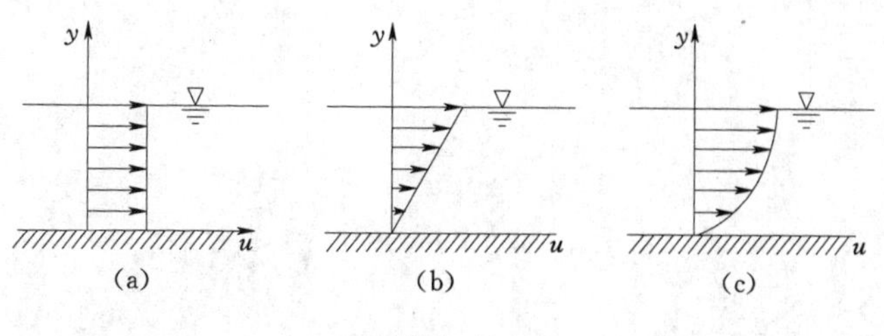

图 1-5

3. 试分析图 1-6 中三种情况下水体 A 受哪些表面力和质量力作用?

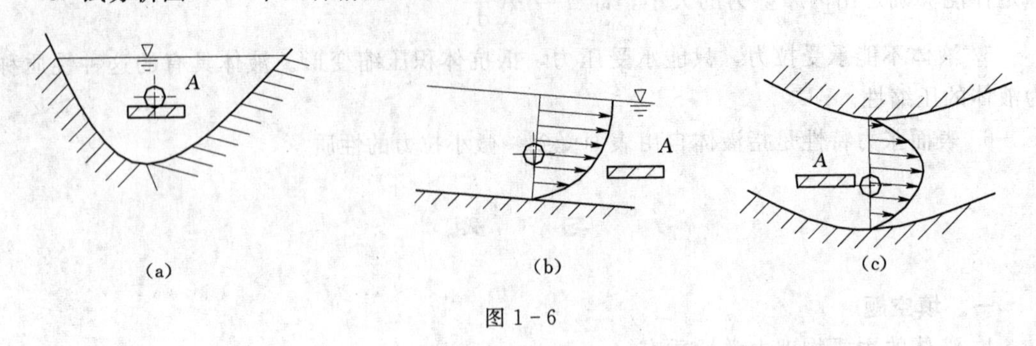

图 1-6

专题二　静　水　压　强

学习要求

1. 掌握静水压强的特性、基本规律、单位及量测方法。

2. 理解位置水头、压强水头、测压管水头。

液体的静止状态有两种：一是液体相对地球处于静止状态，称为静止状态，如水库、蓄水池中的水；二是指液体对地球有相对运动，但与容器之间没有相对运动，称为相对静止状态，如做加速运动的油罐车中的油。由于静止状态液体质点间无相对运动，黏滞性表现不出来，故而内摩擦力为零，表面力只有压力。

水静力学的任务，是研究静止液体的平衡规律及其实际应用。本专题主要内容是静止水压强的特性及其基本规律，静水压强的测算等。

知识点一　静水压强及其特性

一、静水压强的定义

静止液体对于其接触的壁面有压力作用，如水对闸门、大坝坝面、水池池壁及池底都有水压力的作用。在液体内部，一部分液体对相邻的另一部分液体也有压力的作用。静止液体作用在与之接触的表面上的压力称为静水压力，常用 P 表示，受压面积常用 A 表示。

在图 2-1 上，围绕 N 点取微小面积 ΔA，作用在 ΔA 上的静水压力为 ΔP，则 ΔA 面上单位面积所受的平均静水压力为

$$\overline{p}=\frac{\Delta P}{\Delta A}$$

$\overline{p}$称为 ΔA 面上的平均静水压强，它只表示 ΔA 面上受力的平均值，只有在受力均匀的情况下，才真实反映受压面上各点的水压力状态，通常受压面上的受力是不均匀的，所以必须建立点静水压强的概念。

在图 2-1 中，当 ΔA 无限缩小趋于 N 点时，即 ΔA 趋于 0 时，比值$\frac{\Delta P}{\Delta A}$趋于某一极限值，该极值即为 N 点的静水压强，静水压强用 p 表示。

$$p=\lim_{\Delta A\to 0}\frac{\Delta P}{\Delta A}$$

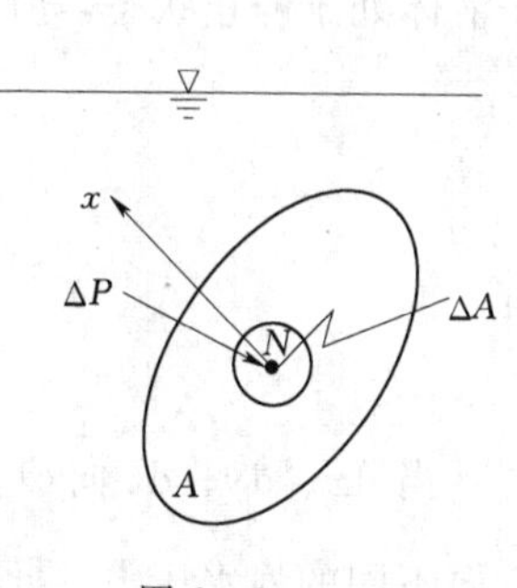

图 2-1

静水压力的单位为 N（牛顿）或 kN（千牛顿），静水压强的单位为 N/m^2（牛顿/米^2）或 kN/m^2（千牛顿/

米²)，N/m^2 也可写作 Pa（帕斯卡）。

二、静水压强的特性

静水压强有两个重要特性：

(1) 静水压强的方向与受压面垂直并指向受压面。

证明：在静止液体中取出一块水体 M，如图 2-2 所示。用 $N—N$ 面将其分割成Ⅰ、Ⅱ两部分。取出第Ⅱ部分为脱离体，在 $N—N$ 面上任取一点 A。

假如其所受静水压强 p 的方向是任意方向，则 p 可以分解成法向力 p_n 和切向力 p_τ。由液体的性质知：静止液体不能承受剪切力，也不能承受拉力，p_τ 的存在必然会使 A 点的液体 $N—N$ 面运动，这与静水的前提不符，故 p_τ 只能为 0。同理，如 p_n 不是指向受压面，则液体将受到拉力，静止状态也要受到破坏，也与静水的前提不符，所以静水压强的方向只能垂直并指向受压面。

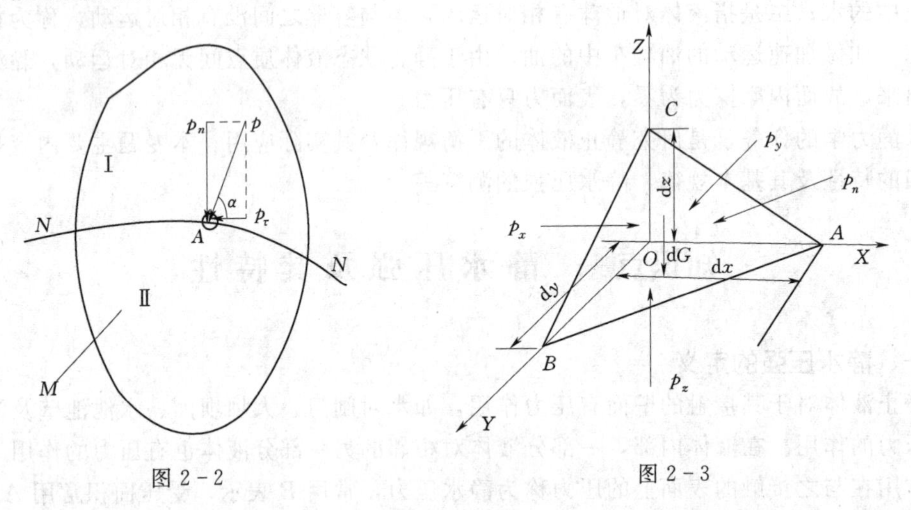

图 2-2　　图 2-3

(2) 静水中任何一点上各个方向的静水压强大小均相等，或者说其大小与作用面的方位无关。

证明：在处于相对平衡的液体中取一个微小的四面体 $OABC$ 来研究，见图 2-3。

四面体的三个边 OA、OB、OC 是相互垂直的，令它们分别与 OX、OY、OZ 轴重合，长度各为 dx、dy、dz。作用于四面体的四个表面 OBC、OAC、OAB 及 ABC 上的平均静水压强为 p_x、p_y、p_z 和 p_n，四面体所受的质量力仅重力。以 dA 代表 ΔABC 的面积，由于液体处于静止状态，所以四面体在三个坐标方向上所受外力的合力应等于 0，即

$$\frac{1}{2}p_x dydz - p_n dA\cos(n,x) = 0$$

$$\frac{1}{2}p_y dxdz - p_n dA\cos(n,y) = 0$$

$$\frac{1}{2}p_z dxdy - p_n dA\cos(n,z) - \frac{1}{6}\gamma dxdydz = 0$$

当 dx、dy、dz 向 O 点缩小而趋近于 0 时，p_x、p_y、p_z 和 p_n 变为作用于同一点 O 而方向不同的静水压力，此时 $\frac{1}{6}\gamma dxdydz$ 属第三阶段无限小值，它相对于前两项可以略去不

计，且由于

$$\mathrm{d}A\cos(n,x)=\frac{1}{2}\mathrm{d}y\mathrm{d}z$$

$$\mathrm{d}A\cos(n,y)=\frac{1}{2}\mathrm{d}x\mathrm{d}z$$

$$\mathrm{d}A\cos(n,z)=\frac{1}{2}\mathrm{d}y\mathrm{d}x$$

以上证明可知

$$p_x=p_y=p_z=p_n \tag{2-1}$$

静水中任何一点各个方向的静水压强大小均相等，与作用面的方位无关。静水压强的第二个特性也表明，静水中各点压强的大小仅是空间坐标的函数，或者说仅随空间位置的变化而改变，即

$$p=p(x,y,z) \tag{2-2}$$

知识点二　静水压强的基本规律

一、静水压强的基本方程

1. 静水中任意两点间压强公式

如图 2-4 所示为通过力学分析的方法探讨静水压强的变化规律。在所受质量力仅有重力作用的静止液体中，研究位于水面下铅直线上任意两点 1、2 处压强 p_1 和 p_2 间的关系。围绕 1、2 两点分别取微小面积 ΔA，取以 ΔA 为底面积、Δh 为高铅直小圆柱水体为脱离体，因 ΔA 是微小面积，故可以认为其上各特点的压强是相等的，如图 2-4（a）所示，p_0 为水表面压强；h_1、h_2 分别为 1、2 两点的水深；G 为小水柱的重量（重力）。

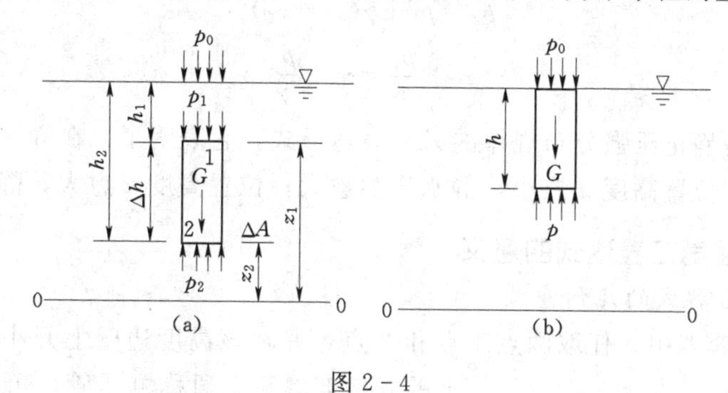

图 2-4

从脱离体受力分析知，铅直方向共受三个力：

圆柱上表面的静水压力　　$p_1=p_1\Delta A$

圆柱下表面的静水压力　　$p_2=p_2\Delta A$

小水柱体的重力　　$G=\gamma\Delta A\Delta h$

因是静止水体，铅直方向合力必为 0，取向上方向为正，列力的平衡方程，得

$$p_2\Delta A-p_1\Delta A-\gamma\Delta A\Delta h=0$$

等式两端同除以 ΔA，可得任意两点静水压强的基本关系式为

$$p_2 = p_1 + \gamma\Delta h \tag{2-3}$$

式（2-3）表明，在质量力仅有重力作用的静水中，任意两点的静水压强关系为：下面一点的压强等于上面一点的压强加上水容重与两点之间的水深差的乘积；或者是上面一点的压强等于下面一点的压强减去水容重与两点之间的水深差的乘积（特殊情况下，如两点位于同一水平面，$\Delta h=0$，则 $p_1=p_2$）。显然，水深越大，压强越大。水深每增加 1m，静水压强就增大 $\gamma\Delta h=9.8\text{kN/m}^3\times 1\text{m}=9.8\text{kN/m}^2$。

2. 静水中任意一点压强公式

如把铅直小圆柱上表面向上移至水面上，如图 2-4（b）所示，$h_1=0$，$h_2=h=\Delta h$，$p_1=p_0$，$p_2=p$，则式（2-3）可写成

$$p = p_0 + \gamma h \tag{2-4}$$

式（2-4）为常用的静水压强基本方程式，它表明：质量力仅有重力作用下的静水中任一点的静水压强，等于水面压强加上液体的容重与该点水深的乘积。

特别指出的是，当液体表面的压强 $p_0=p_a$（大气压）时，为简化计算，式（2-4）$p=p_0+\gamma h$中的 p_0 按零计，即 $p_0=p_a=0$，只计算液体产生的压强。则静水压强方程式可写为

$$p = \gamma h \tag{2-5}$$

式（2-5）表明静水中任一点的压强与该点在水下淹没的深度呈线性关系。

3. 静水压强第二表达式

我们也可以采用物理学中取基准面 0—0 的方法，来表示静水中任一点所处的位置。静水中任一点距 0—0 基准面的高度，称为该点的位置高度。则式（2-3）中 $\Delta h=z_1-z_2$，见图 2-4（a），可得

$$p_2 = p_1 + \gamma(z_1 - z_2)$$

即

$$z_1 + \frac{p_1}{\gamma} = z_2 + \frac{p_2}{\gamma} \tag{2-6}$$

式（2-6）是静止压强分布规律的另一表达形式。它表明了：在静水液体中位置高度与压强的关系，即位置高度 z 愈小，静水压强愈大；位置高度 z 愈大，静水压强愈小。

二、静水压强第二表达式的意义

1. 静水压强方程式的几何意义

在图 2-5 的容器中，任取两点 1 点和 2 点，并在该高度边壁上开小孔并外接垂直向上的开口玻璃管，通称测压管，可看到各测压管均有水柱升起，测压管中的水面必升至与容器中的水面处于同一水平面。

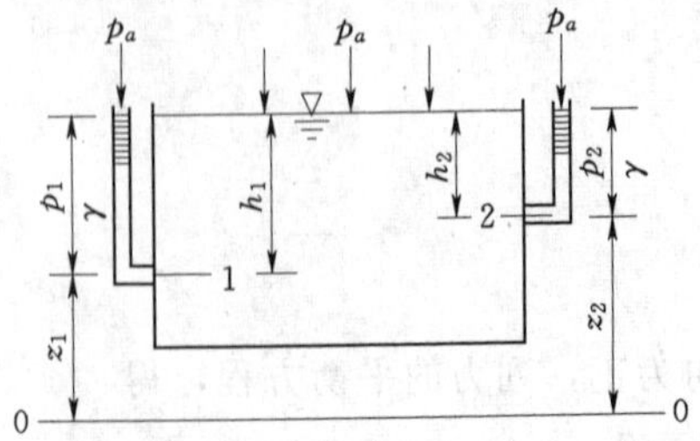

图 2-5

因液体面上为大气压，故容器内 1、2 两点的静水压强分别为

$$p_1 = \gamma h_1$$

$$p_2 = \gamma h_2$$

因此，测压管中水面上升的高度

$$h_1=\frac{p_1}{\gamma}$$

$$h_2=\frac{p_2}{\gamma}$$

水力学中，通常称 z 为位置高度（或位置水头），$\frac{p}{\gamma}$ 为测压管高度（或压强水头）。$z+\frac{p}{\gamma}$ 为测压管水头。

显然，图 2-5 中当 0—0 基准面确定后，水表面到 0—0 基准面的距离是不变的。因此式（2-6）的几何意义在于：静止液体内任何一点的测压管水头等于常数（质量力仅受重力作用），即

$$z+\frac{p}{\gamma}=C \tag{2-7}$$

C 值的大小，取决于基准面的选取，基准面选定，C 值即确定。

式（2-7）也表明了连通器原理：均质、连通的静止液体中，水平面必是等压面，即 $z_1=z_2$ 时，必然 $p_1=p_2$。

2. 静水压强方程式的物理意义

物理学中，质量为 m 的物体在高度为 z 的位置，具有的位置势能为 mgz。同理，质量为 m 的液体在距 0—0 基准面高度为 z_1 的位置上，也具有位置势能 mgz_1（见图 2-5）。在研究液体时常取单位重量的液体作为研究对象，则单位重量的液体在某点所具有的位置势能简称单位位能，其表达式为

$$z_1=\frac{mgz_1}{mg}$$

液体除具有位置势能外，其压力也具有做功的本领，称为压力势能，如图 2-5 所示。质量为 m 的液体在 1 点所受的静水压强为 $p_1=\gamma h_1$。在 p_1 的作用下，液体在测压管内上升高度为$\frac{p_1}{\gamma}$，压力势能转化成高度为$\frac{p_1}{\gamma}$的位置势能。所以，其压力势能为 $mg\frac{p_1}{\gamma}$，单位重量液体在某点具有的压力势能简称为单位压能，其表达式为

$$\frac{p_1}{\gamma}=\frac{mg\frac{p_1}{\gamma}}{mg}$$

单位重量的液体在某点所具有的总势能，简称单位势能，为 $z_1+\frac{p_1}{\gamma}$。同理，2 点的单位势能为 $z_2+\frac{p_2}{\gamma}$。任何一点的单位势能为 $z+\frac{p}{\gamma}$。

由式（2-6）可知

$$z_1+\frac{p_1}{\gamma}=z_2+\frac{p_2}{\gamma}=C \tag{2-8}$$

所以静水压强方程式的物理意义为：静止液体内任何一点对同一基准面的单位势能为一常数。这反映了静止液体内部的能量守恒定律。

静水压强基本方程 $p=p_0+\gamma h$ 则反映了帕斯卡定律，它表明：在静止液体中，表面的气体压强 p_0，可不变大小地传递到液体中的任何一点。油压千斤顶、万吨水压机等很

多机械设备，就是根据这一定律制作的。

【例题 2-1】 求水库中水深 5m、10m 处的水深的静水压强。

解：因水库表面压强为大气压强，故 $p_0=p_a=0$

水深 5m 处 $p=\gamma h=9.80\times5=49(\text{kPa})$

水深 10m 处 $p=\gamma h=9.80\times10=98(\text{kPa})$

【例题 2-2】 有水、水银两种液体，求深度各为 1m 处的液体压强。已知液面为大气压作用，且 $\gamma_{汞}=133.3\text{kN/m}^3$。

解： $p=\gamma h=9.80\times1=9.80(\text{kPa})$

$p=\gamma_{汞}\ h=133.3\times1=133.3(\text{kPa})$

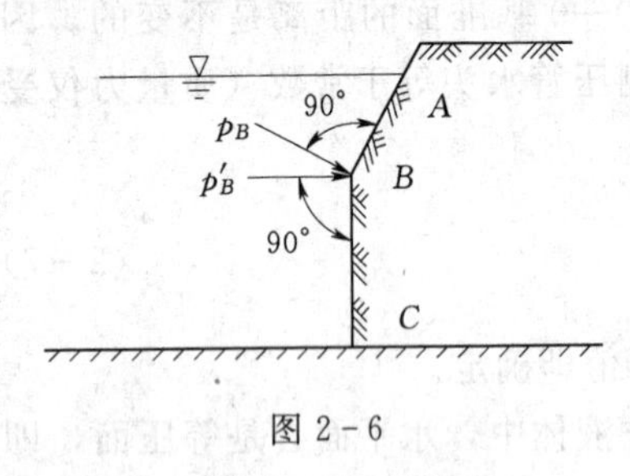

图 2-6

【例题 2-3】 图 2-6 中，画出 AB 面 BC 面 B 点的压强方向。

解：B 点是平面 AB 和平面 BC 转折处的一点，又称拐点，对 AB 平面上 B 点的压强通过 B 点，垂直于 AB 平面；BC 面上 B 点压强通过 B 点，垂直指向 BC 平面，且 $p_B=p'_B$。

知识点三 绝对压强、相对压强、真空压强及真空高度

地球表面大气所产生的压强称为大气压强，用国际单位制表示为 101.3kN/m^2，称为一个标准大气压，以 atm 表示。在水力学计算及工程中，大气压为 98kN/m^2，为工程大气压，以 p_a 表示。因为自然界中一切水力设施都受到大气压的作用，例如闸门的上、下游面，同时受一个大气压作用，所以为简化水力计算，两侧都可以不计入大气压，即视 $p_a=0$，而只计算液体压强。

一、绝对压强 $p_{绝}$

计算大气压强时，因起算基准的不同，可表示为绝对压强与相对压强。以没有空气的绝对真空为零基准计算出的压强，称绝对压强。也就是说，在水力计算中要计入大气压，即在计算中碰到大气压 p_a 就按 $p_a=98\text{kN/m}^2$ 计算。绝对压强用符号 $p_{绝}$ 表示。

二、相对压强 p

以大气压作为零基准计算出的压强，称相对压强。也就是说，在水力计算中不计入大气压，按 $p_a=0$ 计算。若不加特殊说明，静水压强即指相对压强，直接以 p 表示。

对同一点压强，用 $p_{绝}$ 计算和用 p 计算虽然其计算结果数值不同，但却表示的是同一个压强，压强本身的大小并没有发生变化，只是计算的零基准发生变化。用 p 计算比用 $p_{绝}$ 计算少加了一个大气压。

显然，二者关系为

$$p=p_{绝}-p_a \tag{2-9}$$

【例题 2-4】 求水库水深为 1m 处 A 点压强 p_A。

解：基本方程 $p=p_0+\gamma h$。

相对压强计算不计入大气压，即 $p_0=p_a=0$，$p_A=0+9.8\times1=9.8\text{kPa}$。

绝对压强计算则计入大气压，即 $p_0=p_a=98\text{kPa}$，$p_{A绝}=98+9.8\times1=107.8\text{kPa}$。

同是 A 点压强，p_A 没有计入大气的压力，因此使计算简化。

三、真空压强及真空高度

绝对压强值总是正的，而相对压强值则可正可负。当液体某处绝对压强小于当地大气压强时，该处相对压强为负值，称为负压，或者说该处存在着真空。

先从试验来认识真空现象。如图 2-7 所示，在水池里插入两端开口玻璃管，管内外液面必在同一水平面上；再把玻璃管一端装上橡皮球，并将球内气体排出，再放入液体中，管内的液面就会上升而高于容器内的液面。

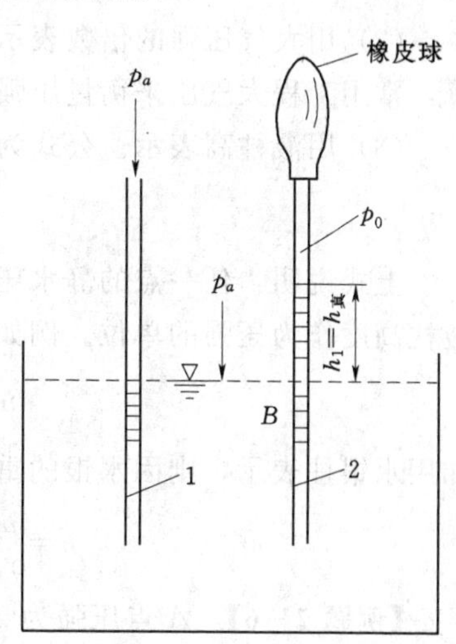

图 2-7

管内液面下 B 点与管外水面处于同一水平面，为等压面即 $p_b=p_a$，由静压方程可得

$$p_b=p_0+\gamma h_1$$

即

$$p_0=p_b-\gamma h_1=p_a-\gamma h_1 \tag{2-10}$$

式中　p_a——大气压。

如按绝对压强计算，得

$$p_{0绝}=98-\gamma h_1$$

表明 $p_{0绝}$ 小于大气压，我们把绝对压强小于大气压的那部分压强，称真空压强，有 $p_真$ 表示，也称真空值，即

$$p_真=p_a-p_绝 \tag{2-11}$$

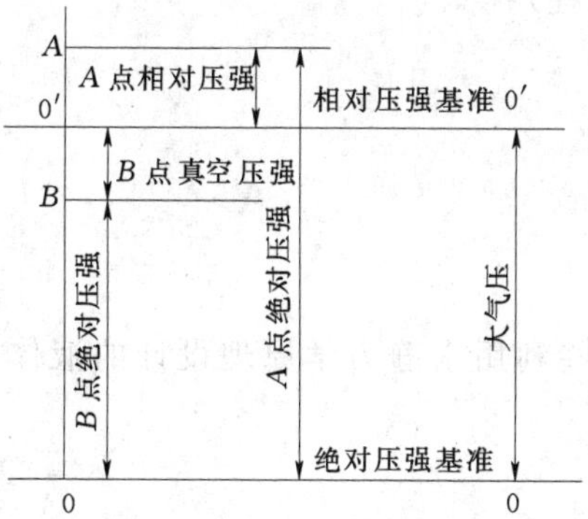

式（2-10）如按相对压强计算，则

$$p_0=-\gamma h_1$$

表明相对压强出现了负值，或称负压。当相对压强出现负压时，负压的绝对值称为真空压强，即

$$p_真=-p\ (p<0) \tag{2-12}$$

真空值也可以用所相当的液体高度来表示，称真空高度。

$$h_真=\frac{p_真}{\gamma} \tag{2-13}$$

A
A 点相对压强
0′
相对压强基准 0′
B 点真空压强
B
B 点绝对压强
A 点绝对压强
大气压
绝对压强基准
0
0

图 2-8

图 2-8 表明了绝对压强、相对压强和真空值之间的关系。

【例题 2-5】　A 点相对压强为 24.5kPa，B 点相对压强为 -24.5kPa，求 $p_{A绝}$、$p_{B绝}$ 和 $p_{B真}$。

解： 根据

$$p=p_绝-p_a，p_真=p_a-p_绝=-p$$

$$p_{A绝}=p_a+p_A=98+24.5=122.5(\text{kPa})$$

$$p_{B真}=-p_B=-(-24.5)=24.5(\text{kPa})$$

$$p_{B绝}=p_a-p_{B真}=98-24.5=73.5(\text{kPa})$$

知识点四　静水压强的单位及量测

一、压强的单位

（1）用一般的应力单位表示，即从压强定义出发，以单位面积上的作用力来表示，如Pa（帕）、kPa（千帕）。

（2）用大气压强的倍数表示，即大气压强作为衡量压强大小的尺度。工程上为便于计算，常用工程大气压来衡量压强。一个工程大气压等于98kPa。

（3）用液柱高表示。公式为

$$h=\frac{p}{\gamma} \tag{2-14}$$

上式说明：任一点的静水压强 p 可化为任何一种重度为 γ 的液柱高度 h，因此也常用液柱高度作为压强的单位。例如一个工程大气压，如用水柱高表示，则为

$$h=\frac{p_{at}}{\gamma}=\frac{98000}{9800}=10(\text{m 水柱})$$

如用水银柱表示，则因水银的重度取为 $\gamma_m=133230\text{Pa/m}$，故有

$$h=\frac{p_{at}}{\gamma_m}=\frac{98000}{133230}=0.7356(\text{m 水银柱})$$

【例题 2-6】 A 点压强为24.5kPa，B 点压强为2.5m水柱，各用另两类单位表示。

解： A 点为 $\frac{24.5}{98}=0.25$ 大气压

$$10\times\frac{24.5}{98}=2.5(\text{m 水柱})$$

B 点为 $\frac{2.5}{10}=0.25$ 大气压

$$98\times\frac{2.5}{10}=24.5(\text{kPa})$$

二、压强的量测

测量液体、气体压强的仪器较多，这里介绍一些利用水静力学原理设计的液体测压计。

1. 测压管

最简单的测压管就是如图2-9中所示的一端开口的玻璃管，管中液体柱高度就反映了所测点的相对压强 p

$$p=\gamma h$$

式中　h——测压管内液面上升的垂直高度；

　　γ——管内液体的容重。

如果测点压强较小，为提高测量精度，可以加大标尺读数的方法。将测压管倾斜放置，如图2-9（b）所示。此时用于计算压强的测压管高度 $h=L\sin\alpha$，A 点的相对压强为

$$p_A=\gamma L\sin\alpha$$

也可以用 γ 较小的轻质液体，以便获得较大的测压管高度 h。

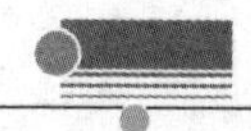

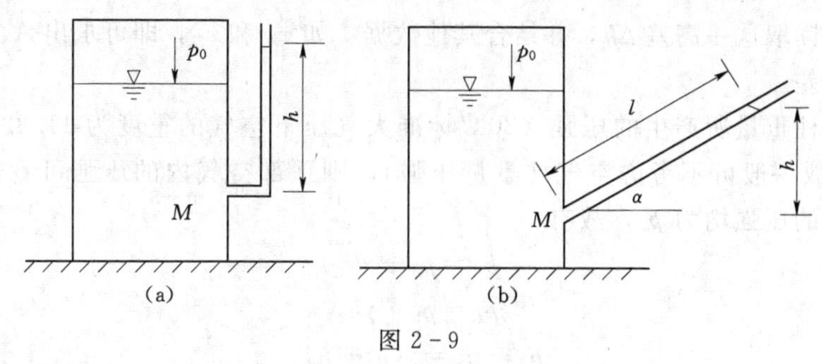

图 2－9

2. U 形水银测压计

当测点压强较大时，可利用 γ 值较大的 U 形水银测压计，用 γ_m 表示水银的容重。

如图 2－10 所示，求被测点 A 点的压强 p_A，过程如下：第一步先找出 U 形管中的等压面 1—2，第二步对等压面列静水压强方程，第三步解方程求得 p_A。由静压方程得

$$p_1 = p_A + \gamma b$$

$$p_2 = \gamma_m h_m \text{（按相对压强计算）}$$

因 $p_1 = p_2$，得

$$p_A + \gamma b = \gamma_m h_m$$

则

$$p_A = \gamma_m h_m - \gamma b$$

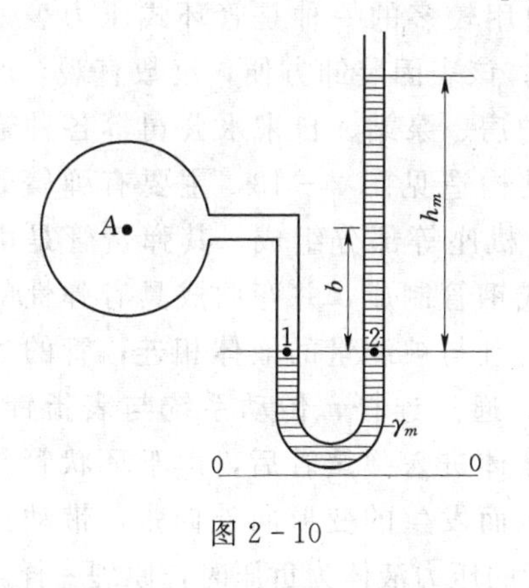

图 2－10

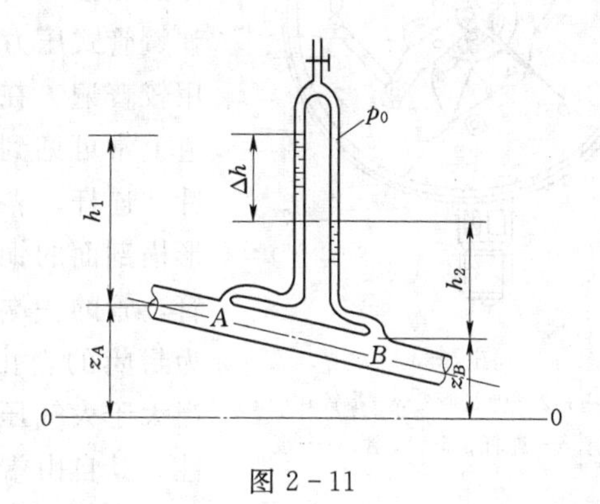

图 2－11

3. 压差计（比压计）

为测输水管道上两断面的压强差，可在两断面之间连接压差计。压差计一般并不直接测出任意两点间压强的大小，而直接找出两点间压差。压差小时用空气压差计，如图 2－11 所示；压差大时用水银压差计，如图 2－12 所示。一般空气压差计管内的气压 $p_0 \neq p_a$，计算中认为空气中各点 p_0 都相等。压差的求解仍是先找等压面，再列静水压强基本方程。

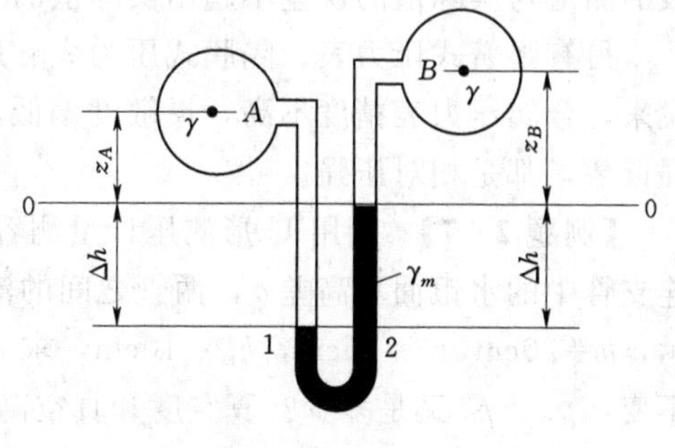

图 2－12

图 2－11 为一空气比压计，顶端连通，上装开关，可使顶部空气压强 p_0 大于或小于大气压强 p_a。当水管内液体不流动时，比压计两管内的液面齐平。如有流动，比压计两管液面

即出现高差，读取这一高差 Δh，并结合其他数据：如 z_A 和 z_B，即可求出 A、B 两点的压差和测管水头差。

忽略空气柱重量所产生的压强（20℃标准大气压下空气的重度为 11.82N/m^3，只是水的 1/830，故一般可不考虑空气柱重量压强），则顶部空气内的压强可看做是一样的。即两管液面上的压强均为 p_0，故有

$$p_A = p_0 + \gamma h_1$$

$$p_B = p_0 + \gamma h_2$$

所以

$$p_A - p_B = \gamma(h_1 - h_2)$$

如图 2-12 所示的等压面 1—2，由静压方程得

$$p_1 = p_A + \gamma z_A + \gamma \Delta h$$

$$p_2 = p_B + \gamma z_B + \gamma_m \Delta h$$

因 $p_1 = p_2$，得

$$p_A - p_B = (\gamma_m - \gamma)\Delta h + \gamma \Delta z$$

4. 金属压力表

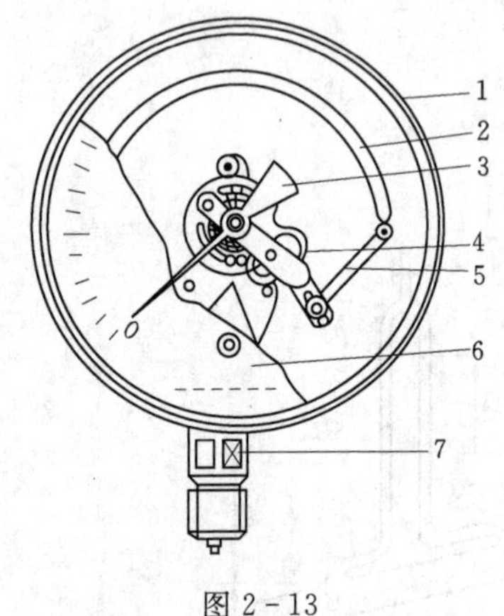

图 2-13

1—机座；2—弹簧管；3—指针；4—上夹板；5—连杆；6—表盘；7—接头

除了液体测压计外，在工农业生产、生活中的各种给排水设施上，常装有各种类型的金属压力表，测量液体的压强，其中使用较多的一种是管环式压力表（又称弹簧管式压力表）。该表因装卸方便，读数直观，所以应用较普遍。在锅炉房、泵站、自来水公司等各种输水管道上常可见到。其构造见图 2-13，主要有弹簧管、指针、连杆、表盘、机座等部分组成。其弹簧管是由椭圆形横剖面的铜管或钢管制成，并弯曲成具有弹性的环状管，管的一端固定且与被测量的液体相连，管的另一端为封闭的自由端，通过连杆、传动系统与表指针相连。当大于大气压的液体进入弹簧管后，由于环状管具有弹性，其自由端受压而发生的变形向外伸张，带动指针转动，在表盘的刻度上指示压力读数；当进入弹簧管的压力液体为负压时，原理一样，只是作用方向相反，弹簧管变形向内收缩，表针指示真空值读数。

压力表盘上标有压强单位 MPa（10^6Pa）和精度等级，如普通压力表 2.5 级，表示该表的测值与实际值的误差不超出实际值的±2.5%。

另有弹簧式压力表、隔膜式压力表、风箱式压力表，原理与此相同，不再介绍。一般说来，金属压力表精度不高，灵敏度偏低，需定期率定才可使用。金属压力表所指示的压强读数，都是相对压强。

【例题 2-7】 利用 U 形测压计量测容器中液体某点 A 点的压强，只要测出和 A 点相连支管中的水银面和高差 a，两管之间的液面差 h，即可求出 A 点的压强。如图 2-14 所示，h=20cm，a=25cm，h_A=10cm，求 A 点压强 p_A、液面压强 p_0。如 h=0，其他数据不变，p_A、p_0 又是多少？真空度和真空高度是多少？

解：（1）取等压面 1—2，知 $p_1 = p_2$，根据静压方程

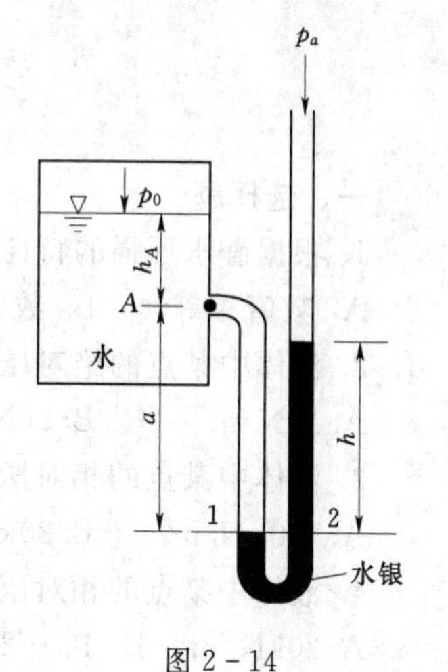

图 2-14

$$p_1=p_A+\gamma_水\ a$$

$$p_2=\gamma_m h$$

则
$$p_A+\gamma_水\ a=\gamma_m h$$

$$p_A=\gamma_m h-\gamma_水\ a=133.3\times0.2-9.8\times0.25=24.2(\text{kPa})$$

又
$$p_A=p_0+\gamma_水\ h_A$$

则
$$p_0=p_A-\gamma_水\ h_A=24.2-9.8\times0.1=23.2(\text{kPa})$$

(2) 当$h=0$，当其他数据不变时，

$$p_A=\gamma_m h-\gamma_水\ a=0-9.8\times0.25=-2.45(\text{kPa})$$

$$p_0=p_A-\gamma_水\ h_A=-2.45-9.8\times0.1=-3.43(\text{kPa})$$

(3) A点和液面都出现负压，当相对压强出现负压时，其绝对值就是真空值。则

真空值
$$p_{A真}=2.45(\text{kPa})$$

$$p_{0真}=3.43(\text{kPa})$$

真空高度
$$h_{A真}=\frac{p_{A真}}{\gamma_水}=\frac{2.45}{9.8}=0.25(\text{m 水柱})$$

$$h_{0真}=\frac{p_{0真}}{\gamma_水}=\frac{3.43}{9.8}=0.35(\text{m 水柱})$$

专 题 小 结

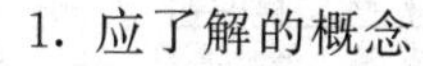

1. 应了解的概念

(1) 静水压强的两个特性。

(2) 静水压强方程的几何意义和物理意义。

(3) 绝对压强、相对压强、真空压强的定义及相互关系。

(4) 静水压强的单位。

2. 应掌握静水压强的量测（方程 $p=p_0+\gamma h$）

原理：利用等压面、静水压强方程求解压强。

步骤：

(1) 取等压面。

(2) 对等压面及相关测点列静水压强基本方程。

(3) 利用静水压强基本方程确定的两点压强之间的关系，分别从左右两方向等压面推求压强。

3. 应注意的问题

(1) 物理学的大气压是标准压强，水力学的大气压是工程大气压，其取值不同。

(2) 液体的势能不仅有位置势能，还有压力势能。

(3) 测压管高度（压强水头）是$\frac{p}{\gamma}$，它不等于测压管水头 $z+\frac{p}{\gamma}$。

习 题

一、选择题

1. 根据静水压强的特性，静止液体中同一点各方向的压强（ ）。

A. 数值相等　B. 数值不等　C. 水平方向数值相等　D. 铅直方向数值最大

2. 液体中某点的绝对压强为 $100kN/m^2$，则该点的相对压强为（ ）。

A. $1kN/m^2$　B. $2kN/m^2$　C. $5kN/m^2$　D. $10kN/m^2$

3. 液体中某点的相对压强为 $20kN/m^2$，则该点的绝对压强为（ ）。

A. $100kN/m^2$　B. $20kN/m^2$　C. $78kN/m^2$　D. $118kN/m^2$

4. 液体中某点的相对压强为 $-20kN/m^2$，则该点的真空压强为（ ）。

A. $20kN/m^2$　B. $-20kN/m^2$　C. $78kN/m^2$　D. $118kN/m^2$

5. 如图 2-15 所示的容器中有两种液体，密度 $\rho_2>\rho_1$，则 A、B 两测压管中的液面必为（ ）。

A. B 管高于 A 管　B. A 管高于 B 管　C. AB 两管同高

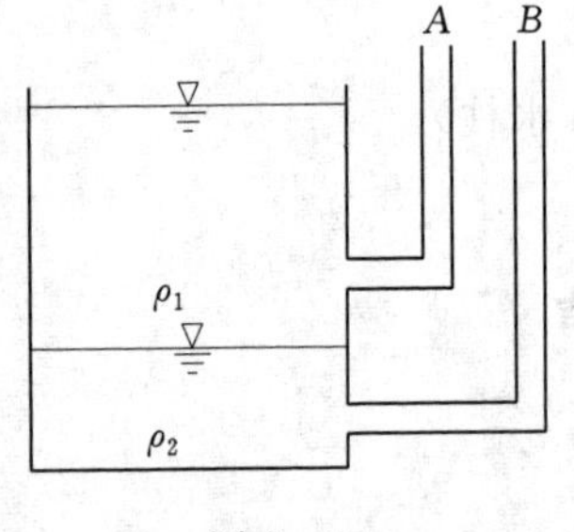

图 2-15

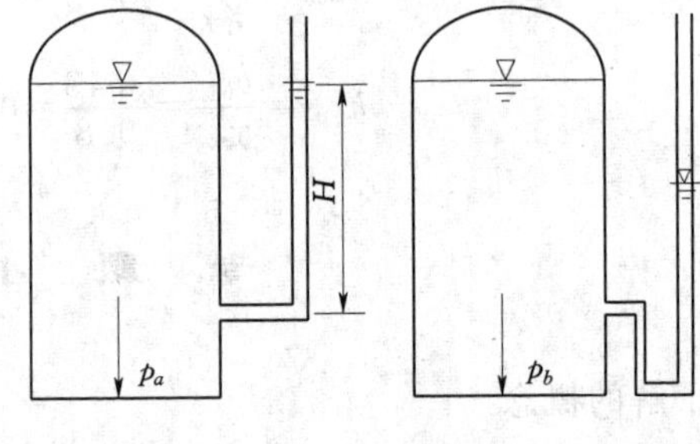

图 2-16

6. 盛水容器 a 和 b 的测压管水面位置如图 2-16 所示，其底部压强分别为 p_a 和 p_b。若两容器内水深相等，则 p_a 和 p_b 的关系为（ ）。

A. $p_a>p_b$　B. $p_a<p_b$　C. $p_a=p_b$　D. 无法确定

7. 下列单位中，哪一个不是表示压强大小的单位？（ ）

A. 牛顿　B. 千帕　C. 水柱高　D. 工程大气压

二、问答题

1. 基本方程 $z+\frac{p}{\gamma}=C$ 中，压强是相对压强还是绝对压强，或二者均可，为什么？

2. 什么是相对压强和绝对压强？

3. 在什么条件下“静止液体内任何一个水平面都是等压面”的说法是正确的？

4. 如图 2-17 所示为几个不同形状的盛水容器，它们的底面积 AB、水深 h 均相等。试说明：

（1）各容器底面所受的静水总压力是否相等？

（2）每个容器底面的静水总压力与地面对容器的反力是否相等？并说明理由（容器的重量不计）。

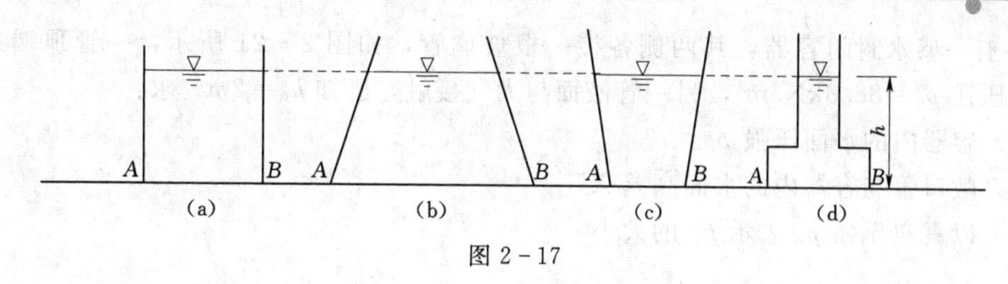

图 2-17

三、计算题

1. 用一简单测压管测量容器中 A 的压强，如图 2-18 所示，计算 A 点的静水压强及其测压管水头。

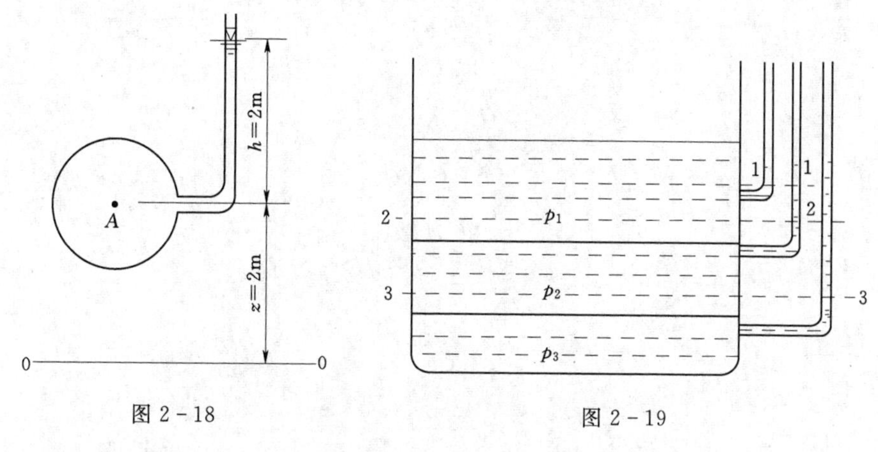

图 2-18　　图 2-19

2. 一容器内有密度不同的三种液体，$\rho_1<\rho_2<\rho_3$ 如图 2-19 所示，求：

(1) 三根测压管中的液面是否与容器中的液面相齐平？如不齐平，试比较各测压管中液面的高度。

(2) 图中 1—1，2—2，3—3 三个水平面是否是等压面？

3. 有一水银测压计与盛水的封闭容器连通，如图 2-20 所示，已知 $H=3.5\text{m}$，$h_1=0.6\text{m}$，$h_2=0.4\text{m}$，分别用绝对压强、相对压强及真空压强表示容器内的表面压强 p_0 的值。

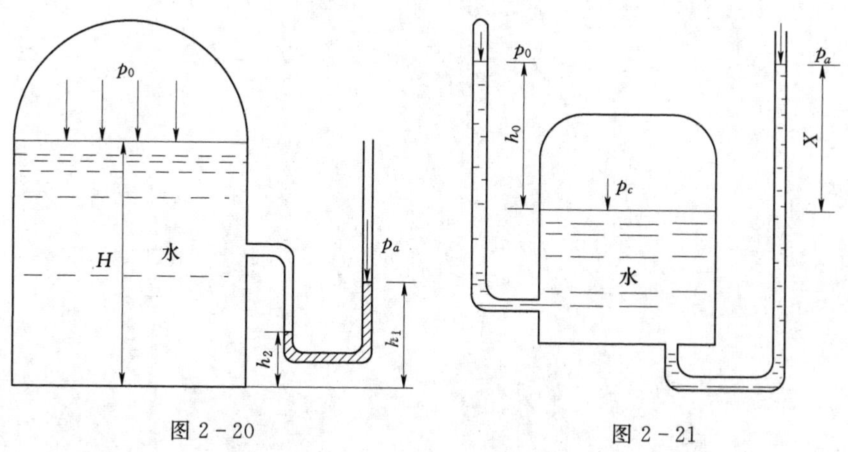

图 2-20　　图 2-21

4. 有一盛水封闭容器，其两侧各接一根玻璃管，如图 2－21 所示，一管顶端封闭，其水面压强 $p_0=88.3\text{kN/m}^2$，另一管液面与大气接触，已知 $h_0=2\text{m}$。求：

（1）容器内的水面压强 p_c。

（2）敞口管与容器内的水面高差 X。

（3）以真空压强 p_v 表示 p_0 的大小。

专题三　平面壁与曲面壁上静水作用力的计算

学习要求

掌握静水压强分布图及用图解法求解静水作用在矩形平面壁上的压力；掌握用解析法求解静水作用在任意平面壁上的压力；掌握压力体剖面图的作法；掌握求解静水作用在曲面壁上的压力的方法。

知识点一　作用于平面壁上的静水总压力

工程中，常常需要计算作用于整个建筑物上的静水总压力，如大坝的坝面、水池池壁、平板闸门等，这些水工设施的共同点是受压面都是平面，故称为平面壁静水总压力。水力计算的任务，主要是计算静水总压力 P 的大小、方向和作用点。

一、图解法求解矩形平面壁的静水总压力

1. 静水压强分布图

由静水压强方程 $p=\gamma h$ 可知，压强 p 与水深 h 呈线性函数关系，把受压面上压强与水深的这种函数关系表示成图形，称为静水压强分布图。因为建筑物都处在大气中，各个方向的大气压是互相抵消的，计算中只涉及相对压强，所以只需画出相对压强分布图。其绘制原则是：

(1) 用有向线段（称箭头）长度代表该点静水压强的大小。

(2) 用箭头方向表示静水压强的方向，必须垂直并指向受压面。

因 p 与 h 为一次方关系，故在水深方向静水压强为直线分布，只要给出两个点的压强即可确定此直线。具体作法：可选受压面最上和最下两点，用 $p=\gamma h$ 算出其大小，再定性绘出两点的箭杆长度（压强小，箭杆短；压强大，箭杆长；压强相等，箭杆等长），然后连接箭杆尾端，标注点压强大小，图形内部再画若干箭头，即得静水压强分布图。为便于记忆，可简化为：选两点，求大小，画箭杆，连箭尾，标数字、画中间（画内部箭杆）。

图 3－1 为一直立矩形平板闸门，一面受水压力作用，其在水下的部分为 ABB_1A_1，深度为 H，宽度为 b。图 3－1 (a) 为作用在该闸门上的压强分布图，为一空间压强分布图；图 3－1 (b) 为垂直于闸门的剖面图，为一平面压强分布图。

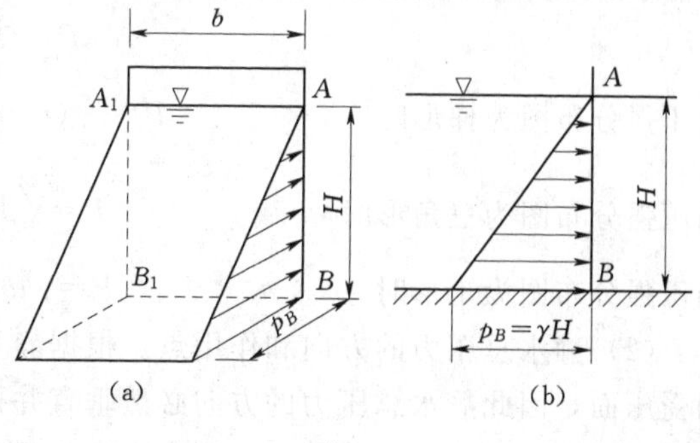

图 3－1

静水压强与淹没深度呈线性关系，故作用在平面上的平面压强必然是按直线分布的，因此，只要直线上两个点的压强为已知，就可确定该压强分布直线。一般绘制的压强分布图都是指这种平面压强分布图。如图 3-2 所示为各种情况的压强分布图。

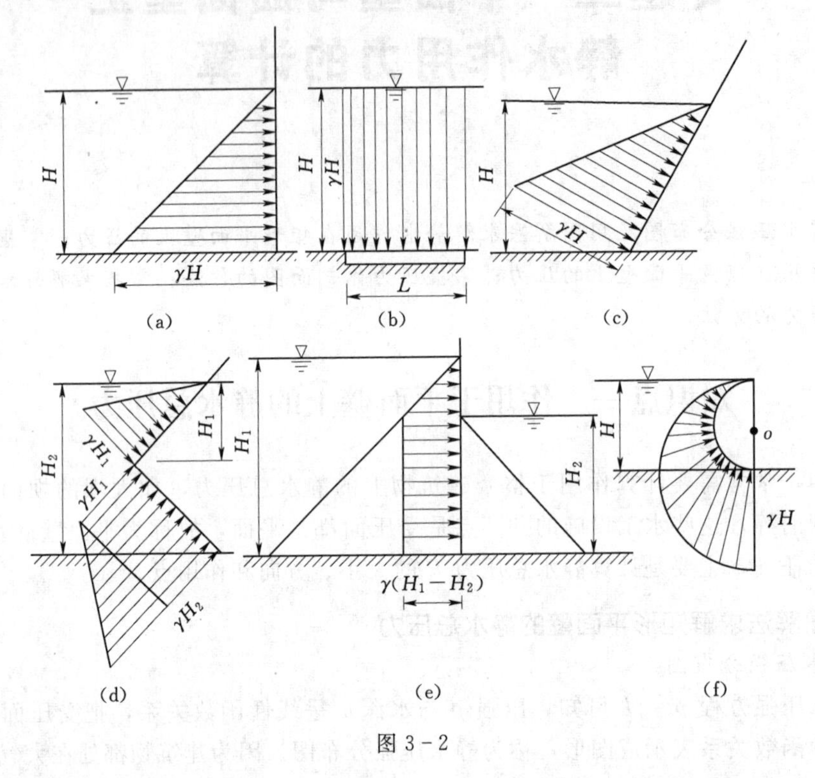

图 3-2

2. 矩形平面壁上的静水总压力的图解法

(1) 静水总压力的大小。平面上静水总压力 P 的大小，应等于分布在平面上各点静水压强的总和，即求 P 的大小就是求该平行分布力系的合力。

如图 3-3 所示为某一斜置平板闸门 AB，绕 oy 轴转 90°后的可见宽度 AF 为 b。AF 平行于水面，A 点的水深为 h_1，B 点的水深为 h_2，AB 的长度为 L。在水面下任一深度取微面积 $\mathrm{d}A$，$\mathrm{d}A=b\mathrm{d}y$，因微平面 $\mathrm{d}A$ 上各点压强均为 p，微小面积单位宽度上的力为 $p\mathrm{d}y$，则作用在单位宽度上的静水总压力应等于静水压强分布图的面积 Ω，整个矩形平面的静水总压力等于压强分布图面积 Ω 乘以受压面宽度 b，即

$$P=\Omega b \tag{3-1}$$

当压强分布图为梯形时

$$P=\frac{\gamma}{2}(h_1+h_2)bL \tag{3-2}$$

当压强分布图为三角形时

$$P=\frac{\gamma}{2}hbL \tag{3-3}$$

当压强分布图为矩形时

$$P=\gamma hb\cdot L \tag{3-4}$$

(2) 静水总压力的方向和作用点。根据静水压强的特性，静水压强的方向总是垂直指向受压面，因此静水总压力的方向必然垂直并指向受压平面。

对受压平面的分布力系，应用合力矩定理可推知：总压力 P 的作用点 D（又称压力

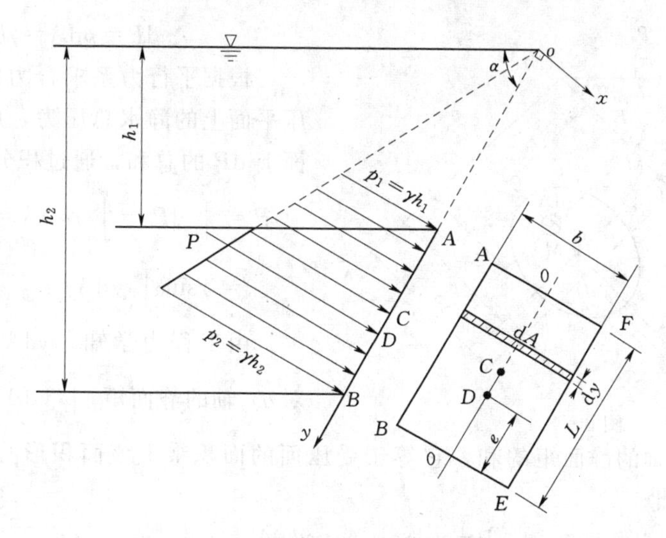

图 3-3

中心）必位于受压面纵向对称轴 0—0 轴上，同时总压力 P 的作用线必然通过压强分布图的形心，压力中心的位置用压力中心 D 至受压面底边缘的距离 e 表示，见图 3-3。

对梯形分布图 $$e=\frac{L}{3}\frac{2h_1+h_2}{h_1+h_2} \tag{3-5}$$

对三角形分布图 $$e=\frac{L}{3} \tag{3-6}$$

对矩形分布图 $$e=\frac{L}{2} \tag{3-7}$$

式中　h_1、h_2——受压面上、下边缘的水深；

L——受压面长度。

矩形受压面静水总压力的图解步骤：

（1）绘出静水压强分布图。

（2）求静水总压力的大小 $P=\Omega b$。

（3）确定压力中心的位置 e。

二、解析法求解作用于任意形状平面壁上的静水总压力

1. 静水总压力的大小

对任意形状平面的静水总压力，图解法已不再适用，需用解析法求解。

如图 3-4 所示，一任意平面斜置于水面以下，取坐标平面 xoy 与受压面重合，ox 轴垂直于纸面，oy 轴沿平面方向，将 ox 轴绕 oy 轴转 90°，就把任意受压面转展在纸面上。图中各字母的意义分别是：

A：面积；h_C：受压面形心在水下的深度；y_C：受压面形心沿 y 轴的距离；C：受压面形心点；D：总压力作用点；h_D：总压力作用点在水下的深度；y_D：总压力作用点沿 y 轴的距离；α：受压面与水面的交角。

把受压平面分成许多个微小平面，任取一微小面积 dA，其所处水深为 h，因 dA 极小，可认为 dA 上各点压强都等于 γh，则 dA 上的静水总压力为

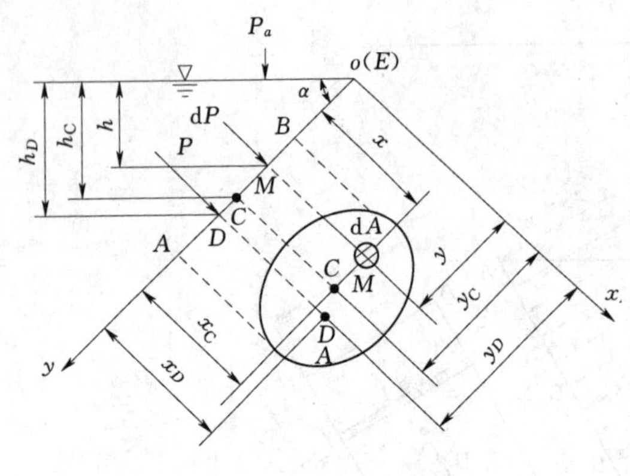

图 3-4

$$\mathrm{d}P = p\mathrm{d}A = \gamma h \mathrm{d}A$$

根据平行力系求合力的原理，整个受压平面上的静水总压力，应等于各微小平面上 dP 的总和，通过积分可得

$$P = \int_A \mathrm{d}P = \int_A \gamma h \mathrm{d}A = \int_A \gamma y \sin\alpha \mathrm{d}A$$

$$= \gamma \sin\alpha \int_A y \mathrm{d}A$$

由工程力学知，$y\mathrm{d}A$ 为微小平面 dA 对 ox 轴的静面矩，$\int_A y\mathrm{d}A$ 为受压面的各微小平面 dA 对 ox 轴的静面矩的和，它等于受压面的面积乘上该面积形心到 ox 轴的距离 y_C，即 $y_C A$。因此

$$P = \gamma \sin\alpha y_C A = \gamma h_C A = p_C A \tag{3-8}$$

其中

$$h_C = y_C \sin\alpha$$

$$p_C = \gamma h_C$$

式中　h_C——受压面形心 C 点的水深；

p_C——受压面形心 C 点的静水压强；

A——受压面面积。

式（3-8）是任意形状平面壁上静水总压力的计算公式。它表明任意形状平面壁上所受静水总压力的大小，等于受压平面形心点的静水压强与受压平面面积的乘积。

2. 静水总压力的方向和作用点

根据静水压强的特性，静水总压力的方向必然垂直并指向受压平面。

工程中受压面常为具有纵向对称轴的对称平面，如图 3-4 所示的圆平面，静水总压力的作用点必位于对称轴上，一般无须计算 x_D，所以求得 y_D 后就可确定作用点的位置。

可根据合力矩定理推求 y_D，即由各分力（微小面积上静水总压力 dP）对 ox 轴的力矩之和，等于合力（总压力 P）对 ox 轴的力矩的关系来推求。

图 3-4 上受压面各微小面积上静水总压力 dP 对 ox 轴的力矩总和为

$$\int_A y \mathrm{d}P = \int_A y \gamma h \mathrm{d}A = \int_A y \gamma y \sin\alpha \mathrm{d}A = \gamma \sin\alpha \int_A y^2 \mathrm{d}A = \gamma \sin\alpha I_{ox}$$

式中的 $I_{ox} = \int_A y^2 \mathrm{d}A$ 为受压面对 ox 轴的惯性矩。

总压力 P 对 ox 轴的力矩为

$$P y_D = \gamma h_C A y_D = \gamma y_C \sin\alpha A y_D$$

由合力矩定理可得

$$\gamma \sin\alpha I_{ox} = \gamma y_C \sin\alpha A y_D$$

$$y_D = \frac{I_{ox}}{y_C A}$$

设 I_C 为面积 A 对通过其形心且与 ox 平行的轴的惯性矩，由于工程力学的平移轴原理得

$$I_{ox}=I_C+y_C^2A$$

代入上式得

$$y_D=y_C+\frac{I_C}{y_CA} \tag{3-9}$$

由于$\frac{I_C}{y_CA}>0$，故一般情况下有 $y_D>y_C$，即作用点（压力中心）在受压面形心以下，只有当受压面水平时，$y_C\to\infty$，$\frac{I_C}{y_CA}\to0$，D 点才与 C 点重合。

对圆形受压平面
$$I_C=\frac{\pi r^4}{4} \tag{3-10}$$

对矩形受压平面
$$I_C=\frac{bL^3}{12} \tag{3-11}$$

式中　r——圆的半径；

　　b——受压面宽度；

　　L——受压面长度。

其他常见平静水总压力作用点位置计算，请参阅表 3-1。

表 3-1　　常见平面图形的 A、y_C 及 I_C

几何图形名称	面积 A	形心坐标 y_C	对通过形心点 C 轴的惯性矩 I_C
矩形 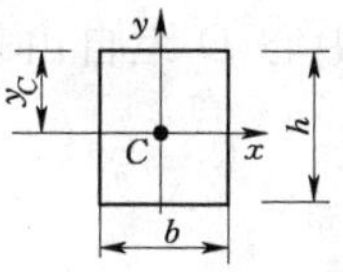	bh	$\frac{h}{2}$	$\frac{bh^3}{12}$
三角形 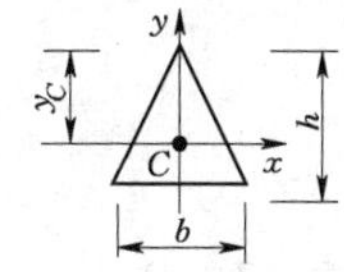	$\frac{bh}{2}$	$\frac{2h}{3}$	$\frac{bh^3}{36}$
梯形 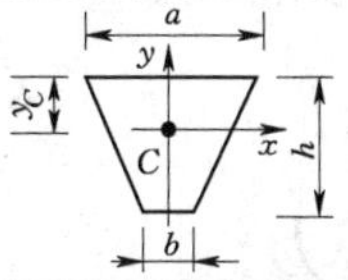	$\frac{h(a+b)}{2}$	$\frac{h}{3}\left(\frac{a+2b}{a+b}\right)$	$\frac{h^3}{36}\left(\frac{a^2+4ab+b^2}{a+b}\right)$
圆 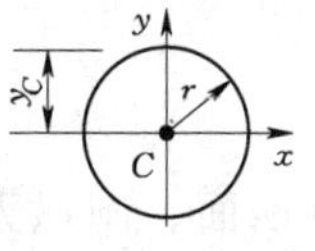	πr^2	r	$\frac{1}{4}\pi r^4$
半圆 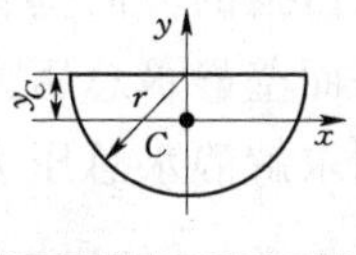	$\frac{1}{2}\pi r^2$	$\frac{4r}{3\pi}=0.4244r$	$\frac{9\pi^2-64}{72\pi}r^4=0.1098r^4$

【例题 3-1】　设有一铅直放置的水平底边矩形闸门，如图 3-5 所示。已知闸门高度 $H=2\text{m}$，宽度 $b=3\text{m}$，闸门上缘到自由表面的距离 $h_1=1\text{m}$。试用绘制压强分布图的方法

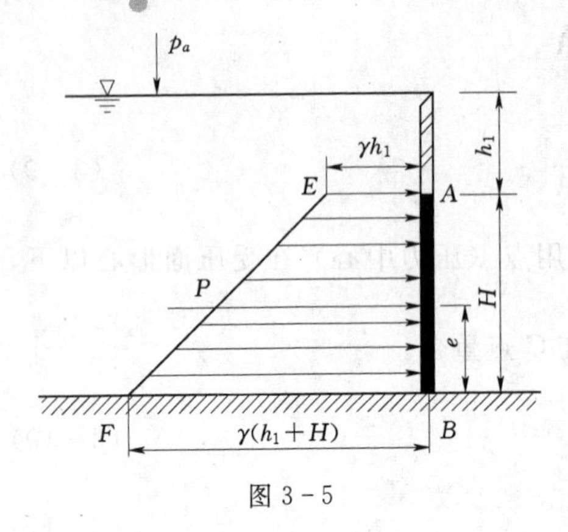

图 3-5

和解析法求解作用于闸门的静水总压力。

解：（1）利用压强分布图求解。

绘制静水压强分布图 $ABEF$，如图 3-5 所示。根据式（3-1）可得静水总压力大小为

$$P=\Omega b=\frac{1}{2}[\gamma h_1+\gamma(h_1+H)]Hb$$

$$=\frac{1}{2}[9.8\times10^3\times1+9.8\times10^3\times(1+2)]\times2\times3$$

$$=1.176\times10^5(\text{N})=117.6(\text{kN})$$

静水总压力 P 的方向垂直于闸门平面，并指向闸门。压力中心 D 距闸门底部的位置 e 为

$$e=\frac{H}{3}\frac{2h_1+(h_1+H)}{h_1+(h_1+H)}=\frac{2}{3}\frac{2\times1+(1+2)}{1+(1+2)}=0.83(\text{m})$$

其距自由表面的位置为

$$y_D=h_1+H-e=1+2-0.83=2.17(\text{m})$$

（2）用分析法求解。由式（3-8）可得静水总压力大小为

$$P=\gamma h_C A=\gamma\left(h_1+\frac{H}{2}\right)(Hb)=9.8\times10^3\times\left(1+\frac{2}{2}\right)(2\times3)$$

$$=1.176\times10^5(\text{N})=117.6(\text{kN})$$

静水总压力 P 的方向垂直指向闸门平面。由式（3-9）得压力中心 D 距自由表面的位置为

$$y_D=y_C+\frac{I_C}{y_C A}=\left(h_1+\frac{H}{2}\right)+\frac{\frac{bH^3}{12}}{\left(h_1+\frac{H}{2}\right)(Hb)}$$

$$\left(1+\frac{2}{2}\right)+\frac{\frac{3\times2^3}{12}}{\left(1+\frac{2}{2}\right)\times(2\times3)}=2+\frac{24}{144}=2.17(\text{m})$$

知识点二　作用于曲面壁上的静水总压力

一、静水总压力的两个分力

水工建筑物中常碰到受压表面为曲面的情况，如弧形闸门，拱坝坝面、闸墩及边墩等。其水压计算归为曲面壁静水总压力的求解。因曲面上各边点静水压强的方向垂直指向作用面，即曲面上各点的内法线方向，所以各点压力互不平行，求平面壁静水总压力的方法这里不再适用。因此，我们采用力学中“先分解，后合成”的原则求解静水总压力 P。

现以弧形闸门 AB 为例，讨论静水总压力计算问题，见图 3-6。

为确定分力 P_x 和 P_z，先选取宽度为 b（即闸门宽度）、截面为 ABC 的水体为脱离体，如图 3-6（b）所示，研究该水体的平衡。图 3-6（b）中各字母的意义分别为：

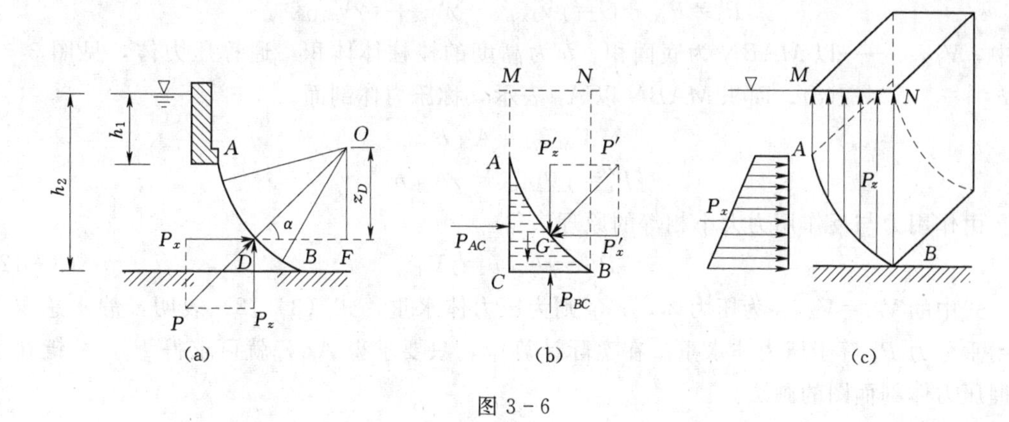

图 3-6

P'：闸门 AB 对水体的反作用力，与 P 等值反向；P'_x、P'_z：P' 的水平分力、垂直分力；P_{AC}、P_{BC}：作用在 AC 面、BC 面的静水总压力；G：脱离体的水重。

1. 静水总压力的水平分力

因脱离体在水平方向是静止的，故该方向合力为 0，即

$$P'_x = P_{AC}$$

根据作用力与反作用力大小相等、方向相反的原理，闸门受到的水平分力为

$$P_x = P'_x = P_{AC}$$

上式表明：曲面壁静水总压力的水平分力 P_x 等于曲面壁上铅直投影面上的静水总压力。其铅直投影面为矩形平面，故可以按确定平面壁静水总压力的方法（如图解法）来求 P_x，即

$$P_x = \Omega b$$

式中　Ω——AB 曲面的铅垂投影面上的静水压强分布图面积；

　　　b——AB 曲面的宽度。

$$P_x = \frac{1}{2}\gamma(h_2^2 - h_1^2)b$$

也可用解析法公式（3-8）求解

$$P_x = p_C A$$

2. 静水总压力的铅直分力

脱离体在铅直方向是静止的，故铅垂方向合力为 0，即

$$P'_z = P_{BC} - G$$

式中　P_{BC}——BC 平面上受到的静水总压力。

BC 平面是以 BC 和 b 为边长的矩形平面面积，以 A_{BC} 表示，所以水深为 h_2，故其面上各点的压强都等于 γh_2。

$$P_{BC} = \gamma h_2 A_{BC} = \gamma V_{MCBN}$$

式中　V_{MCBN}——以 $MCBN$ 为底面积、b 为高度的棱柱体体积。

$$G = \gamma V_{ACB}$$

式中　V_{ACB}——以 ACB 为底面积、b 为高度的棱柱体体积。

$$P_z'=P_{BC}-G=\gamma V_{MCBN}-\gamma V_{ACB}=\gamma V_{MABN}$$

式中　V_{MABN}——以 $MABN$ 为底面积、b 为高度的棱柱体体积，通称压力体，见图 3-6（c）。面积 $MABN$ 以 $A_{剖}$ 表示，称压力体剖面。

$$V_{MABN}=A_{剖}\ b$$

$$P_z'=\gamma V_{MABN}=\gamma A_{剖}\ b$$

由作用力与反作用力大小相等的原理，得

$$P_z=\gamma A_{剖}\ b=\gamma V_{压} \tag{3-12}$$

式中的 $V_{压}=V_{MABN}$ 为压力体，$\gamma V_{压}$ 则为压力体水重，式（3-12）表明：静水总压力的铅垂分力 P_z 等于压力体水重。在实际计算中，只要求得 $A_{剖}$，就可求得 P_z，关键在于掌握压力体剖面图的画法。

3. 压力体剖面图的绘制方法

所谓压力剖面图，即是如图 3-6（c）所示的棱柱体（压力体）V_{MABN} 的横剖面，单个曲面壁的剖面图一般由三条或四条边围成，多个曲面壁（凹凸方向不同）的剖面图是由单个曲面壁的剖面图合成而来的（面积相等、方向相反部分抵消），故关键要掌握单个曲面壁剖面图的画法。画图步骤：

（1）画曲面线本身（指曲面壁本身的弧线）。

（2）由曲面壁的上、下边缘（或是左右边缘）向水面线或其延长线做垂线。

（3）由水面线或水面线的延长线将图形封闭。

（4）压力体的方向是曲面上部受压，方向向下；下部受压，方向向上。

须指出，（2）容易出错的地方是易向地面（即向下）做垂线；正确的画法应该是向水面或水面的延长线做垂线。

对多个凹凸面的曲面，按 P_z 方向不同，分段画，再合成。

二、曲面壁上的静水总压力

如图 3-6（a）所示，根据力三角形法得总压力

$$P=\sqrt{P_x^2+P_z^2} \tag{3-13}$$

总压力的方向为曲面的内法线方向，即通过曲面的曲率中心垂直指向受压面，与水平方向的夹角为 α（沿半径方向）：

$$\alpha=\arctan\frac{P_z}{P_x} \tag{3-14}$$

总压力作用点，是总压力作用线和曲面的交点 D。D 在铅垂方向的位置以受压曲面曲率中心至该点的铅垂距离 z_D 表示，即

$$z_D=R\sin\alpha \tag{3-15}$$

求总压力 P 的步骤：

（1）先画出 $A_{剖}$ 图。

（2）求 $P_x=p_CA$，$P_z=\gamma A_{剖}\ b$，$P=\sqrt{P_x^2+P_z^2}$。

(3) 求 $\alpha=\arctan\dfrac{P_z}{P_x}$，$z_D=R\sin\alpha$。

【例题 3-2】 做出下列 AB 曲面壁的压力体剖面图。如图 3-7 所示。

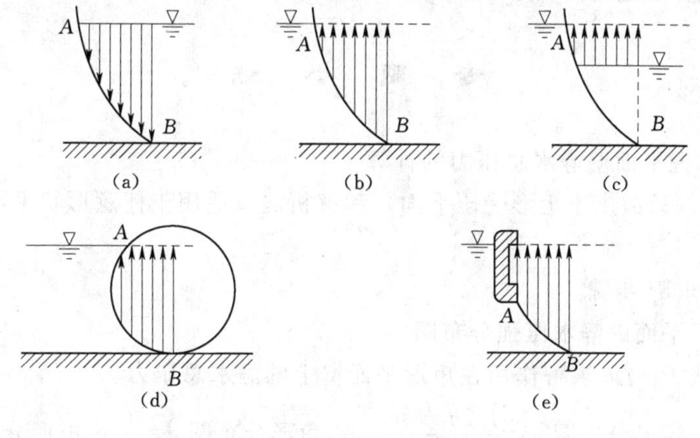

图 3-7

【例题 3-3】 如图 3-8 所示为一坝顶圆弧形闸门的示意图。门宽 $b=6\text{m}$，弧形门半径 $R=4\text{m}$，此门可绕 O 轴旋转。试求当坝顶水头 $H=2\text{m}$、水面与门轴同高、闸门关闭时所受的静水总压力。

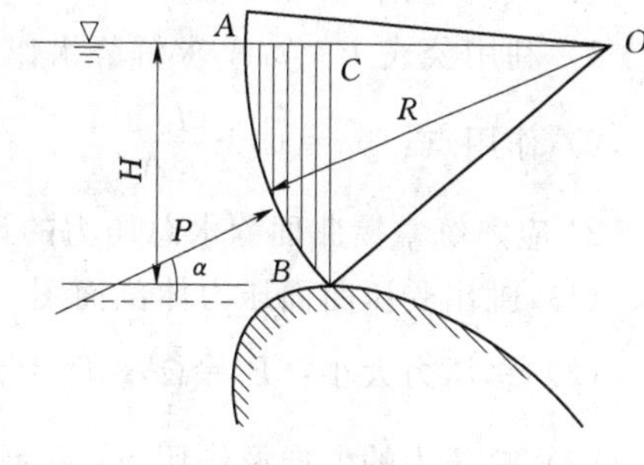

图 3-8

解：水的重度 $\gamma=9.8\text{kN/m}^3$，水平分力为

$$P_x=\frac{\gamma H^2 b}{2}=\frac{9.8\times2^2\times6}{2}=117.6(\text{kN})$$

铅直分力等于压力体 ABC 内水重。压力体 ABC 的体积等于扇形 AOB 的面积减去三角形 BOC 的面积，再乘以宽度 b。已知 $BC=2\text{m}$，$OB=4\text{m}$，故$\angle AOB=30°$。

$$\text{扇形 } AOB \text{ 的面积}=\frac{30}{360}\pi R^2=\frac{1}{12}\times3.14\times4^2=4.19(\text{m}^2)$$

$$\text{三角形 } BOC \text{ 面积}=\frac{1}{2}BC\cdot OC=\frac{1}{2}\times2\times4\cos30°=3.46(\text{m}^2)$$

$$\text{压力体 } ABC \text{ 的体积}=(4.19-3.46)\times6=0.72\times6=4.38(\text{m}^3)$$

铅直分力方向向上，大小为

$$P_z=9.8\times4.38=42.9(\text{kN})$$

作用在闸门上的静水总压力 P 为

$$P=\sqrt{P_x^2+P_z^2}=\sqrt{117.6^2+42.9^2}=125.2(\text{kN})$$

P 与水平线的夹角为 α，则

$$\tan\alpha=\frac{P_z}{P_x}=\frac{42.9}{117.6}=0.365$$

$$\alpha=20.04°$$

因为曲面是圆柱面的一部分，各点的压强均与圆柱面垂直且通过圆心 O 点，所以总压力 P 的作用线亦必通过 O 点。

专 题 小 结

1. 应熟练掌握平面壁静水总压力的计算

掌握图解法（只适用于矩形受压平面）和解析法（适用于任意形状平面）求解平面壁静水总压力。

（1）图解法求 P 步骤。

1）画出受压平面的静水压强分布图。

2）利用公式 $P=\Omega b$ 求解作用在矩形平面壁上的静水总压力。

3）作用点：梯形分布图 $e=\frac{L}{3}\frac{2h_1+h_2}{h_1+h_2}$；三角形分布图 $e=\frac{L}{3}$；矩形分布图 $e=\frac{L}{2}$。

（2）解析法求 P 步骤。

1）利用公式 $P=p_C A$ 求解静水作用在任意平面壁上的静水总压力。

2）作用点：$y_D=y_C+\frac{I_C}{y_C A}$。

2. 应熟练掌握曲面静水总压力的计算

（1）画出受压曲面压力体剖面图。

（2）总压力大小：$P_x=\Omega b$；$P_z=\gamma A_{剖} b=\gamma V_{压}$；$P=\sqrt{P_x^2+P_z^2}$。

（3）总压力的方向及作用点：$\alpha=\arctan\frac{P_z}{P_x}$；$z_D=R\sin\alpha$。

3. 应注意的问题

（1）要注意区分压力中心 D、受压面形心 C 和压强分布图的形心 O。

（2）要注意区分 $P=\Omega b$ 中 Ω 是压强分布图的面积，$P=p_C A$ 中的 A 是受压面的面积。

习 题

一、理解分析题

1. 静水压强分布图应绘成绝对压强分布图还是相对压强分布图，为什么？

2. 使用图解法和解析法求解静水总压力时，对受压面的形状有无限制，为什么？

二、绘图题

1. 绘出如图 3-9 所示的注有字母的各挡水面上的静水压强分布。

2. 绘出如图 3-10 所示的二向曲面上的铅垂水压力的压力体及曲面在铅垂投影面积上的水平压强分布图。

三、计算题

1. 如图 3-11 所示为一溢流坝上的弧形门。

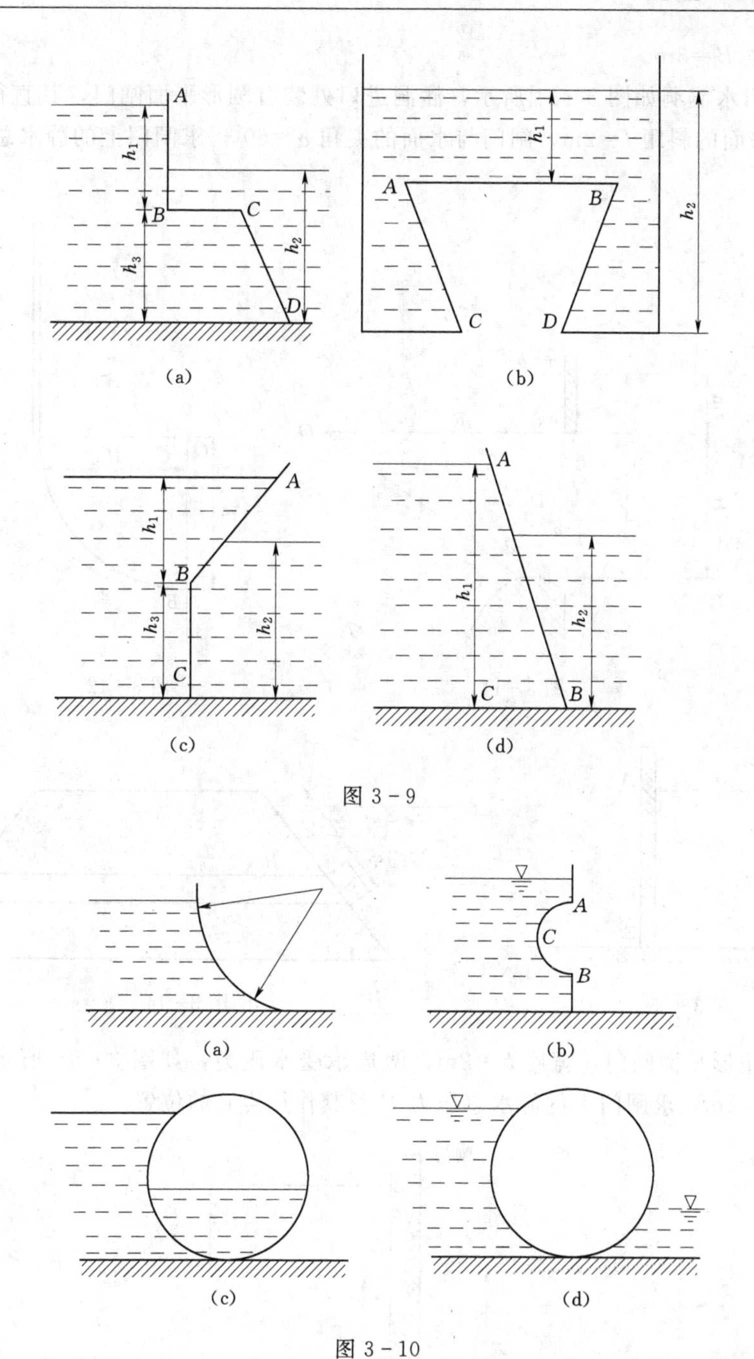

图 3-9

图 3-10

已知：$R=10\text{m}$，门宽 $b=8\text{m}$，$\alpha=30°$，试求：作用在弧形闸门上的静水总压力；压力作用点位置。

2. 如图 3-12 所示为圆弧形闸门 AB（1/4 圆），A 点以上的水深 $H=1.2\text{m}$，闸门宽 $B=4\text{m}$，圆弧形闸门半径 $R=1\text{m}$，水面均为大气压强。确定圆弧形闸门 AB 上作用的静水总压力及作用方向。

3. 求如图 3-13 所示的矩形面板所受静水总压力的大小及作用点位置，已知水深

$H=2\text{m}$，板宽 $B=3\text{m}$。

4. 有一引水涵洞如图 3-14 所示，涵洞进口处装有圆形平面闸门，其直径 $D=0.5\text{m}$，闸门上缘至水面的斜距 $l=2\text{m}$，闸门与水面的夹角 $\alpha=60°$，求闸门上的静水总压力及其作用点的位置。

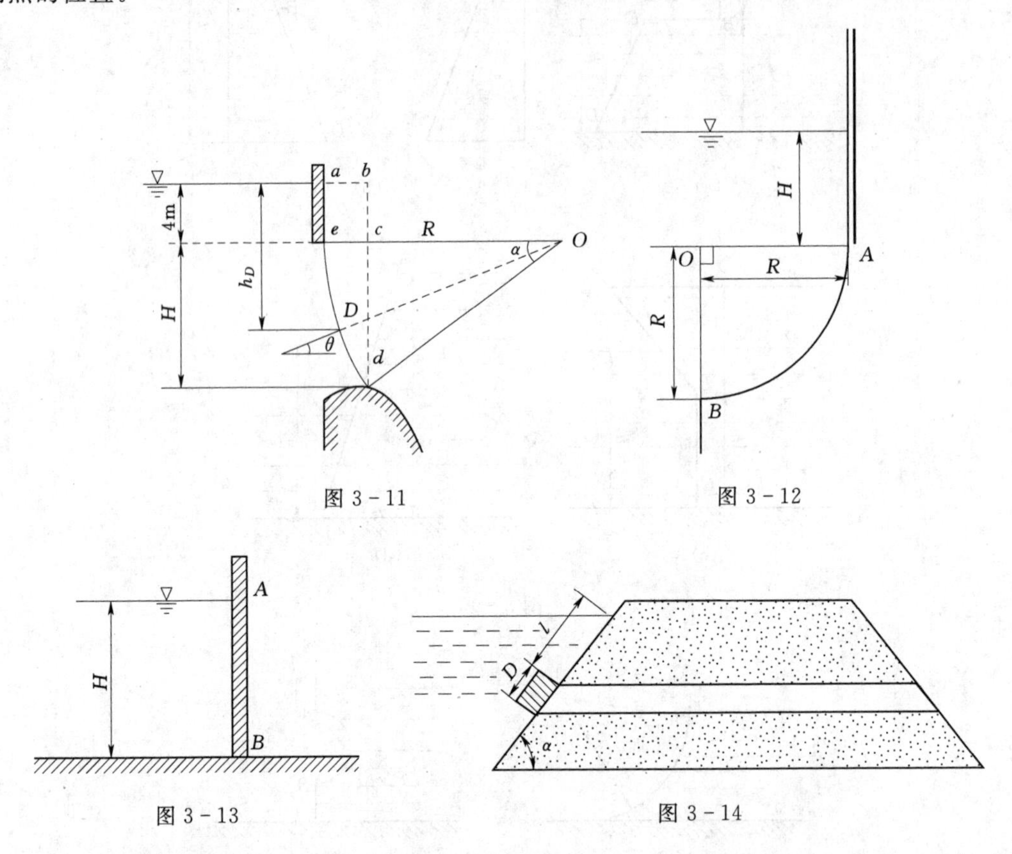

图 3-11　　图 3-12

图 3-13　　图 3-14

5. 有一矩形平面闸门，宽度 $b=2\text{m}$，两边承受水压力，如图 3-15 所示，已知水深 $h_1=4\text{m}$，$h_2=8\text{m}$，求闸门上的静水总压力 P 及其作用点 e 的位置。

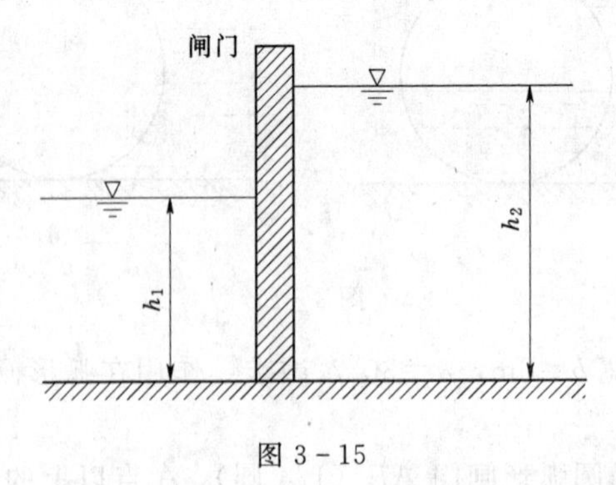

图 3-15

6. 有一自动开启的矩形平面闸门，如图 3-16 所示，门高 $h=2\text{m}$，门宽 $b=1.5\text{m}$，其轴 O—O 在门的重心 C 以下 $a=0.15\text{m}$ 处，问闸门顶上水深超过多少时，此门将自动开启？并问，作用于闸门上的静水总压力为多少？（不计摩擦和闸门自重）

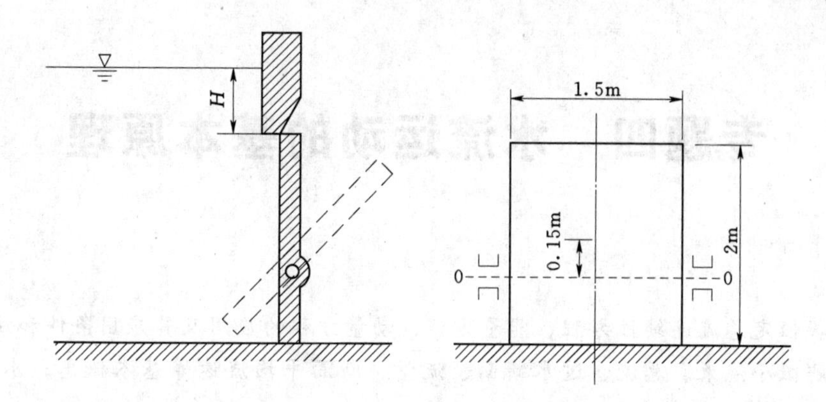

图 3-16

7. 有一弧形闸门，闸门宽度 $b=4\text{m}$，闸门前水深 $H=3\text{m}$，对应的圆心角 $\alpha=45°$，如图 3-17 所示，求弧形闸门上的静水总压力 P 及其作用线的方向。

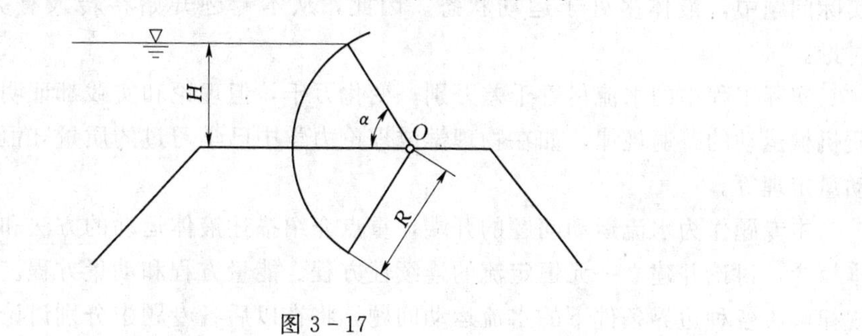

图 3-17

专题四　水流运动的基本原理

学习要求

1. 掌握恒定总流连续性方程、能量方程、动量方程的应用及其应用条件和注意事项。

2. 理解微小流束、总流、过水断面、流量、断面平均流速等基本概念；水流运动的分类及类型判别。

前面已阐述了有关水静力学的基本概念、基本理论及其应用。但在自然界或许多工程实际问题中，液体多处于运动状态。因此，从本专题开始将转入有关水流运动问题的讨论。

实际工程中的水流尽管千差万别，变化万千，但理论和实践都证明，它们必须遵循物质机械运动的普遍规律，如在物理学或理论力学中已学习过的质量守恒定律、动能定理和动量定理等。

本专题作为水流运动问题的开端，重点介绍描述液体运动的方法和有关水流运动的基本概念，讨论并建立一元恒定流的连续性方程、能量方程和动量方程。至于如何应用这些规律解决各种边界条件下的水流运动问题，将在以后各专题中分别讨论。

本专题是水力学的理论核心内容，是以后各专题的学习基础。

知识点一　水流运动的几个基本概念

一、描述水流运动的两种方法（迹线法与流线法）

水流运动时，表征液体运动的各种物理量称为运动要素，常遇到的运动要素有流速、压强、加速度、切应力、液体的密度和容重等。这些运动要素一般除了与空间坐标位置 x、y、z 有关外，还需要考虑时间的影响，即

$$\left.\begin{aligned} p&=p(x,y,z,t)\\ u&=u(x,y,z,t)\\ a&=a(x,y,z,t)\end{aligned}\right\}$$

式中　t——时间；

u——液体质点流速，简称点流速；

a——液体质点加速度。

另外，液体又是由无数质点构成的连续介质。因此，要想从理论上研究液体运动规律，首先要解决的问题就是用什么样的方法来描述液体的运动。

水力学中描述水流运动有两种方法，即迹线法和流线法。

1. 迹线法

这种方法就是像物理学中研究固体运动那样，把液体中各质点作为研究对象，跟踪每个质点，考察分析质点所经过的轨迹以及运动要素的变化规律，把每个液体质点的运动情况综合起来获得整个液体运动的规律。

使用迹线法研究液体运动实质上与研究一般固体力学方法相同，它着眼于液体中的各个质点，这种方法概念清晰，简单易懂。但它只适用于研究液体质点做某些有规则的运动，如波浪运动，而对于其他形式的运动，因为液体质点的运动轨迹非常复杂，用该方法分析水流运动时，还会遇到许多较难解决的数学问题。另外，从实用上讲，大多数情况下并不需要知道各质点的来龙去脉，而仅需了解某一固定区域的流动状况，所以这种方式在水力学上一般采用的不多。而普遍采用较为简便实用的流线法。

2. 流线法

流线法是把充满液体质点的空间作为研究对象，不再跟踪每个质点，而是把注意力集中在考察分析水流中的水质点在通过固定空间点时的速度、压强的变化情况，来获得整个液体运动的规律。

由于流线法是以流动的空间作为研究对象，所以通常把液体流动所占据的空间称为流场。显然，处于运动中的全部液体质点，在同一时刻占据着流场中各自的空间点。不同的液体质点具有各自的速度、压强、密度等水力要素，所以这些水力要素是空间点位置坐标（x，y，z）的函数。对于同一空间点，不同时刻将由具有不同水力要素的液体质点所占据，所以它们也是时间 t 的函数。

3. 迹线与流线

用迹线法描述液体运动，是研究个别液体质点在不同时刻的运动情况，由此引出迹线的概念。所谓迹线就是指液体质点在运动过程中不同时刻所占据空间位置的连线，也就是液体质点运动的轨迹线。

用流线法描述液体运动，要考察同一时刻液体质点在不同空间点的运动情况，由此引出流线概念。所谓流线，就是指某一瞬时在流场中绘出一条空间曲线，该曲线上所有液体质点在该时刻的流速矢量都与这一曲线相切。由此可见，流线能够表示出某时刻各点的流动方向。

流线可用下述方法绘制：设想某一瞬时，在流场中任取一点 A_1，该液体质点的流速矢量为 u_1（见图 4-1），再在该矢量上取距点 A_1 很近的点 A_2，点 A_2 的流速矢量为 u_2…继续做下去，就构成一条折线 $A_1A_2A_3A_4$…若折线上相邻各点的距离趋近于零，则折线 $A_1A_2A_3A_4$ 将成为一条曲线，此曲线即为流线。

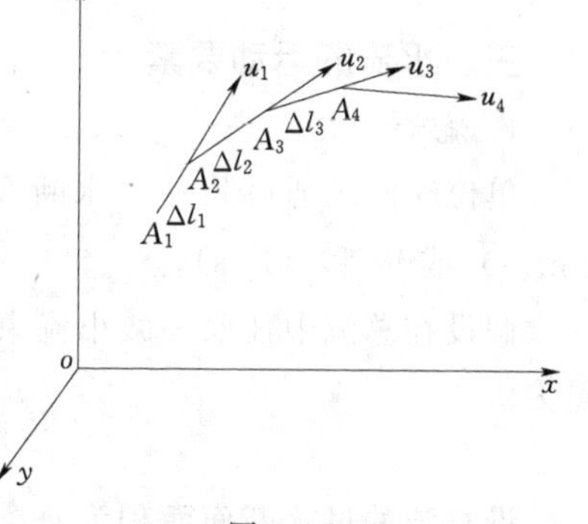

图 4-1

根据流线的概念，可知流线有以下特征：

（1）流线上所有各质点的切线方向就代表了该点的流动方向。

（2）一般情况下，流线既不能相交，也不能是折线，而只能是一条连续光滑的曲线。这是因为如果有两条流线相交，则在交点处，流速就会有两个方向；如果流线为折线，则在转折点处，同样将出现有两个流动方向的矛盾现象，所以流线只能是一条光滑曲线。

(3) 流线上的液体质点只能沿着流线运动。这是因为水质点的流速是与流线相切的，在流线上不可能有垂直于流线的速度分量，所以液体质点不可能有横越流线的流动。

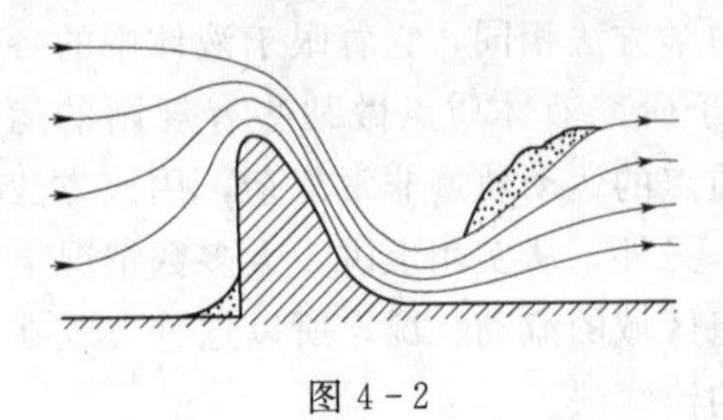

图 4-2

某一瞬时，在运动液体的整个空间绘出的一系列流线所构成的图形，称为流线图，它可形象地描绘出该瞬时整个液流的流动趋势。流线图不仅能够反映空间点上液体质点的流速方向，对于不可压缩液体，流线图的疏密程度还能反映该时刻流场中各点的速度大小。流线愈密集的地方，流速愈大；流线愈稀疏的地方，流速愈小。同时，它的形状受到固体边界形状、离边界远近等因素的影响（见图 4-2）。

二、流管、微小流束、总流、过水断面

1. 流管

在流场中任取一封闭曲线，通过封闭曲线上各点画出许多条流线所构成的管状结构，称为流管。根据流线特征，流管内液体质点不能穿越流管壁流动。

2. 微小流束

充满以流管为边界的一束液流，称为微小流束（见图 4-3）。微小流束过水断面面积很微小，它上面各点的运动要素在同一时刻一般可认为是相等的。由于微小流束的外包面是流管，所以微小流束与束外液体无能量、质量和动量的交换。由于液体不可压缩，因此从微小流束流入和流出的质量、能量和动量应一样。

3. 总流

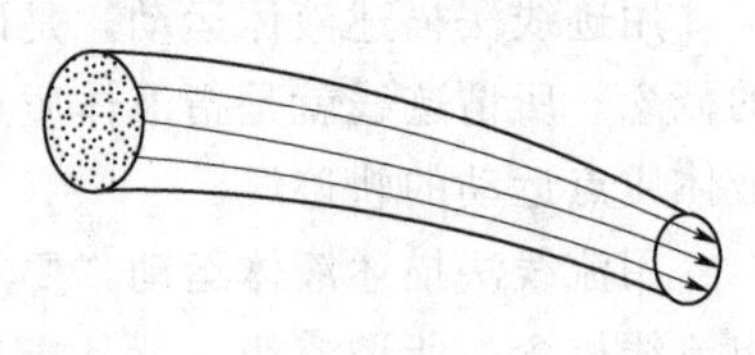

图 4-3

在已给定的流动边界内，无数微小流束的总和，称为总流。任何一个具有一定大小尺寸边界（如自来水管、渠道及天然河道）的实际液流，都是总流。

4. 过水断面

与微小流束或总流流线正交的液流横断面，称为过水断面。过水断面可为平面，也可为曲面。在流线相互平行时，过水断面为平面；否则过水断面则为曲面。

三、水流的运动要素

1. 流量

单位时间内通过某一过水断面的液体体积，称为流量，用 Q 表示。其单位为米^3/秒（m^3/s）或升/秒（L/s）。

假设在总流中任取一微小流束，其过断面面积为 dA，流速为 u，则该微小流束的流量为

$$dQ = u dA$$

设总流的过水断面面积为 A，则总流的流量应等于无数个小流束的流量之和，即

$$Q = \int_Q dQ = \int_A u dA$$

若流速 u 在过水断面上的分布已知，则可通过积分求得通过该过水断面的流量。

2. 断面平均流速

在总流中，过水断面上各点的流速 u 一般并不一定相同，且断面流速分布不易确定。为使研究方便，实际工程中通常引入断面平均流速的概念。

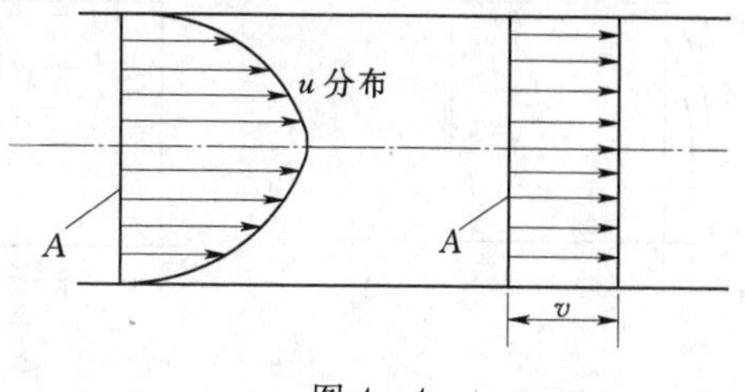

图 4-4

设想过水断面上各点的流速都均匀分布，且等于 v（见图 4-4），按这一流速计算所得的流量与按各点的真实流速计算所得的流量相等，则把流速 v 定义为该断面的平均流速，即

$$Q = \int_A u\mathrm{d}A = vA$$

所以

$$v = \frac{\int_A u\mathrm{d}A}{A} = \frac{Q}{A}$$

可见，总流的流量 Q 等于断面平均流速 v 与过水断面面积 A 的乘积。

3. 动水压强

液体运动时，液体中任意点上的压强称为动水压强。理想液体流动时与实际液体静止时，均不产生内摩阻力。因此，其任意一点各方向的压强与受压面的方位无关。但对于实际液体的运动，由于黏滞力与压应力同时存在，此时，动水压强的大小一般将不再与作用面的方位无关，即从各方向作用于一点的动水压强并不相等。但动水在各个方向的变化受黏滞力的影响很小，而且从理论上可以证明，对于实际液体，任意一点任取彼此垂直三个方向上动水压强的平均值，是一个不随三个彼此垂直方向选取而变化的常数。通常所说的实际液体某点的动水压强，即指三个方向压强的平均值。

四、水流运动的类型

1. 恒定流与非恒定流

根据液流的运动要素是否随时间变化，可将液流分为恒定流与非恒定流。

液体运动时，若任何空间点上所有的运动要素都不随时间而改变，这种水流称为恒定流。换句话说，在恒定流情况下的任一空间点上，无论哪个液体质点通过，其运动要素均不随时间而变化，它只是空间坐标的连续函数。就流速和动水压强而言，可表示为

$$\left.\begin{aligned} u_x &= u_x(x,y,z) \\ u_y &= u_y(x,y,z) \\ u_z &= u_z(x,y,z) \\ p &= p(x,y,z) \end{aligned}\right\}$$

液体运动时，若任何空间点上有一运动要素随时间发生了变化，这种水流称为非恒定流。例如，在水箱侧壁上开有孔口，当箱内水面保持不变（即 H 为常数）时，孔口泄流的形状、尺寸及运动要素均不随时间而变，这就是恒定流［见图 4-5（a）］。反之，箱中水位由 H_1 连续下降到 H_2，此时，泄流形状、尺寸、运动要素都随时间而变化，这就是非恒定流［见图 4-5（b）］。

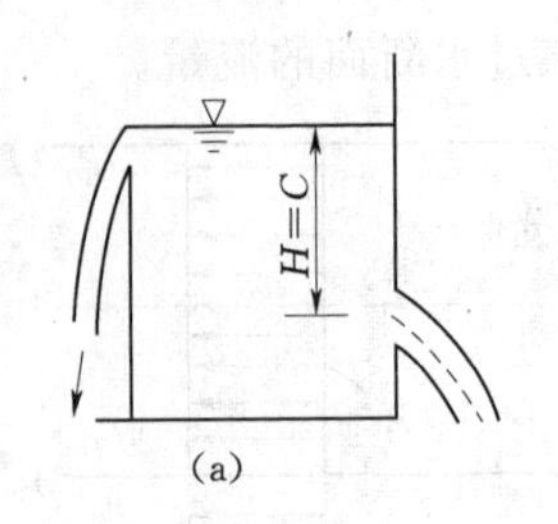

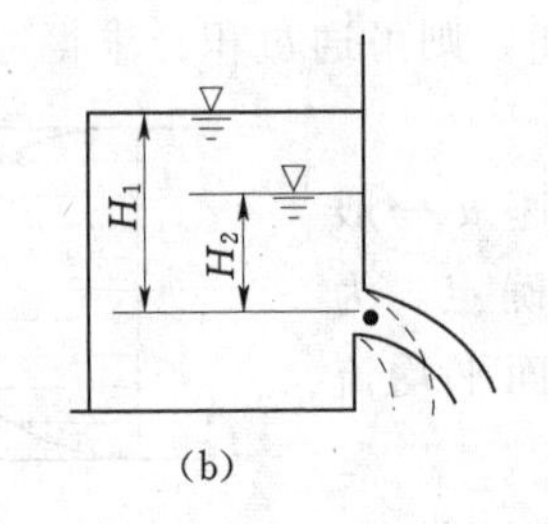

图 4-5

由于恒定流时运动要素不随时间而改变，则流线形状也不随时间而变化，此时，流线与迹线重合，水流运动的分析比较简单，本章只研究恒定流。

2. 均匀流与非均匀流

在恒定流中，可根据液流的运动要素是否沿程变化，将液流分为均匀流与非均匀流。

若同一流线上液体质点流速的大小和方向均沿程不变地流动，称为均匀流。液体直径不变的长直管中的流动，或在断面形状、尺寸沿程不变的长直渠道中的流动，均为均匀流。

在均匀流中，沿同一根流线的流速分布是均匀的，所以流线是一组互相平行的直线，此时过水断面为平面。

当液流流线上各质点的运动要素沿程发生变化，流线不是彼此平行的直线时，称为非均匀流。液体在收缩管、扩散管或弯管中的流动，以及液体在断面形状、尺寸改变的渠道中流动，均为非均匀流。

3. 渐变流与急变流

在非均匀流中，根据流线的不平行程度和弯曲程度，可将其分为渐变流与急变流。渐变流是指流线接近于平行直线的流动（见图 4-6）。此时，各流线的曲率很小（即曲率半径较大），流线间的夹角也很小，它的极限情况就是流线为平行直线的均匀流。

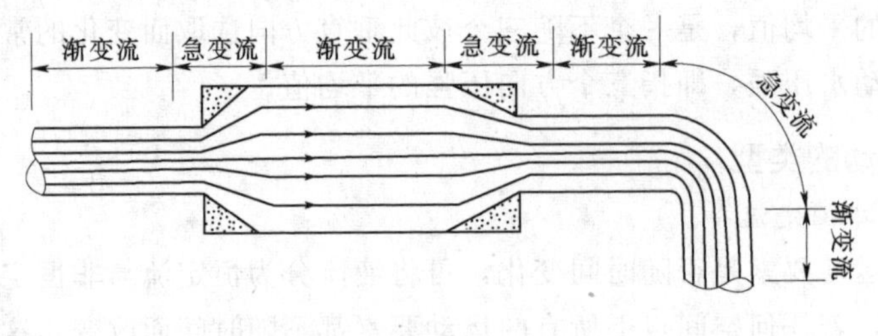

图 4-6

由于渐变流中流线近似平行，故可认为渐变流过水断面的近似为平面。

急变流是指流线的曲率较大，流线之间的夹角也较大的流动。此时，流线已不再是一组平行的直线，因此过水断面为曲面。管道转弯、断面扩大或收缩使水面发生急剧变化的水流，均为急变流。

4. 有压流、无压流、射流

根据液流在流动过程中有无自由表面，可将其分为有压流与无压流。液体沿流程整个周界都与固体壁面接触，而无自由表面的流动称为有压流。它主要是依靠压力作用而流动，其过水断面上任意一点的动水压强一般与大气压强不等。例如，自来水管和有压涵管中的水流，均为有压流。

若液体沿流程一部分周界与固体壁面接触，另一部分与空气接触，具有自由表面的流动，称为无压流。它主要是依靠重力作用而流动，因无压流液面与大气相通，故又可称为重力流或明渠流。例如，河渠中的水流和无压涵管中的水流，均为无压流。

水流从管道末端的喷嘴流出，射向某一固体壁面的流动，称为射流。射流四周均与大气相接触。

5. 一元流、二元流、三元流

在工程实际中，实际水流的运动一般极为复杂，它的运动要素是空间位置坐标和时间的函数（对于恒定流，则仅是空间位置坐标的函数）。根据液流运动要素在三维空间上的变化情况，可将液流分为一元流、二元流和三元流。

如果水流运动要素只与一个空间自变量有关，这种水流称为一元流。例如，微小流束，因它的运动要素只与流程坐标有关，故微小流束为一元流。对于总流，严格地讲都不是一元流，但若把过水断面上与点的坐标有关的运动要素（如流速、压强等）进行断面平均，如用断面平均流速去代替过水断面上各点的流速，这时总流也可视为一元流。

如果水流运动要素与两个空间自变量有关，这种水流称为二元流。例如一矩形断面的顺直明渠，当渠底宽很大，两侧边界影响可忽略不计时，其运动要素（如点流速）仅在沿程方向和水深方向变化。

如果水流运动要素与三个空间自变量有关，这种水流称为三元流。严格来讲，任何实际水流都是三元流，如天然河道以及断面形状、尺寸沿程变化的人工渠道中的水流。

从理论上讲，只有按三元流来分析水流现象才符合实际，但此时水力计算较为复杂，难于求解。因而在实际工程中，常结合具体水流运动特点，采用各种平均方法（如最常见的断面平均法），将三元流简化为一元流或二元流，由此而引起的误差，可通过修正系数来加以校正。

知识点二　恒定总流的连续性方程

水流运动和其他物质运动一样，也必须遵循质量守恒定律。恒定流连续性方程，实质上就是质量守恒定律在水流运动中的具体体现。

在恒定流中任取一段微小流束作为研究对象（见图 4-7），设 1—1 断面过水断面面积为 dA_1，流速为 u_1，2—2 断面过水断面面积为 dA_2，流速为 u_2。考虑到：

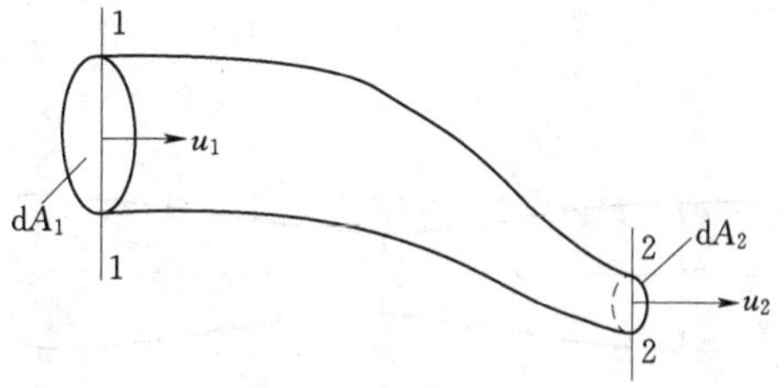

（1）在恒定流条件下，微小流束的形状与位置不随时间而改变。

（2）液体一般可视为不可压缩的连续介质，其密度为常数。

图 4-7

（3）液体质点不可能从微小流束的侧壁流入或流出。

根据质量守恒定律，在 dt 时段内，流入 1—1 断面的水体的质量等于流出 2—2 断面的水体质量，即

$$\rho u_1 dA_1 dt = \rho u_2 dA_2 dt$$

消去 ρdt 得
$$u_1 \mathrm{d}A_1 = u_2 \mathrm{d}A_2$$
或
$$u_1 \mathrm{d}A_1 = u_2 \mathrm{d}A_2 = \mathrm{d}Q = 常数 \tag{4-1}$$

式（4-1）为恒定流微小流束的连续性方程。

总流是无数个微小流束的总和，将微小流束的连续性方程在总流过水断面上积分，便可得到总流连续性方程，即

$$\int_Q \mathrm{d}Q = \int_{A_1} u_1 \mathrm{d}A_1 = \int_{A_2} u_2 \mathrm{d}A_2$$

引入断面平均流速后成为
$$Q = v_1 A_1 = v_2 A_2 = 常数 \tag{4-2}$$
或
$$\frac{v_2}{v_1} = \frac{A_1}{A_2} \tag{4-3}$$

式（4-3）即为恒定总流的连续性方程。式中的 v_1 与 v_2 分别表示过水断面 A_1 及 A_2 的断面平均流速。连续性方程表明：

（1）对于不可压缩的恒定总流，流量沿程不变。

（2）如果断面沿流程变化，则任意两个过水断面的平均流速的大小与过水断面面积成反比。断面大的地方流速小，断面小的地方流速大。

上述总流的连续性方程是在流量沿程不变的条件下建立的，若沿程有流量汇入或分出，则连续性方程在形式上需作相应的变化。当有流量汇入时［见图 4-8（a)］，其连续性方程为
$$Q_1 + Q_3 = Q_2 \tag{4-4}$$

当有流量分出时［见图 4-8（b)］，其连续性方程为
$$Q_1 = Q_2 + Q_3 \tag{4-5}$$

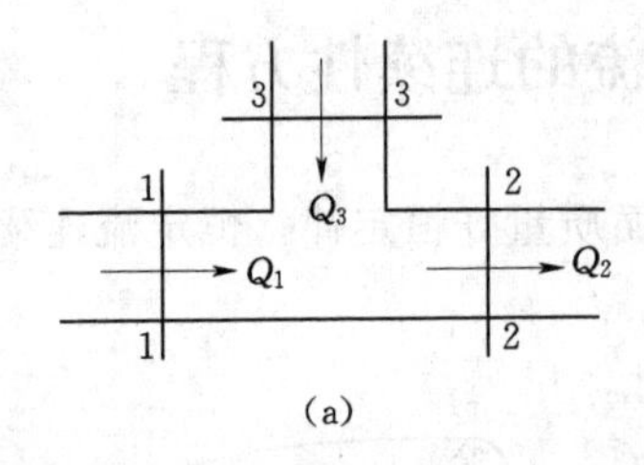

(a)

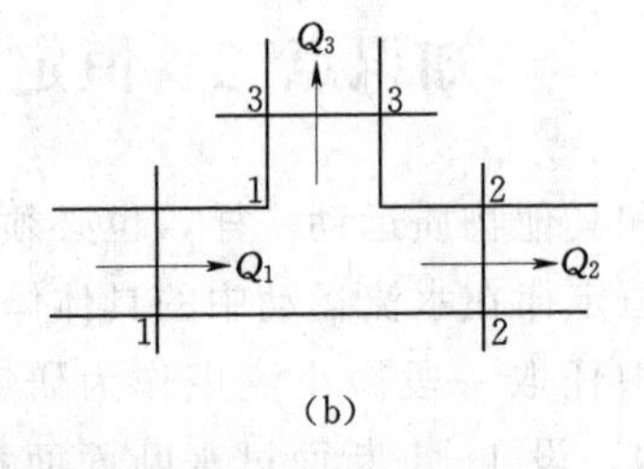

(b)

图 4-8

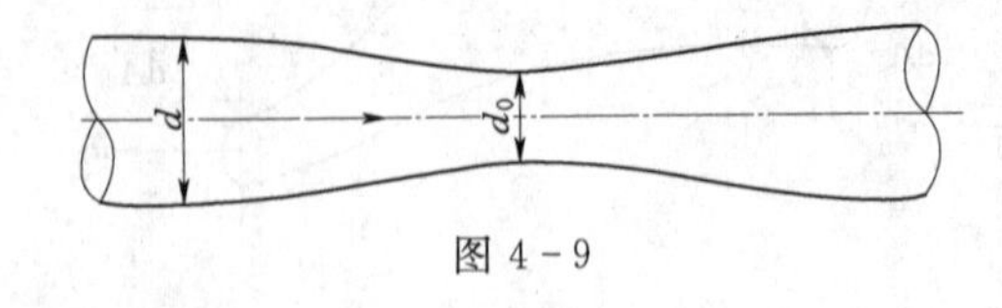

图 4-9

【例题 4-1】 直径 d 为 100mm 的输水管道中有一变截面管段（见图 4-9），若测得管内流量 Q 为 10L/s，变截面弯管段最小截面处的断面平均流速 $v_0 = 20.3\mathrm{m/s}$，求输水管的断面平均流速 v 及最小截面处的直径 d_0。

解：

$$v = \frac{Q}{\frac{1}{4}\pi d^2} = \frac{10\times10^{-3}}{\frac{1}{4}\times3.14\times0.1^2} = 1.27(\mathrm{m/s})$$

$$d_0^2=\frac{v}{v_0}d^2=\frac{1.27}{20.3}\times0.1^2=0.000626\ (\mathrm{m}^2)$$

$$d_0=0.0250(\mathrm{m})=25(\mathrm{mm})$$

知识点三　恒定总流的能量方程

恒定流的连续方程虽然揭示了液流断面平均流速与过水断面面积之间的关系，但却不能解决工程实际中常涉及的作用力和能量问题。为此，还需进一步研究液体运动所遵循的其他规律。恒定流的能量方程就是应用能量转化与守恒原理，分析液体运动时的动能、压能和位能三者之间的相互关系。它为解决实际工程的水力计算问题奠定了理论基础。

一、微小流束的能量方程

由物理学动能定理可知：运动液体动能的增量，等于同一时段内作用于运动液体上各外力对液体作功的代数和，即

$$\sum M=\frac{1}{2}mu_2^2-\frac{1}{2}mu_1^2$$

式中　$\sum M$——所有外力对物体作功的总和；

u_1——物体处于起始位置时的速度；

u_2——在外力作用下，物体运动到新位置时的速度；

m——运动物体的质量。

下面就根据动能定理来分析恒定流微小流束的能量方程。

如图 4-10 所示，在实际液体恒定流中取出一段微小流束，选取断面Ⅰ—Ⅰ与断面Ⅱ—Ⅱ之间的水体作为研究对象。设微小流束过水断面Ⅰ—Ⅰ与过水断面Ⅱ—Ⅱ的面积分别为 dA_1 和 dA_2，其断面形心点的位置高度分别为 z_1 和 z_2，动水压强分别为 p_1 和 p_2，相应的速为 u_1 和 u_2。对于微小流束由原来的Ⅰ—Ⅱ位置移动到了新位置Ⅰ′—Ⅱ′，则Ⅰ—Ⅰ断面与Ⅱ—Ⅱ断面所移动的距离分别为

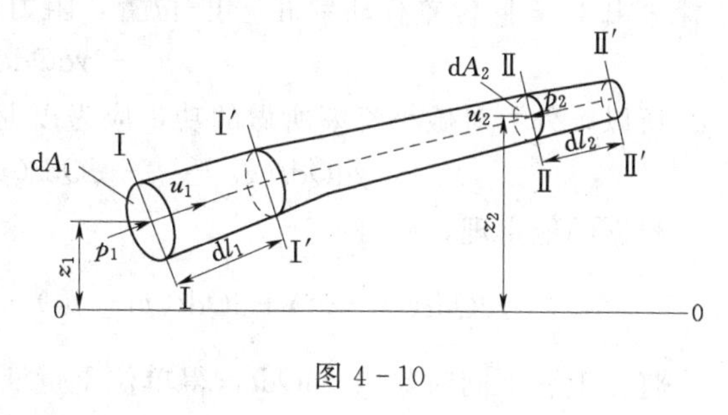

图 4-10

$$\mathrm{d}l_1=u_1\mathrm{d}t$$

$$\mathrm{d}l_2=u_2\mathrm{d}t$$

由图 4-10 可见Ⅰ′—Ⅱ是 $\mathrm{d}t$ 时段内运动液体始末共有流段，这段微小流束水体虽有液体质点的流动和替换，但由于所选的微小流束为恒定流，Ⅰ′—Ⅱ段水体的形状、体积和位置都不随时间发生变化，所以，要研究微小流束从Ⅰ—Ⅱ位置移动到Ⅰ′—Ⅱ′位置时，只需研究微小流束从Ⅰ—Ⅰ′段移动到Ⅱ—Ⅱ′位置的运动就可以了。

1. 动能的增量

在恒定条件下，共有流段Ⅰ′—Ⅱ的质量和各点的流速不随时间而变化，因其动能也不随时间变化，所以微小流束段动能的增量就等于流段Ⅱ—Ⅱ′段动能与Ⅰ—Ⅰ′段动能

之差。

根据质量守恒原理，流段Ⅱ—Ⅱ′与Ⅰ—Ⅰ′的质量相等，即 $m=\rho dV=\rho dQdt=\frac{\gamma}{g}dQdt$，于是动能的增量可表示为

$$\frac{1}{2}mu_2^2-\frac{1}{2}mu_1^2=\frac{\gamma dQdt}{2g}(u_2^2-u_1^2)=\gamma dQdt\left(\frac{u_2^2}{2g}-\frac{u_1^2}{2g}\right)$$

2. 外力作功

对微小流束做功的力有动水压力、重力和微小流束在运动中所受到的摩擦阻力。

(1) 压力作功。用于微小流束上的动水压力有两端断面上的动水压力和微小流束侧表面上的动水压力。由于微小流束侧表面上的动水压力与水流运动方向垂直，故不做功。

作用于过水断面Ⅰ—Ⅰ上的动水压力 p_1dA_1 与水流运动方向相同，故为正功；作用于过水断面Ⅱ—Ⅱ上的动水压力 p_2dA_2 与水流运动方向相反，故为负功。于是压力所做的功为

$$p_1dA_1dl_1-p_2dA_2dl_2=p_1dA_1u_1dt-p_2dA_2u_2dt=dQdt(p_1-p_2)$$

(2) 重力作用。微小流束段Ⅰ—Ⅰ′和Ⅱ—Ⅱ′的位置高度差为 (z_1-z_2)，重力对共有段Ⅰ′—Ⅱ不做功，于是液体从Ⅰ—Ⅰ′移动到Ⅱ—Ⅱ′时重力所做的功为

$$G(z_1-z_2)=\gamma dQdt(z_1-z_2)$$

3. 阻力作功

对于实际液体，由于黏滞性的存在，液体运动时必须克服内摩擦阻力，消耗一定的能量，故阻力所做的功为负功。设阻力对单位重量液体所做的功为 h_w'，则对于所研究的微小流束由Ⅰ—Ⅰ′位置移动到Ⅱ—Ⅱ′位置，阻力所做的功为

$$-\gamma dQdth_w'$$

所以，外力对微小流束所做的功，应为以上三项外力所做功的代数和，即

$$\gamma dQdt(z_1-z_2)+dQdt(p_1-p_2)-\gamma dQdth_w'$$

根据动能定理，则有

$$\gamma dQdt(z_1-z_2)+dQdt(p_1-p_2)-\gamma dQdth_w'=\gamma dQdt\left(\frac{u_2^2}{2g}-\frac{u_1^2}{2g}\right)$$

将以上各项同时除以 $\gamma dQdt$，得单位重量液体功和能之间的关系式为

$$z_1-z_2+\frac{p_1}{\gamma}-\frac{p_2}{\gamma}-h_w'=\frac{u_2^2}{2g}-\frac{u_1^2}{2g}$$

整理得

$$z_1+\frac{p_1}{\gamma}+\frac{u_1^2}{2g}=z_2+\frac{p_2}{\gamma}+\frac{u_2^2}{2g}+h_w' \qquad (4-6)$$

这就是恒定流微小流束的能量方程，该式是由瑞士的物理学家和数学家伯诺里在1738年首次推导出来的，故又称为恒定流微小流束的伯努利方程。

二、动水压强的分布规律

一般情况下，实际液体中某点的动水压强与受压面方向有关，过水断面动水压强的分布规律与静水压强的分布规律也有所不同，但在某些特殊情况下，如均匀流和渐变流中却可以认为动水压强具有与静水压强同样的特性，实际液体中某点的动水压强与受压面方向

无关，且过水断面上动水压强的分布符合静水压强直线分布规律。

1. 均匀流过水断面上的动水压强分布规律

对于均匀流，流线为一组平行直线，过水断面为平面。在均匀流过水断面 $n—n$ 上任意两相邻流线间取一长为 dl，高为 dz，底面积为 dA，与铅垂方向夹角为 θ 的微小柱体（见图 4-11），设该微小柱体两端面形心点处的动水压强分别为 p 与 $p+dp$。下面分析沿 $n—n$ 轴向作用于微小柱体上的力。

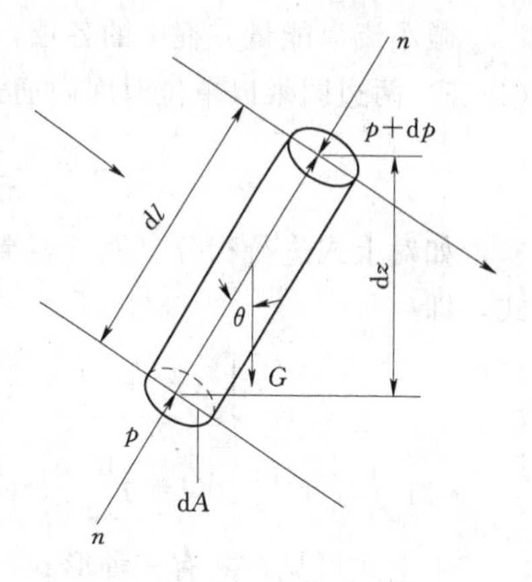

图 4-11

（1）柱体两端面上的动水压力分别为 pdA 和 $(p+dp)dA$。

（2）柱体自重沿 $n—n$ 方向的分力为

$$G\cos\theta=\gamma dl dA\cos\theta=\gamma dA dz$$

（3）柱体侧面上的动水压力以及水流的内摩擦力均与轴线 $n—n$ 正交，故沿 $n—n$ 方向投影为零。

（4）均匀流中流速沿程不变，流线为平行直线，柱体在 $n—n$ 方向所受的惯性力为零。由 $n—n$ 轴向力的平衡方程，得

$$pdA-(p+dp)dA-\gamma dA dz=0$$

化简后得

$$\gamma dz+dp=0$$

积分后得

$$z+\frac{p}{\gamma}=C \tag{4-7}$$

式（4-7）表明，均匀流过水断面上的动力压强分布规律与静水压强分布规律相同，即在同一过水断面上各点相对于同一基准面的测压管水头（或单位势能）为一常数，但对于不同的过水断面测压管水头是不相同的。

2. 渐变流段内过水断面上的动水压强分布规律

对于渐变流，由于流线间的夹角很小，流线近似成平行直线，沿 $n—n$ 轴向的加速度近似为零，惯性力的影响可忽略，此时沿渐变流过水断面仅有压力和重力的作用，这与液体静止时和均匀流时的受力情况完全一致。因此，可以认为渐变流断面上各点的动水压强也符合静水压强分布规律，或同一过水断面上各点的测压管水头（单位势能）为一常数。

但应注意，上述关于均匀流或渐变流过水断面上动水压强分布规律的结论，只适用于有一定固体边界约束（如管壁和渠壁）的水流。当液体从管道末端流入大气时，出口附近的液体也符合均匀流或渐变流的条件，但因该断面周界均与大气相通，断面周界上各点的动水压强为零，因而此种情况下过水断面上的动水压强分布不符合静水压强分布规律。

3. 急变流段内动水压强的分布规律

在急变流中，因流线的曲率较大，液体质点做曲线运动而产生的离心惯性力的影响已不能忽略。因此，过水断面上动水压强的分布规律将不再服从静水压强分布规律。

三、恒定总流的能量方程

微小流束的能量方程只能反映微小流束内部或边界上各点的流束和压强的变化，为了

解决工程实际问题，还需将微小流束的能量方程加以推广，得出恒定总流的能量方程。

微小流束能量方程中的各项，表示过水断面 dA 上单位重量液体所具的有能量。将式（4-6）两边同乘以单位时间内通过微小流束液体的重量 γdQ，可得

$$\left(z_1+\frac{p_1}{\gamma}+\frac{u_1^2}{2g}\right)\gamma dQ=\left(z_2+\frac{p_2}{\gamma}+\frac{u_2^2}{2g}+h'_w\right)\gamma dQ \tag{4-8}$$

如对上式进行积分，就可得到单位时间内通过总流两过水断面的总能量之间的关系式，即

$$\int_Q\left(z_1+\frac{p_1}{\gamma}+\frac{u_1^2}{2g}\right)\gamma dQ=\int_Q\left(z_2+\frac{p_2}{\gamma}+\frac{u_2^2}{2g}+h'_w\right)\gamma dQ$$

$$\gamma\int_Q\left(z_1+\frac{p_1}{\gamma}\right)dQ+\gamma\int_Q\frac{u_1^2}{2g}dQ=\gamma\int_Q\left(z_2+\frac{p_2}{\gamma}\right)dQ+\gamma\int_Q\frac{u_2^2}{2g}dQ+\gamma\int_Q h'_w dQ \tag{4-9}$$

由上式可见，共有三种形式积分，现分别加以分析。

1. 势能类积分

$$\gamma\int_Q\left(z+\frac{p}{\gamma}\right)dQ$$

它表示单位时间内通过总流过水断面的液体势能的总和。若所取的总流过水断面为均匀流或渐变流，则断面上各点的单位势能 $z+\frac{p}{\gamma}=$常数，则

$$\gamma\int_Q\left(z+\frac{p}{\gamma}\right)dQ=\gamma\left(z+\frac{p}{\gamma}\right)\int_Q dQ=\left(z+\frac{p}{\gamma}\right)\gamma Q$$

2. 动能积分

$$\gamma\int_Q\frac{u^2}{2g}dQ=\gamma\int_A\frac{u^2}{2g}u\,dA=\frac{\gamma}{2g}\int_A u^3 dA \tag{4-10}$$

它表示单位时间内通过总流过水断面动能的总和。一般情况下，总流过水断面上各点的流速是不相等的，且分布规律不易确定，所以直接积分该项较困难。这时，可考虑用断面平均流速代替断面上各点的流速 u 来表示，即用 $\frac{\gamma}{2g}\int_A v^3 dA$ 来代替 $\frac{\gamma}{2g}\int_A u^3 dA$，但二者实际并不相等。根据数学上有关平均值的性质，u 的立方和不等于 u 的平均值 v 的立方和，可证明：$\int_A u^3 dA>\int_A v^3 dA$，如引入一个大于1的修正系数，则有

$$\int_A u^3 dA=\alpha\int_A v^3 dA=\alpha v^3 A$$

于是动能类积分为

$$\frac{\gamma}{2g}\int_A u^3 dA=\frac{\gamma}{2g}\alpha v^3 A=\frac{\alpha v^2}{2g}\gamma Q \tag{4-11}$$

式中的 α 为动能修正系数，表示过水断面上实际流速积分与按断面平均流速积分计算所得结果之比，即

$$\alpha=\frac{\int_A u^3 dA}{v^3 A}$$

α 值取决于总流过水断面上的流速分布情况，流速分布愈均匀，α 值愈接近于1。当

水流为均匀流或渐变流时，一般可取 $\alpha=1.05\sim1.10$，实际工程计算中，常取 $\alpha=1.0$。

3. 损失能量类积分

$$\gamma\int_Q h'_w \mathrm{d}Q$$

它表示单位时间内总流从Ⅰ—Ⅰ过水断面流至Ⅱ—Ⅱ过水断面的机械能损失的总和。设 h_w 为总流单位重量液体在这两断面间的平均机械能损失，则

$$\gamma\int_Q h'_w \mathrm{d}Q = h_w\gamma Q \tag{4-12}$$

将上述各分类积分结果式（4-10）、式（4-11）、式（4-12）代入式（4-9），得

$$\left(z_1+\frac{p_1}{\gamma}\right)\gamma Q+\frac{\alpha_1 v_1^2}{2g}\gamma Q=\left(z_2+\frac{p_2}{\gamma}\right)\gamma Q+\frac{\alpha_2 v_2^2}{2g}\gamma Q+h_w\gamma Q$$

将上式各项除以 γQ，得

$$z_1+\frac{p_1}{\gamma}+\frac{\alpha_1 v_1^2}{2g}=z_2+\frac{p_2}{\gamma}+\frac{\alpha_2 v_2^2}{2g}+h_w \tag{4-13}$$

式（4-13）即为不可压缩液体恒定总流的能量方程（伯努利方程）。它能够反映总流各断面上单位重量液体的平均位能、平均压能和平均动能之间的能量转化关系。同时，它也是研究水流运动规律应用最广，极为重要的方程。

四、能量方程的意义

1. 能量方程的意义

实际液体恒定总流能量方程与微小流束能量方程相比，形式上很类似，但二者又存在差别。总流能量方程中用断面平均流速 v 代替了微小流束过水断面上的点流速 u，相应地引入了动能修正系数 α 来加以修正。同时，又以两流段间平均水头损失 h_w 代替了微小流束的水头损失 h'_w。

总流能量方程式中各项的物理意义及几何意义如下。

z：总流过水断面上单位重量液体所具有的位能，简称为单位位能，几何上称为位置高度或位置水头。

$\frac{p}{\gamma}$：总流过水断面上单位重量液体所具有的压能，简称为单位压能，几何上称为测压管高度或压强水头。

$z+\frac{p}{\gamma}$：总流过水断面上单位重量液体所具有的平均势能，几何上称为测压管水头，通常又称 $z+\frac{p}{\gamma}=H_p$。

$\frac{\alpha v^2}{2g}$：总流过水断面上单位重量液体所具有的平均动能，几何上称为流速水头。

$H=z+\frac{p}{\gamma}+\frac{\alpha v^2}{2g}$：总流过水断面上单位重量液体的总能量，即总机械能，几何上称为总水头。

h_w：总流单位重量液体在始末两断面间沿流程的平均能量损失，即机械能损失，几何上称为水头损失。

以上各项水头的单位都是长度单位，一般用 m 来表示。

设 H_1 和 H_2 分别表示总流中任意两过水断面上液流所具有的总水头，根据能量方程式

$$H_1=H_2+h_w$$

即

$$H_1-H_2=h_w \tag{4-14}$$

可见，因为水流在流动过程中要产生能量损失，所以，水流只能从总机械能大的地方流向总机械能小的地方。

对于理想液体，$h_w=0$，则 $H_1=H_2$，即总流中任何过水断面上总水头保持不变。

2. 能量方程的图示

由于总流里能量方程中各项均表示单位重量液体所具有的能量或水头，且各项的单位都是长度单位，因此可用几何线段来表示，使能量沿流程的转化情况更形象、更直观地体现出来。

图 4-12 即为一段总流机械能转化的图示。首先选取基准面 0—0，并画出总流的中心线。总流各断面中心点离基准面的高度就代表了该断面的位置水头 z，所以总流的中心线就表示位置水头 z 沿程的变化，即位置水头线。

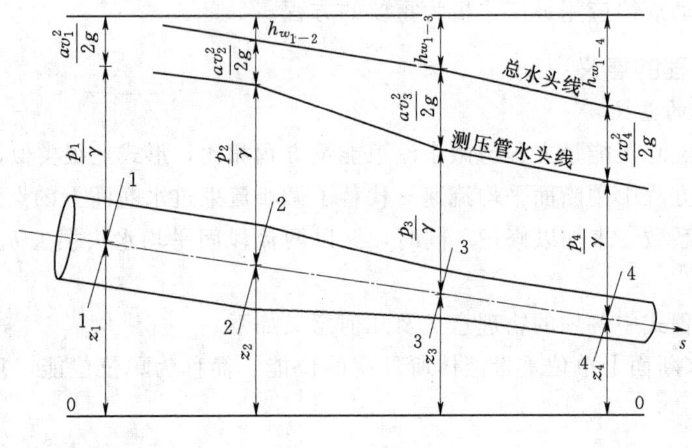

图 4-12

在各断面的中心上作垂线，并在铅垂线上截取高度等于中心点压强水头的 p/γ 线段，得到测压管水头 $(z+p/\gamma)$，即各断面上测压管水面离基准面的高度，如将各断面的测压管水头用线连起来，这条线称为测压管水头线。测压管水头线和位置水头线之间的铅垂距离反映了压强水头沿流程的变化情况。如测压管水头线在位置以上，压强为正；反之为负。

在铅垂线所标示的测压管水头以上截取高度等于流速水头$\dfrac{\alpha v^2}{2g}$的线段，得到该断面的总水头 $H=z+\dfrac{p}{\gamma}+\dfrac{\alpha v^2}{2g}$，各断面总水头的连线称为总水头线。它反映了总流总机械能沿流程的变化情况。

根据能量方程，实际液体一定存在水头损失，因而总流的总水头线为一条逐渐下降的直线或曲线。总水头线沿流程的下降情况可用单位流程上的水头损失，即水力坡度 J 来

表示。若总水头线为直线时

$$J=\frac{H_1-H_2}{L}=\frac{h_w}{L} \tag{4-15}$$

当总水头线为曲线时，水力坡度为变值，在某一断面处可表示为

$$J=\frac{\mathrm{d}h_w}{\mathrm{d}L}=-\frac{\mathrm{d}H}{\mathrm{d}L} \tag{4-16}$$

因为总水头增加时 dH 一定为负值，为使水力坡度为正值，所以上式中要加负号。

由于总流几何边界条件的沿程变化，必将引起动能和势能的相互转化，所以测压管水头线可以沿程下降或上升，也可沿程不变。它沿流程的变化情况可用单位流程上测压管水头的降低值或升高值，即测压管坡度 J_p 来表示。当测压管水头线为直线时

$$J_p=\frac{\left(z_1+\frac{p_1}{\gamma}\right)-\left(z_2+\frac{p_2}{\gamma}\right)}{L} \tag{4-17}$$

当测压管水头线为曲线时

$$J_p=-\frac{\mathrm{d}H_p}{\mathrm{d}L} \tag{4-18}$$

对于河渠中的渐变流，其测压管水头线就是水面线。

能量方程的这种图示方法，常运用于长距离有压输水管道的水力设计中，用来帮助分析水流现象，找出实际水流的变化规律。

知识点四　能量方程的应用条件及举例

一、能量方程的应用条件及注意点

1. 能量方程的应用条件

实际液体恒定总流的能量方程是水力学中最常用的基本方程之一，能解决很多工程实际问题。从该方程的推导可以看出，能量方程式（4－13）有一定的适用范围，应满足以下条件。

（1）水流必须是恒定流，并且是均质不可压缩的。

（2）所取过水断面1—1和断面2—2应在均匀流或渐变流区域，以符合断面上各点测压管水头等于常数，且作用的质量力只有重力等条件，但两个断面间可以是急变流。

（3）所取过水断面1—1和断面2—2之间，没有流量的汇入与分出，即总流的流量沿程不变。

（4）所取过水断面1—1和断面2—2之间，除了水头损失以外，没有其他机械能的输入与输出。

但因总流能量方程中各项，均指单位重量液体的能量，所以在水流有分支或汇入的情况下，仍可分别对每一支水流建立能量方程式。

对于汇流情况［见图4－13（a）］可建立断面1—1与断面2—2和断面3—3与断面2—2的能量方程如下：

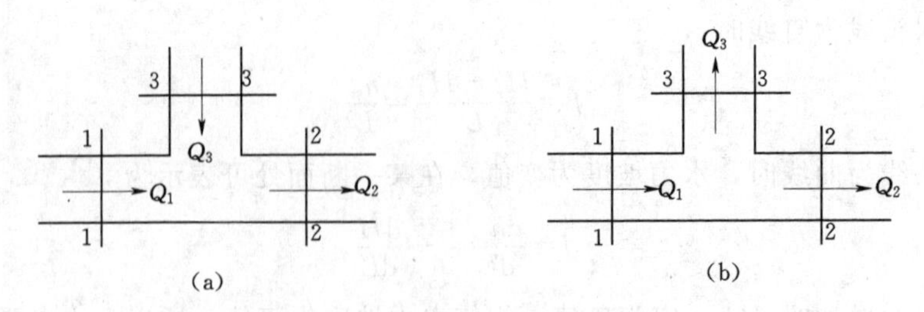

图 4-13

$$\left.\begin{aligned} z_1+\frac{p_1}{\gamma}+\frac{\alpha_1 v_1^2}{2g}&=z_2+\frac{p_2}{\gamma}+\frac{\alpha_2 v_2^2}{2g}+h_{w_{1-2}} \\ z_3+\frac{p_3}{\gamma}+\frac{\alpha_3 v_3^2}{2g}&=z_2+\frac{p_2}{\gamma}+\frac{\alpha_2 v_2^2}{2g}+h_{w_{3-2}} \end{aligned}\right\} \tag{4-19}$$

对于分流情况［见图 4-13（b）］可建立断面 1—1 与断面 2—2 和断面 1—1 与断面 3—3 的能量方程如下：

$$\left.\begin{aligned} z_1+\frac{p_1}{\gamma}+\frac{\alpha_1 v_1^2}{2g}&=z_2+\frac{p_2}{\gamma}+\frac{\alpha_2 v_2^2}{2g}+h_{w_{1-2}} \\ z_1+\frac{p_1}{\gamma}+\frac{\alpha_1 v_1^2}{2g}&=z_3+\frac{p_3}{\gamma}+\frac{\alpha_3 v_3^2}{2g}+h_{w_{1-3}} \end{aligned}\right\} \tag{4-20}$$

2. 能量方程的注意事项

为了更方便快捷的应用能量方程解决实际问题，能量方程在应用时应注意以下几点：

(1) 计算断面必须满足均匀流或渐变流条件，尽量选择已知条件多的过水断面列能量方程，当行进流速水头与其他各项相比较小时，可以忽略不计。

(2) 基准面可以任意选取，但必须是水平面。在同一方程中，对应两个不同断面 z 值必须对应同一基准面。

(3) 压强 p 一般采用相对压强，也可以采用绝对压强。但在同一方程中必须采用同一标准。考虑到方便，一般采用相对压强。

(4) 因为均匀流和渐变流同一过水断面上各点的测压管水头（$z+p/\gamma$）值相等，具体选择哪一点，以计算简单方便为宜。对于有压管道中的水流，计算点通常取在管轴线上；对于明渠水流，计算点通常取在自由水面上。

(5) 严格地讲，不同过水断面上的动能修正系数 α 是不相等的，且不等于 1.0。但在实际计算中，对于均匀流和渐变流，一般 $\alpha_1=\alpha_2=1.0$。

应用能量方程式还应具体问题具体分析，若方程中同时出现较多的未知量，应考虑与其他方程连立求解。

【例题 4-2】 如图 4-14 所示为水流经溢流坝前后的水流纵断面图。设坝的溢流段较长，上下游每米宽的流量相等。当坝顶水头为 1.5m 时，上游断面 1—1 的流速 $v_1=0.8\text{m/s}$，坝址断面 2—2 的水深为 0.42m，下游断面 3—3 处的水深为 2.2m。

(1) 分别求断面 1—1、断面 2—2、断面 3—3 处单位重量水体的势能、动能和总机械能。

(2) 求断面 1—1 至断面 2—2 的水头损失和断面 2—2 至断面 3—3 的水头损失。

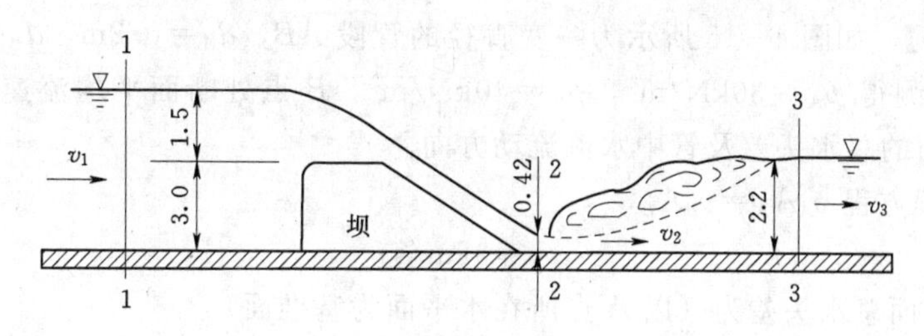

图 4-14

解：(1) 列 1—1 断面和 2—2 断面连续性方程。

$$A_1v_1=A_2v_2$$

$$v_2=\frac{A_1v_1}{A_2}=\frac{bh_1}{bh_2}v_1=\frac{h_1}{h_2}v_1=\frac{4.5}{0.42}\times0.8=8.57(\text{m/s})$$

列 1—1 断面和 3—3 断面连续性方程

$$A_1v_1=A_3v_3$$

$$v_3=\frac{A_1v_1}{A_3}=\frac{bh_1}{bh_3}v_1=\frac{h_1}{h_3}v_1=\frac{4.5}{2.2}\times0.8=1.64(\text{m/s})$$

以河床底部为基准面，计算点选在自由表面上，取 $\alpha_1=\alpha_2=\alpha_3=1.0$，计算个断面能量

1) 1—1 断面。

单位势能：$z_1+\frac{p_1}{\gamma}=4.5+0=4.50(\text{m})$

单位动能：$\frac{v_1^2}{2g}=\frac{0.8^2}{19.6}=0.0326(\text{m})$

单位总机械能：$H_1=z_1+\frac{p_1}{\gamma}+\frac{v_1^2}{2g}=4.50+0.0326=4.53(\text{m})$

2) 2—2 断面。

单位势能：$z_2+\frac{p_2}{\gamma}=0.42+0=0.42(\text{m})$

单位动能：$\frac{v_2^2}{2g}=\frac{8.57^2}{19.6}=3.75(\text{m})$

单位总机械能：$H_2=z_2+\frac{p_2}{\gamma}+\frac{v_2^2}{2g}=0.42+3.75=4.17(\text{m})$

3) 3—3 断面。

单位势能：$z_3+\frac{p_3}{\gamma}=2.2+0=2.20(\text{m})$

单位动能：$\frac{v_3^2}{2g}=\frac{1.64^2}{19.6}=0.137(\text{m})$

单位总机械能：$H_3=z_3+\frac{p_3}{\gamma}+\frac{v_3^2}{2g}=2.20+0.137=2.34(\text{m})$

(2) 计算水头损失。

$$h_{w_{1-2}}=H_1-H_2=4.53-4.17=0.36(\text{m})$$
$$h_{w_{2-3}}=H_2-H_3=4.17-2.34=1.83(\text{m})$$

【例题 4-3】 如图 4-15 所示为一变直径的管段 AB，$d_A=0.2\text{m}$，$d_B=0.4\text{m}$，高差 $\Delta z=1.5\text{m}$，今测得 $p_A=30\text{kN/m}^2$，$p_B=40\text{kN/m}^2$，B 点处断面平均流速 $v_B=1.5\text{m/s}$，求 A、B 两断面的总水头差及管中水流流动方向。

解： 由连续方程 $v_A A_A=v_B A_B$

$$v_A=6(\text{m/s})$$

A、B 两断面总水头差为（以 A 点所在水平面为基准面）

$$\left(z_1+\frac{p_1}{\gamma}+\frac{\alpha v_1^2}{2g}\right)-\left(z_2+\frac{p_2}{\gamma}+\frac{\alpha v_2^2}{2g}\right)$$

$$=\left(0+\frac{30}{9.8}+\frac{6^2}{2\times 9.8}\right)-\left(1.5+\frac{40}{9.8}+\frac{1.5^2}{2\times 9.8}\right)=-0.799(\text{m})$$

因此，B 点总水头大于 A 点总水头。水流从 B 向 A 流动。

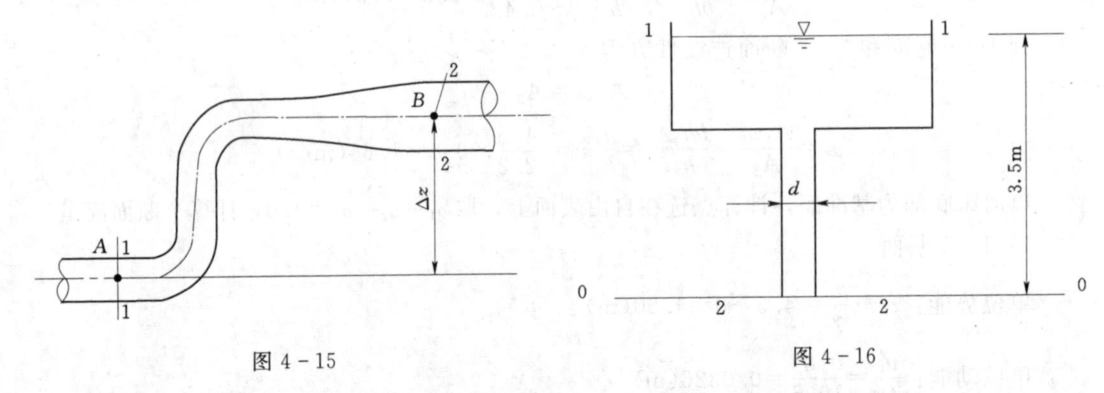

图 4-15

图 4-16

【例题 4-4】 如图 4-16 所示为一水位不变的敞口水箱，通过下部一条直径 $d=$ 200mm 的管道向外供水，已知水箱水位与管道出口断面中心高差为 3.5m，管道的水头损失为 3m。试求管道出口的流速和流量。

解： 以通过出口段面的水平面 0—0 为基准面，选取水箱自由表面 1—1 断面和管道出口 2—2 断面作为计算断面，计算点分别选在 1—1 断面的水面上和 2—2 断面的轴线上，列 1—1 断面和 2—2 断面的能量方程

$$z_1+\frac{p_1}{\gamma}+\frac{\alpha_1 v_1^2}{2g}=z_2+\frac{p_2}{\gamma}+\frac{\alpha_2 v_2^2}{2g}+h_w$$

式中：$z_1=3.5\text{m}$，$\frac{p_1}{\gamma}=0$，$z_2=0$；$\frac{p_2}{\gamma}=0$，$h_w=3\text{m}$。

由于水箱水面比管道出口断面大得多，其断面平均流速比管道出口平均流速小得多，故可认为$\frac{\alpha_1 v_1^2}{2g}\approx 0$，取 $\alpha_2\doteq 1.0$ 带入能量方程，得

$$3.5+0+0=0+0+\frac{v_2^2}{2g}+3$$

整理后得

$$\frac{v_2^2}{2g}=0.5(\text{m})$$

管道出口流速为

$$v_2=\sqrt{2g\times 0.5}=\sqrt{2\times 9.8\times 0.5}=3.13(\text{m/s})$$

管中流量为

$$Q=v_2A_2=v_2\times\frac{\pi}{4}d^2=3.13\times\frac{3.14}{4}\times0.2^2=0.0983(m^3/s)$$

【例题 4-5】 一水泵管道布置如图 4-17 所示。已知流量 $Q=30m^3/h$，$L_1=3.5m$，$L_2=1.5m$，$L_3=2m$，$L_4=15m$，$L_5=3m$，$Z=18m$，水泵最大容许真空度 $h_v=6m$，管径 $d=75mm$，吸水管水头损失为 1m。取动能修正系数为 1（假设上下游水池里速度为 0）。试确定水泵容许安装高度 h_s。

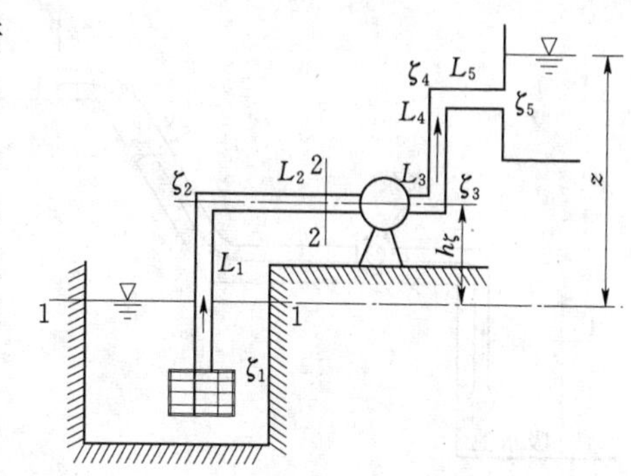

图 4-17

解： 以上游水面线为基准面，上游河道为 1—1 计算断面，计算点位于水面上，水泵前为 2—2 计算断面，计算点位于管道中线上。

$$z_1+\frac{p_1}{\gamma}+\frac{v_1^2}{2g}=z_2+\frac{p_2}{\gamma}+\frac{v_2^2}{2g}+h_{w_{1-2}}$$

式中：$z_1=0$，$z_2=h_s$，$\frac{p_1}{\gamma}=0$，$\frac{p_2}{\gamma}=-6$，$\frac{v_1^2}{2g}=0$。

$$v_2=\frac{Q}{\frac{1}{4}\pi d^2}=\frac{30}{\frac{1}{4}\times3.14\times0.075^2\times3600}=1.887(m/s)$$

$$\frac{v_2^2}{2g}=\frac{1.887^2}{2g}=0.182(m)$$

因为，吸水管水头损失为 1m。

$$0=h_s-6+0.182+1$$

$$h_s=4.818(m)$$

【例题 4-6】 自流管从水库取水（见图 4-18），已知 $H=12m$，管径 $d=100mm$，水头损失 $h_w=8\frac{v^2}{2g}$，求自流管流量 Q。（忽略上下游水流流速）

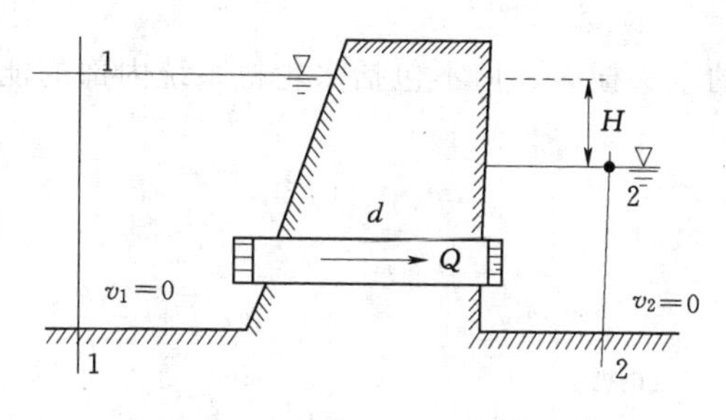

图 4-18

解：（1）基准面取下游水面。

（2）渐变流端断面取断面 1—1 和断面 2—2。

建立能量方程

$$z_1+\frac{p_1}{\gamma}+\frac{\alpha_1v_1^2}{2g}=z_2+\frac{p_2}{\gamma}+\frac{\alpha_2v_2^2}{2g}+h_w$$

$$H+0+0=0+0+0+h_w$$

$$H=h_w=8\frac{v^2}{2g}$$

$$v=5.42(m/s)$$

$$Q=\frac{1}{4}\pi d^2v=42.6(L/s)$$

二、有能量输入与输出的能量方程

在实际工程中，有时会遇到沿程两个断面有能量的输入与输出的情况，此时的能量方程的形式应该修改。

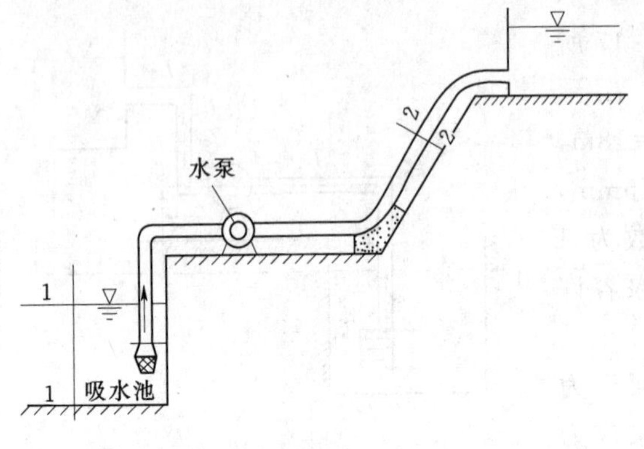

图 4-19

1. 有能量输入时的能量方程

如图 4-19 所示，在管道系统中有一水泵，水泵工作时，通过水泵叶片转动对水流做功，使水流能量增加。设单位重量水体通过水泵后所获得的外加能量为 H_t，则总流的能量方程修改为

$$H_1 + H_t = H_2 + h_{w_{1-2}} \tag{4-21}$$

式中 H_t——水泵的扬程。当不计上下游水池流速时，有

$$H_t = z + h_{w_{1-2}} \tag{4-22}$$

式中 z——上下游的水位差；

$h_{w_{1-2}}$——1—1 和 2—2 断面之间全部管道的水头损失，但不包括水泵内部水流的能量损失。

单位时间内动力机械给予水泵的功称为水泵的轴功率 N_P，单位时间内通过水泵的水流重量为 γQ，所以水流在单位时间内由水泵获得的总能量为 $\gamma Q H_t$，称为水泵的有效功率。由于水流通过水泵时有漏损和水头损失，再加上水泵本身的机械磨损，所以水泵的有效功率小于轴功率。两者的比值称为水泵的效率 η_p，故

$$N_P = \gamma Q H_t / \eta_p \tag{4-23}$$

式中 γ 的单位是 N/m^3，Q 的单位是 m^3/s，H_t 的单位是 m，N_P 的单位是 W（即 N·m/s）。

2. 有能量输出时的能量方程

如图 4-20 所示，在管道系统中有一水轮机，由于水流驱使水轮机转动，对水利机械做功，使水流能量减少。设单位重量水体给予水轮机能量为 H_t，则总流的能量方程修改为

$$H_1 - H_t = H_2 + h_{w_{1-2}} \tag{4-24}$$

式中 H_t——水轮机的作用水头；

$h_{w_{1-2}}$——1—1 和 2—2 断面之间全部管道的水头损失，但不包括水轮机系统内部的能量损失。

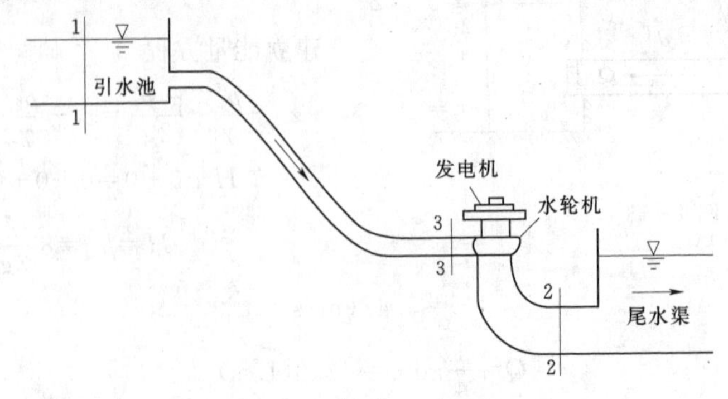

图 4-20

由水轮机主轴发出的功率又称为水轮机的出力 N_t，单位时间内通过水轮机的水流重量为 γQ，所以单位时间内水流对水轮机作用的总能量为 $\gamma Q H_t$。由于水流通过水轮机时有漏损和水头损失，再加上水轮机本身的机械磨损，所以水轮机的出力要小于水流给水轮机的功率。两者的比值称为水轮机的效率 η_t，故

$$N_t=\eta_t\gamma Q H_t \tag{4-25}$$

式中 γ 的单位是 N/m^3，Q 的单位是 m^3/s，H_t 的单位是 m，N_t 的单位是 W（即 N·m/s）。

三、能量方程的应用举例

1. 毕托管测流速

毕托管是一种常用的测量流体点流速的仪器。它是亨利·毕托在 1703 年首创的，其测量流速的原理就是液体的能量转化和守恒原理。

流速水头或流速可利用如图 4-21 所示的装置实测。在运动液体（如管流）中放置一根测速管，它是弯成直角的两端开口的细管，一端正对来流，置于测定点 B 处，另一端垂直向上。B 点的运动质点由于测速管的阻滞因而流速等于零，动能全部转化为压能，使得测速管中液面升高为 $\frac{p'}{\gamma}$。B 点称为滞止点或驻点。在 B 点上游同一水平流线上相距很近的 A 点未受测速管的影响，流速为 u，其测压管高度 $\frac{p}{\gamma}$ 可通过同一过水断面壁上的测压管测定。应用恒定流理想液体沿流线的伯努利方程于 A、B 两点，有

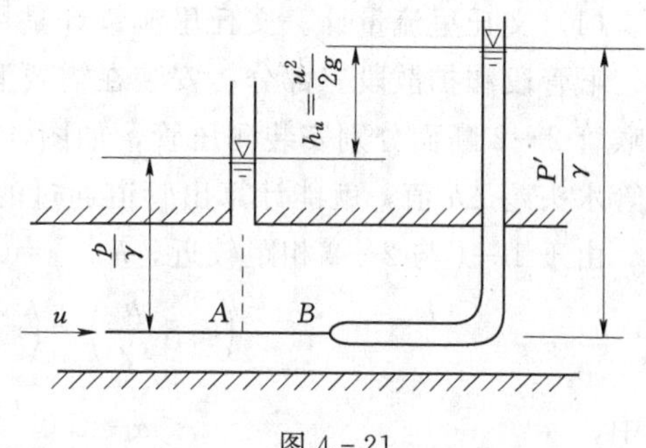

图 4-21

$$\frac{p}{\gamma}+\frac{u^2}{2g}=\frac{p'}{\gamma}$$

得

$$\frac{u^2}{2g}=\frac{p'}{\gamma}-\frac{p}{\gamma}=h_u \tag{4-26}$$

由此说明了流速水头等于测速管与测压管的液面差 h_u。这是流速水头几何意义的另一种解释。

$$u=\sqrt{2g\frac{p'-p}{\gamma}}=\sqrt{2gh_u} \tag{4-27}$$

根据这个原理，可将测压管与测速管组合制成一种测定点流速的仪器，称为毕托管。其构造如图 4-22 所示，其中与前端迎流孔相通的是测速管，与侧面顺流孔（一般有 4～8 个）相通的是测压管。考虑到实际液体从前端小孔至侧面小孔的黏性效应，还有毕托管放入后对流场的干扰，以及前端小孔实测到的测速管高度 $\frac{p'}{\gamma}$ 不是一点的值，而是小孔截面的平均值，所以使用时应引入修正系数 ζ，即

$$u=\zeta\sqrt{2g\frac{p'-p}{\gamma}}=\zeta\sqrt{2gh_u} \tag{4-28}$$

式中　ζ——值由实验测定，一般约为 0.98～1.0。

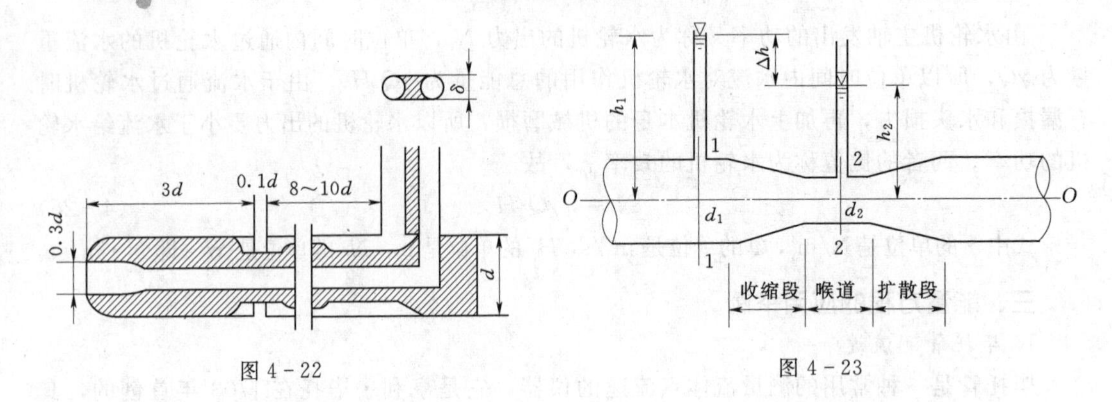

图 4-22　　　　图 4-23

2. 文丘里流量计与文丘里流量槽

(1) 文丘里流量计。文丘里流量计是用于测量管道中流量大小的一种装置，包括收缩段、喉管段和扩散段三部分，安装在需要测定流量的管道中。在收缩段进口前 1—1 断面和喉管 2—2 断面分别安装测压管，如图 4-23 所示。通过测量 1—1 断面和 2—2 断面测压管水头差 Δh 值，就能计算出管道通过的流量 Q，其原理就是恒定总流的能量方程。

由于 1—1 与 2—2 相距较近，$h_{w_{1-2}}=0$。

$$\left(z_1+\frac{p_1}{\gamma}\right)-\left(z_2+\frac{p_2}{\gamma}\right)=\frac{\alpha_2 v_2^2}{2g}-\frac{\alpha_1 v_1^2}{2g}$$

其中

$$\alpha=1.0\quad \frac{v_1}{v_2}=\frac{A_2}{A_1}=\left(\frac{d_2}{d_1}\right)^2$$

$$\Delta h=\frac{v_2^2}{2g}-\frac{v_2^2}{2g}\left(\frac{d_2}{d_1}\right)^4$$

所以有

$$v_2=\frac{\sqrt{2g\Delta h}}{\sqrt{1-(d_2/d_1)^4}}=\frac{d_1^2}{\sqrt{d_1^4-d_2^4}}\sqrt{2g\Delta h}$$

$$Q=A_2 v_2=\frac{\pi d_1^2 d_2^2}{4\sqrt{d_1^4-d_2^4}}\sqrt{2g\Delta h}$$

令

$$K=\frac{\pi d_1^2 d_2^2}{4\sqrt{d_1^4-d_2^4}}\sqrt{2g}$$

则

$$Q=K\sqrt{\Delta h}$$

由于实际液体存在水头损失，将会使流量减小，因而应引入一系数加以修正，则实际流量公式为

$$Q=uK\sqrt{\Delta h} \tag{4-29}$$

式中　u——流量系数，一般取 0.95～0.98。

如果 1—1 断面和 2—2 断面的动水压强很大，这时可在文丘里管上直接安装水银压差计，如图 4-24 所示。

有压差计原理可知

$$\frac{p_1}{\gamma}-\frac{p_2}{\gamma}=\frac{\gamma_m-\gamma}{\gamma}\Delta h=12.6\Delta h$$

$$Q=\mu K\sqrt{12.6\Delta h} \tag{4-30}$$

式中　Δh——水银压差计两支管中水银面的高差。

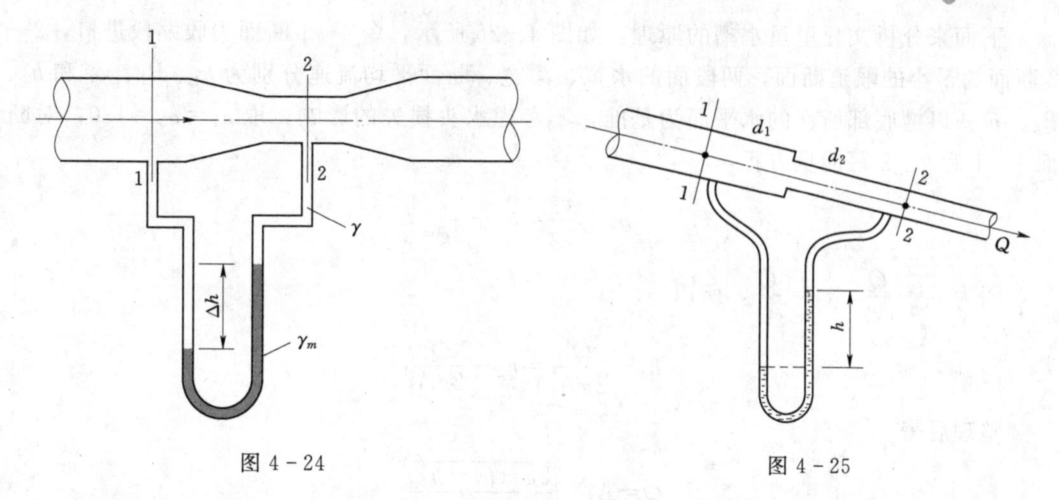

图 4-24　　　　图 4-25

【例题 4-7】 如图 4-25 所示，断面突然缩小管道，已知 $d_1=200\text{mm}$，$d_2=150\text{mm}$，$Q=50\text{L/s}$，水银比压计读数 $h=50\text{mmHg}$，求 h_w。

解： 渐变流端断面选为断面 1—1 和断面 2—2。

建立能量方程

$$z_1+\frac{p_1}{\gamma}+\frac{\alpha_1 v_1^2}{2g}=z_2+\frac{p_2}{\gamma}+\frac{\alpha_2 v_2^2}{2g}+h_w$$

（1）由连续方程：

$$v_1=\frac{Q}{A_1}=1.59(\text{m/s}),\quad \frac{v_1^2}{2g}=0.129(\text{m})$$

$$v_2=\frac{Q}{A_2}=2.83(\text{m/s}),\quad \frac{v_2^2}{2g}=0.408(\text{m})$$

（2）由水银比压计公式：

$$\left(z_1+\frac{p_1}{\gamma}\right)-\left(z_2+\frac{p_2}{\gamma}\right)=\frac{\gamma_m-\gamma}{\gamma}h=12.6h=0.63(\text{m})$$

代入能量方程

$$h_w=\left(z_1+\frac{p_1}{\gamma}+\frac{\alpha_1 v_1^2}{2g}\right)-\left(z_2+\frac{p_2}{\gamma}+\frac{\alpha_2 v_2^2}{2g}\right)$$

取 $\alpha_1\approx\alpha_2\approx\alpha\approx1.0$，则

$$h_w=0.35(\text{m})$$

（2）文丘里量水槽。文丘里量水槽用来量测渠道和河道中的流量，它的形状与文丘里管相似，由上游做成喇叭口的收缩段、中间束窄的喉道以及下游放宽到原有渠道的扩散段三部分组成（见图 4-26）。两者区别在于：在文丘里管中，喉道部分压能转化为动能，通过量测由此产生的压力差来确定流量；而在文丘里量水槽，是位能转化为动能，通过量测由此产生的水位差来确定流量。

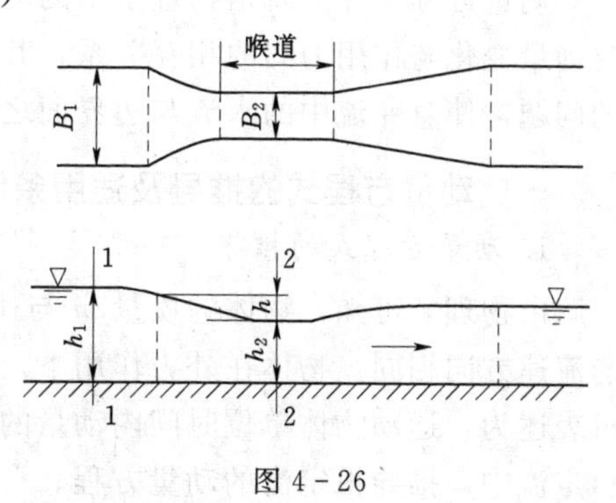

图 4-26

下面来分析文丘里量水槽的原理。如图 4-26 所示，令 1—1 断面为收缩段进口，2—2 断面为最小的喉道断面，两段面的水宽、渠宽、断面平均流速分别为 h_1、B_1、v_1 和 h_2、B_2、v_2。以槽底部所在的水平面为基准，不考虑水头损失的影响，取 $\alpha_1=\alpha_2=1.0$，对断面 1—1 和 2—2 写能量方程，有

$$h_1+\frac{v_1^2}{2g}=h_2+\frac{v_2^2}{2g}$$

因为 $v_1=\dfrac{Q}{A_1}$，$v_2=\dfrac{Q}{A_2}$，所以

$$h_1+\frac{Q^2}{2gA_1^2}=h_2+\frac{Q^2}{2gA_2^2}$$

整理后得

$$Q=A_2\sqrt{\frac{2g\ (h_1-h_2)}{1-\left(\dfrac{A_2}{A_1}\right)^2}}$$

将 $A_1=B_1h_1$，$A_2=B_2h_2$，$h=h_1-h_2$ 带入上式，得

$$Q=B_2h_2\sqrt{\frac{2gh}{1-\left(\dfrac{B_2h_2}{B_1h_1}\right)^2}} \tag{4-31}$$

考虑到水头损失的影响，对上式进行修正。以 μ 表示文丘里量水槽的流量系数，则

$$Q=\mu B_2h_2\sqrt{\frac{2gh}{1-\left(\dfrac{B_2h_2}{B_1h_1}\right)^2}} \tag{4-32}$$

μ 一般取 0.96～0.99。

知识点五　恒定总流的动量方程

利用前面介绍的连续性方程和能量方程，已经能够解决许多实际水力学问题，但对于某些较复杂的水流运动问题，尤其是涉及计算水流与固体边界间的相互作用力问题，如水流作用于闸门的动水总压力，以及水流经过弯管时，对管壁产生的作用力等计算问题，用连续性方程和能量方程则无法求解，而必须建立动量方程来解决这些问题。

动量方程实际上就是物理学中的动量定理在水力学中的具体体现，它反映了水流运动时动量变化与作用力间的相互关系，其特点是可避开计算急变流范围内水头损失这一复杂的问题，使急变流中的水流与边界面之间的相互作用力问题较方便地得以解决。

一、动量方程式的推导及适用条件

1. 动量方程式的推导

由物理学可知，物体的质量 m 与速度 $\vec{v}$ 的乘积称为物体的动量。动量是矢量，其方向与流速方向相同。物体在外力作用下，速度会发生改变，同时动量也随之变化。动量定理可表述为：运动物体单位时间内动量的变化等于物体所受外力的合力。现将动量定理用于恒定流中，推导恒定流的动量方程。

在不可压缩的恒定流中，任取一渐变流微小流束段1—2（见图4-27）。设1—1断面和2—2断面的过水断面面积和流速分别为dA_1、dA_2和u_1、u_2，经过dt时段后，微小流束由原来的1—2位置运动到了新的位置$1'$—$2'$处，从而发生了变化。设其动量的变化为dk，它应等于流段$1'$—$2'$与流段1—2内的动量之差。

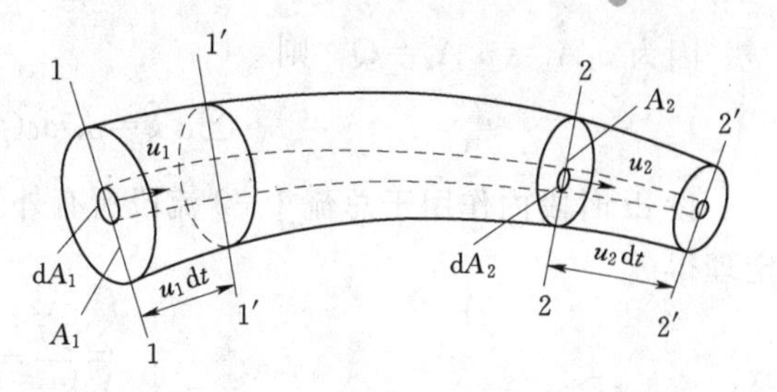

图4-27

因为水流为不可压缩的恒定流，所以对于公共部分$1'$—2段来讲，虽存在着质点的流动的替换现象，但它的形状、位置以及液体的质量、流速等均不随时间发生变化，故动量也不随时间发生改变。这样，在dt时段内，$1'$—$2'$段的水流动量与1—2段的动量之差实际上即为2—$2'$段的动量与1—$1'$段的动量之差。

在dt时段内，通过1—$1'$段的水体质量为$\rho u_1 dt dA_1$，通过2—$2'$段的水体质量为$\rho u_2 dt dA_2$，对于不可压缩液体，根据连续性方程，可知$\rho u_1 dt dA_1 = \rho u_2 dt dA_2 = \rho dQ dt$，则微小流束段的动量变化为

$$d\vec{k} = \rho dQ dt(\vec{u}_2 - \vec{u}_1)$$

设总流两个过水断面的面积分别为A_1与A_2，将上述微小流束的动量变化$d\vec{k}$沿相应的总流过水断面进行积分，即可得到总流在dt时段内动量的变化量为

$$\begin{aligned}\sum d\vec{k} &= \int_Q \rho dQ dt(\vec{u}_2 - \vec{u}_1) = \int_Q \rho dQ dt\,\vec{u}_2 - \int_Q \rho dQ dt\,\vec{u}_1 \\ &= \rho dt\left(\int_{A_2} \vec{u}_2 u_2 dA_2 - \int_{A_1} \vec{u}_1 u_1 dA_1\right)\end{aligned} \tag{4-33}$$

由于实际液体过水断面上的流速分布不均匀，且不易求得，故考虑用断面平均流速v来代替断面上不均匀分布的流速u，以便计算总流的动量。在渐变流情况下，过水断面上各点流速u近似互相平行，与平均流速v的方向基本一致，但按平均计算的动量与按实际流速u计算的动量并不相等，需引入一个动量修正系数β来加以修正，即

$$\int_A \vec{u} u dA = \beta \vec{v} v A \tag{4-34}$$

动量修正数β为

$$\beta = \frac{\int_A u^2 dA}{v^2 A}$$

由此可见，动量修正系数是表示单位时间内通过总流过水断面的单位质量液体实际动量与单位时间内以相应的断面平均流速通过的动量的比值。同样可以证明β值大于1，且大小决定于过水断面的流速分布。通常在渐变流中β=1.02～1.05。在工程实际中，为简便起见，一般采用β=1.0。

将式（4-34）代入式（4-33）得

$$\sum d\vec{k} = \rho dt(\beta_2 \vec{v}_2 v_2 A_2 - \beta_1 \vec{v}_1 v_1 A_1)$$

因为 $v_1A_1=v_2A_2=Q$，则

$$\sum \mathrm{d}\vec{k}=\rho Q\mathrm{d}t(\beta_2\vec{v}_2-\beta_1\vec{v}_1) \tag{4-35}$$

设 dt 时段内作用于总流 1—2 流段所有外力的矢量和为$\sum\vec{F}$，将式（4－35）代入动量定理得

$$\frac{\sum \mathrm{d}\vec{k}}{\mathrm{d}t}=\sum\vec{F}$$

$$\sum\vec{F}=\rho Q(\beta_2\vec{v}_2-\beta_1\vec{v}_1) \tag{4-36}$$

式（4－36）即为不可压缩液体恒定总流的动量方程。它表明，单位时间内作用于所研究总流流段上的所有外力的矢量和，应等于该流段通过下游断面流出动量与通过上游断面流入动量的矢量差。

由于速度为矢量，动量也为矢量，所以动量方程是一个矢量方程，在计算实际问题中，常写成直角坐标轴上的投影表达式，即

$$\left.\begin{aligned}\sum F_x&=\rho Q(\beta_2 v_{2x}-\beta_1 v_{1x})\\ \sum F_y&=\rho Q(\beta_2 v_{2y}-\beta_1 v_{1y})\\ \sum F_z&=\rho Q(\beta_2 v_{2z}-\beta_1 v_{1z})\end{aligned}\right\} \tag{4-37}$$

式中的 v_{2x}、v_{2y}、v_{2z} 和 v_{1x}、v_{1y}、v_{1z} 分别为总流下游过水断面 2—2 和上游过水断面 1—1 的平均流速$\vec{v}_2$ 和$\vec{v}_1$ 在三个坐标方向上的投影。$\sum F_x$、$\sum F_y$、$\sum F_z$ 为作用在 1—1 断面与 2—2 断面间液体上的所有外力在三个坐标轴方向投影的代数和。

2. 动量方程式的适用条件

（1）应注意的条件。上面给出的动量方程，是在一定条件下推导出来的，因此在应用时应注意以下条件：

1）液流为恒定流，即输入和输出动量的只有上、下游两个过水断面，输入和输出的流量应相等。

2）液体为连续、不可压缩的液体。

3）所选的两个过水断面必须为渐变流断面，但两个断面间的流段可以为急变流。

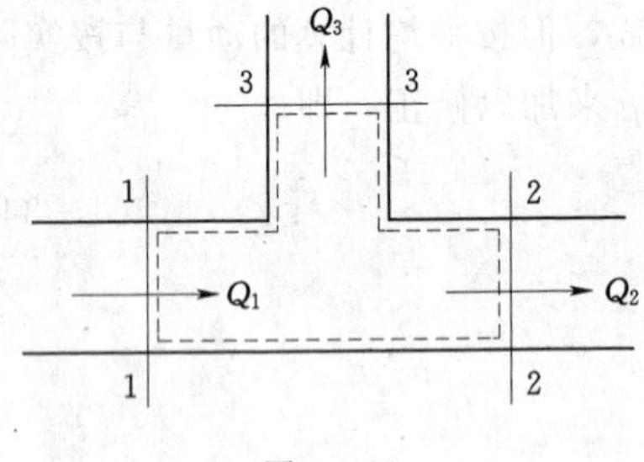

图 4－28

实际上，动量方程也可以推广应用于沿程水流有分支或汇合的情况。例如，对某一分叉管路（见图 4－28），可以把管壁以及上下游过水断面所组成的封闭段作为脱离体如图 4－28 虚线所示，应用动量方程。此时，对该脱离体建立动量方程应为

$$\rho Q_2\beta_2\vec{v}_2+\rho Q_3\beta_3\vec{v}_3-\rho Q_1\beta_1\vec{v}_1=\sum\vec{F} \tag{4-38}$$

式中 v_1、v_2、v_3——1—1、2—2、3—3 三个过水断面上的平均流速；

$\sum F$——作用于脱离体上的合外力。

（2）应注意的问题。动量方程在实际工程中应用十分广泛，为了便于求解，应注意以下几个问题：

1）选取脱离体。根据问题需要，选取某一包含已知条件和待求量的流段作为脱离体，

流段上下游端的过水断面为渐变流断面。过水断面的动量修正系数均可取1.0。

2）选取坐标轴。动量方程为矢量方程，式中的流速和作用力都是有方向的。因此，在应用动量方程时需选定坐标轴，坐标轴原则上可任意选取，但应考虑到计算方便。矢量投影与坐标轴方向一致取正，反之则取负。

3）分析外力。分析并标出作用在脱离体上的外力，一般包括以下几种外力：

a. 两端过水断面上的动水压力 P_1 及 P_2。因为流段两端的过水断面为渐变流断面，则两个过水面上的动水压力可按静水压力方法计算，即 $P=p_cA$（p_c 为断面形心处压强）。

b. 重力 G。它等于脱离体内液体的重量。

c. 固体边界表面作用于脱离体上的作用力 F。这个力与水流作用于固体边界的动水总作用力 F' 大小相等，方向相反，即 $F'=F$。通常 F 为要求解的力，如其方向不确定时可先假定某一方向，若求得该力为正值，表明假定方向正确，否则，该力的实际方向与假定方向相反。

d. 计算动量改变。计算动量改变时，一定是流出的动量减去流入的动量。切记不可颠倒。

e. 联立其他方程求解。动量方程可求解许多情况下水流与固体边界的相互作用力问题，应用时，一般需配合使用连续性方程和能量方程。

二、动量方程运用举例

1. 弯管内水流对管壁的作用力

【例题4-8】 管路中一段水平放置的等截面弯管，直径 d 为200mm，弯角为45°（见图4-29）。管中1—1断面的平均流速 $v_1=4\text{m/s}$，其形心处的相对压强 $p_1=1$ 个工程大气压。若不计管流的水头损失，求水流对弯管的作用力 R_x 与 R_y（坐标轴 x 与 y 如图4-29所示）。

解： 利用总流的动量方程求解 R_x 与 R_y。取渐变流过水断面1—1与2—2以及管内壁所围成的封闭曲面为控制面。作用在控制面上的表面力，以及流入与流出控制面的流速如图4-29所示，其中 R'_x 与 R'_y 是弯管对水流的反作用力，p_1 与 p_2 分别是1—1断面与2—2断面形心处的相对压强。所以作用在这两断面上的总压力分别为 $P_1=p_1A_1$，$P_2=p_2A_2$。作用在控制面内的水流重力，因与所研究的水平面垂直，故不必考虑。

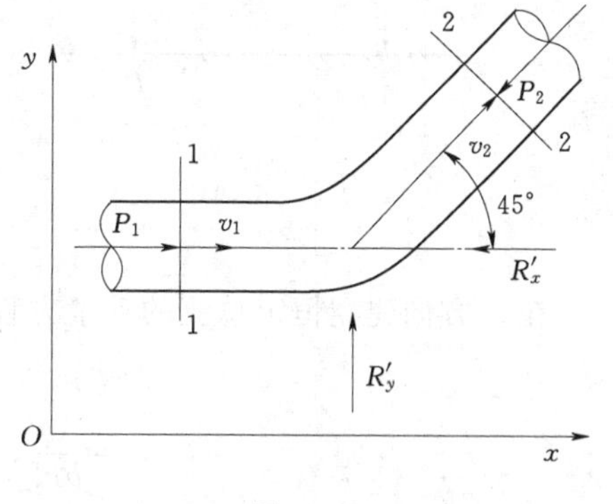

图4-29

总流的动量方程式（5-37）在 x 轴与 y 轴上的投影为

$$\left.\begin{aligned}\rho Q(\beta_2 v_2\cos45^\circ-\beta_1 v_1)&=p_1A_2-p_2A_2\cos45^\circ-R'_x\\ \rho Q(\beta_2 v_2\sin45^\circ-0)&=0-p_2A_2\sin45^\circ-R'_y\end{aligned}\right\}$$

则

$$\left.\begin{aligned}R'_x&=p_1A_1-p_2A_2\cos45^\circ-\rho Q(\beta_2 v_2\cos45^\circ-\beta_1 v_1)\\ R'_y&=p_2A_2\sin45^\circ+\rho Q\beta_2 v_2\sin45^\circ\end{aligned}\right\}$$

式中 $$Q=\frac{1}{4}\pi d^2 v_1=\frac{1}{4}\times 3.14\times 0.22\times 4=0.126(\text{m}^3/\text{s})$$

根据总流的连续性方程，$v_2=v_1=4\text{m/s}$，同时，因弯管水平，且不计水头损失，则由总流的伯努利方程得到 $p_2=p_1=1$ 个工程大气压$=9.8\text{N/cm}^2$，于是

$$p_2 A_2=p_1 A_1=p_1\ \frac{1}{4}\pi d_1^2=9.8\times\frac{1}{4}\times 3.14\times 20^2=3077(\text{N})$$

取 $$\beta_1=\beta_2=1$$

$$R_x'=3077-3077\times\frac{\sqrt{2}}{2}-1000\times 0.126\times 4\times\left(\frac{\sqrt{2}}{2}-1\right)=1049(\text{N})$$

$$R_y'=3077\times\frac{\sqrt{2}}{2}+1000\times 0.126\times 4\times\frac{\sqrt{2}}{2}=2532(\text{N})$$

R_x 与 R_x'，R_y 与 R_y'分别大小相等，方向相反。

2. 水流对溢流闸坝面的水平总作用力

【例题 4-9】 如图 4-30 所示平板闸下出流，已知闸门上游水深 H、闸宽 b 和流量 Q，试求水流对闸门的冲击力 $R=R_{\max}$时的闸下水深 h_C。

解： 取渐变流 1—1 和 C—C 断面以及液流边界所包围的封闭曲面为控制面（如图 4-30 所示），作用在控制面上的表面力有两渐变流过水断面上的动水压力 P_1 和 P_C，闸门对水流的作用力 R'以及渠底支承反力 N，质量力有重力 G。

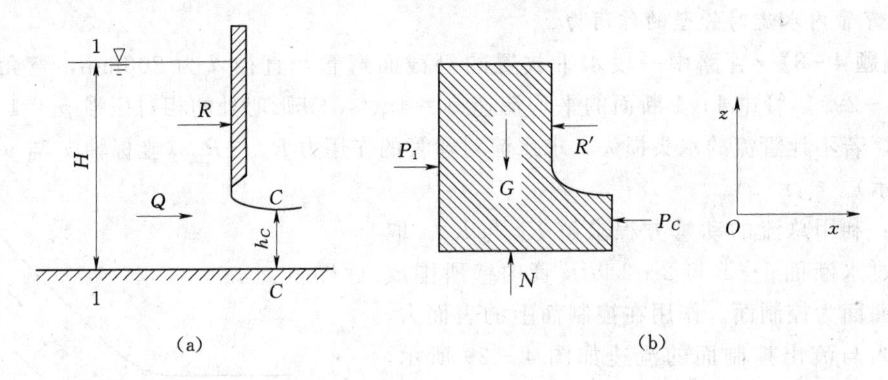

图 4-30

在 x 方向建立恒定总流的动量方程

$$\rho Q(\beta_2 v_2-\beta_1 v_1)=P_1-P_C-R'$$

$$v_1=\frac{Q}{bH},\ v_2=\frac{Q}{bh_C}(\text{连续性方程})$$

$$P_1=\frac{1}{2}\gamma bH^2$$

$$P_C=\frac{1}{2}\gamma bh_C^2$$

取 $\beta_1=\beta_2=1.0$

$$R'=\frac{1}{2}\gamma b(H^2-h_C^2)+\frac{\rho Q^2}{b}\left(\frac{1}{H}-\frac{1}{h_C}\right)$$

因水流对闸门的冲击力 R 与 R' 为一对作用力与反作用力，故

$$R=\frac{1}{2}\gamma b(H^2-h_C^2)+\frac{\rho Q^2}{b}\left(\frac{1}{H}-\frac{1}{h_C}\right)$$

$$\frac{dR}{dh_C}=-\gamma bh_C+\frac{\rho Q^2}{bh_C^2}=0$$

$$\frac{d^2R}{dh_C^2}=-\gamma b-\frac{2\rho Q^2}{bh_C^3}<0$$

故 R 有极大值，取 $R=R_{max}$ 时，闸下水深

$$h_C=\sqrt[3]{\frac{Q^2}{gb^2}}$$

3. 射流对固定平板的作用力

【例题 4-10】 水流从喷嘴中水平射向一相距不远的静止固体壁面，接触壁面后分成两股并沿其表面流动，其水平图如图 4-31 所示。设固壁及其表面液流对称于喷嘴的轴线。若已知喷嘴出口直径 d 为 40mm，喷射流量 Q 为 0.0252m³/s，求液流偏转角 θ 分别等于 60°、90°与 180°时射流对固壁的冲击力 R，并比较它们的大小。

解： 利用总流的动量方程计算液体射流对固壁的冲击力。取渐变流过水断面 0—0，1—1 与 2—2 以及液流边界面所围的封闭曲面为控制面。

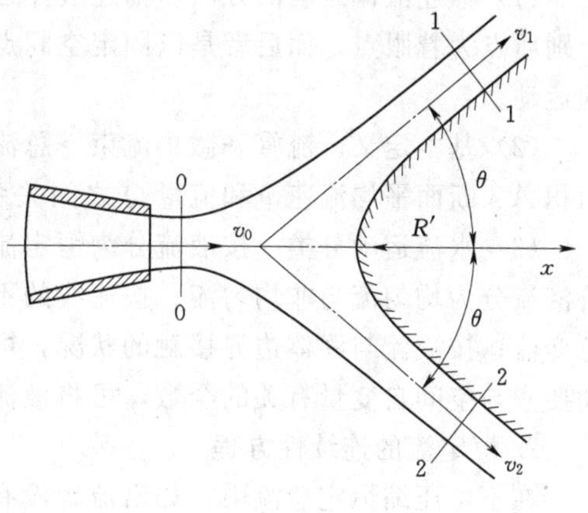

图 4-31

流入与流出控制面的流速，以及作用在控制面上的表面力如图 4-31 所示，其中 R' 是固壁对液流的作用力，即为所求射流对固壁冲击力 R 的反作用力。因固壁及表面的液流对称于喷嘴的轴线，故 R' 位于喷嘴轴线上。控制面四周大气压强的作用因相互抵消而不需计及。同时，因只研究水平面上的液流，故与其正交的重力也不必考虑。为方便起见，选喷嘴轴线为 x 轴（设向右为正）。

若略去水平面上液流的能量损失，则由总流的伯努利方程得

$$v_1=v_2=v_0=\frac{Q}{\frac{1}{4}\pi d^2}=\frac{0.0252}{\frac{1}{4}\times 3.14\times 0.04^2}=20(\text{m/s})$$

因液流对称于 x 轴，故 $Q_1=Q_2=Q/2$。取 $\beta_1=\beta_2=1$。规定动量及力的投影与坐标轴同向为正，反向为负。总流的动量方程在 x 轴上的投影为

$$\frac{\rho Q}{2}v_0\cos\theta+\frac{\rho Q}{2}v_0\cos\theta-\rho Qv_0=-R'$$

得

$$R'=\rho Qv_0(1-\cos\theta)$$

而 $R=-R'$，即两者大小相等，方向相反。

当 $\theta=60°$ 时（固壁凸向射流）：

$$R=R'=1000\times0.0252\times20\times1(1-\cos60°)=252(\mathrm{N})$$

当$\theta=90°$时（固壁为垂直平面）：

$$R=R'=1000\times0.0252\times20\times1(1-\cos90°)=504(\mathrm{N})$$

当$\theta=180°$时（固壁凹向射流）：

$$R=R'=1000\times0.0252\times20\times1(1-\cos180°)=1008(\mathrm{N})$$

由此可见，三种情况以$\theta=180°$时（固壁凹向射流）的R值最大。斗叶式水轮机的叶片形状就是根据这一原理设计的，以求获得最大的冲击力与输出功率。当然，此时叶片并不固定而作圆周运动，有效作用力应由相对速度所决定。

专　题　小　结

本专题首先建立了有关液体运动的一些基本概念，着重研究了水流运动的三大方程，即连续性方程、能量方程和动量方程。本专题是学习水力学的重点。

1. 基本概念

（1）描述液体运动的方法。描述液体运动的方法有迹线法和流线法。前者是以液体中个别质点为着眼点，而后者是以固定空间点为着眼点，水力学普遍采用流线法来研究水流的运动。

（2）基本定义。流管→微小流束→总流→过水断面→流量→断面平均流速。过水断面面积A、断面平均流速v和流量Q之间关系可表示为$Q=vA$。

（3）水流运动分类。按液流分为恒定流与非恒定流；按流线是否相互平行的直线，可将液流分为均匀流与非均匀流；按流线的不平行程度和弯曲程度，可将液流分为渐变流与急变流；按液流与固体边界接触的状况，可将液流分为有压流、无压流和射流；按水流运动要素与空间自变量有关的个数，可将液流分为一元流、二元流、三元流。

2. 恒定流的连续性方程

在不可压缩恒定总流中，如沿流程没有分出与加入的水流，则通过各过水断面的流量分为一常数，即

$$v_1A_1=v_2A_2=Q=\text{常数}$$

因此，水流断面平均流速与过水断面面积成反比，即

$$\frac{v_1}{v_2}=\frac{A_2}{A_1}$$

3. 实际液体恒定流的能量方程（伯努利方程）

对于不可压缩的，沿程没有能量输入或输出的，仅受重力作用的实际液体，恒定总流的能量方程式为

$$z_1+\frac{p_1}{\gamma}+\frac{\alpha_1 v_1^2}{2g}=z_2+\frac{p_2}{\gamma}+\frac{\alpha_2 v_2^2}{2g}+h_w$$

该式反映了总流各过水段面上的平均位能z、平均压能$\frac{p}{\gamma}$和平均动能之间$\frac{\alpha v^2}{2g}$之间的能量转化关系。

应用能量方程式要注意，过水断面必须选在渐变流断面上，压强计算的标准基准面和

断面上的代表点均可任意选择（以计算方便为宜）。

4. 实际液体恒定总流的动量方程

对于不可压缩的恒定总流，动量方程式的形式如下：

$$\sum \vec{F}=\rho Q(\beta_2 \vec{v}_2-\beta_1 \vec{v}_1)$$

该式表明：单位时间内，研究流段流出的动量与流入的动量之差，等于作用于这个流段上所有外力的总和。

在直角坐标系中，恒定总流的动量方程式三个投影式为

$$\left.\begin{aligned}\sum F_x=\rho Q(\beta_2 v_{2x}-\beta_1 v_{1x})\\ \sum F_y=\rho Q(\beta_2 v_{2y}-\beta_1 v_{1y})\\ \sum F_z=\rho Q(\beta_2 v_{2z}-\beta_1 v_{1z})\end{aligned}\right\}$$

应用动量方程式应注意，脱离体两端的过水断面必须取在渐变流断面上。

5. 本专题应注意的几个概念

（1）渐变流断面的特性：$z+\dfrac{p}{\gamma}=c$，即渐变流断面上压强分布规律和静止液体一样。

（2）水流的位能、压能、动能三者之间可以相互转化，但总能量只能沿程减少。

（3）动量方程是一个矢量式，$\sum \vec{F}$、$\vec{v}$都是有方向的。

（4）动量方程求出的是边界对水的总作用力 F，水对边界的作用力 F' 与之大小相等，方向相反。

习　　题

一、选择题

1. 在明渠恒定均匀流过水断面上 1、2 两点安装两根测压管，如图 4－32 所示，则两测压管高度 h_1 与 h_2 的关系为（　　）。

A. $h_1>h_2$　　B. $h_1<h_2$　　C. $h_1=h_2$　　D. 无法确定

2. 对管径沿程变化的管道（　　）。

A. 测压管水头线可以上升也可以下降　　B. 测压管水头线总是与总水头线相平行

C. 测压管水头线沿程永远不会上升　　D. 测压管水头线不可能低于管轴线

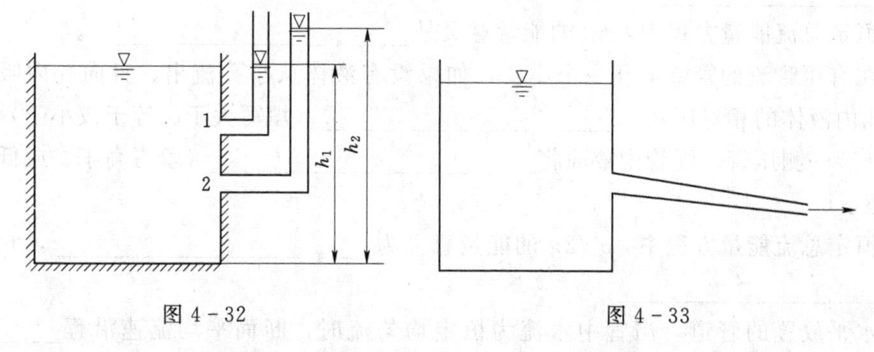

图 4－32　　图 4－33

3. 如图 4－33 所示为水流通过渐缩管流出，若容器水位保持不变，则管内水流属

（　　）。

A. 恒定均匀流　　B. 非恒定均匀流　　C. 恒定非均匀流　　D. 非恒定非均匀流

4. 管轴线水平，管径逐渐增大的管道有压流，通过的流量不变，其总水头线沿流向应（　　）。

A. 逐渐升高　　B. 逐渐降低　　C. 与管轴线平行　　D. 无法确定

5. 均匀流的总水头线与测压管水头线的关系是（　　）。

A. 互相平行的直线　　B. 互相平行的曲线

C. 互不平行的直线　　D. 互不平行的曲线

6. 液体运动总是从（　　）。

A. 高处向低处流动　　B. 单位总机械能大处向单位机械能小处流动

C. 压力大处向压力小处流动　　D. 流速大处向流速小处流动

7. 如图 4－34 所示的抽水机吸水管断面 $A—A$ 动水压强随抽水机安装高度 h 的增大而（　　）。

A. 增大　　B. 减小　　C. 不变　　D. 不定

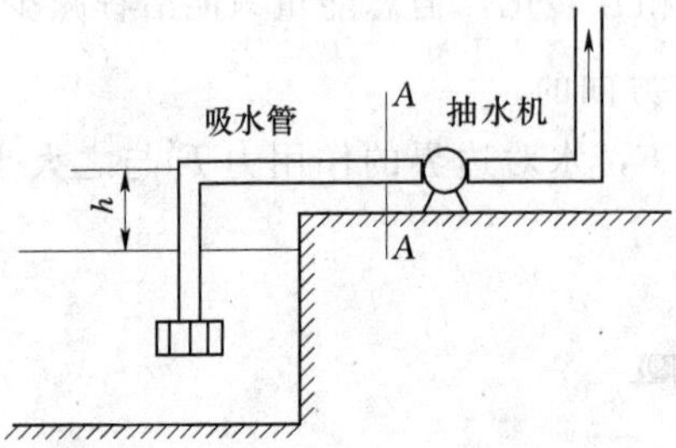

吸水管 抽水机 A A h

图 4－34

q A B

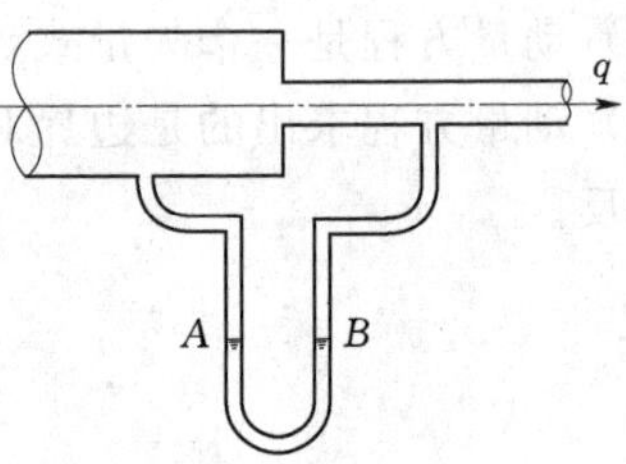

图 4－35

8. 如图 4－35 所示的断面突然缩小管道通过黏性恒定流，管路装有 U 形管水银压差计，判定压差计中水银液面为（　　）。

A. A 高于 B　　B. A 低于 B　　C. A、B 齐平　　D. 不能确定高低

二、填空题

1. 恒定总流动量方程写为____________，方程的物理意义为____________。

2. 恒定总流能量方程中，h_w 的能量意义是____________。

3. 在有压管流的管壁上开一个小孔，如果没有液体从小孔流出，且向孔内吸气，这说明小孔内液体的相对压强____________（填写大于、等于或小于）零。如在小孔处装一测压管，则管中液面将____________（填写高于、或低于）小孔的位置。

4. 恒定总流能量方程中，$v^2/2g$ 的能量意义为____________，它的量纲是____________。

5. 水平放置的管道，当管中水流为恒定均匀流时，断面平均流速沿程____________，动水压强沿程____________。

6. 如图 4-36 所示的分叉管道中，可以写出单位重量液体的能量方程的断面是____________，不能写出单位重量液体的能量方程的断面是____________。

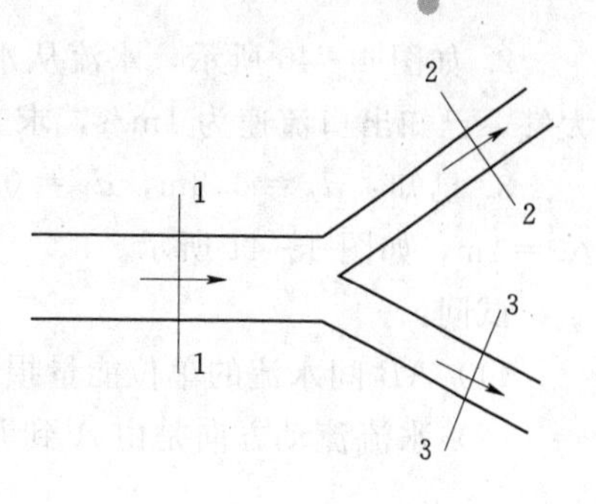

图 4-36

7. 某过水断面面积 $A=2\text{m}^2$，通过流量 $Q=1\text{m}^3/\text{s}$，动能修正系数 $\alpha=1.1$，则该过水断面的平均单位动能为____________。

8. 应用恒定总流能量方程时，所选的两个断面必须是______断面，但两断面之间可以存在______流。

9. 有一等直径长直管道中产生均匀管流，其管长 100m，若水头损失为 0.8m，则水力坡度为____________。

10. 如图 4-37 所示为一大容器接一铅直管道，容器内的水通过管道流入大气。已知 $h_1=1\text{m}$，$h_2=3\text{m}$。若不计水头损失，则管道出口流速为____________。

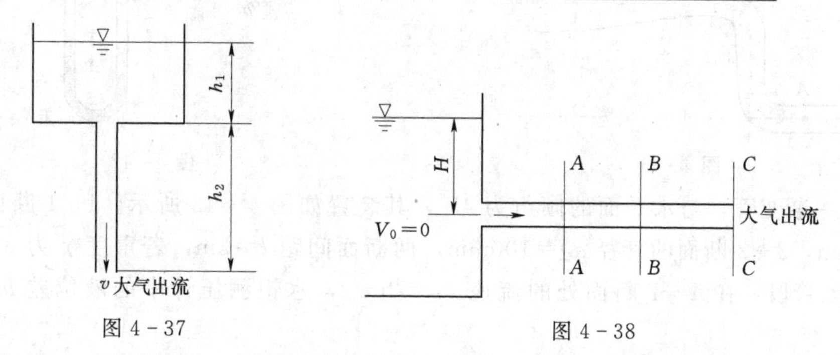

图 4-37　　图 4-38

11. 如图 4-38 所示为一等直径水平管道，水头为 H。若整个水头损失为 h_w，$\alpha=1$，则管道 A、B、C 三个断面的流速分别为 $v_A=$____________，$v_B=$____________，$v_C=$____________。

三、解答题

1. 某河道在某处分为两支——外江及内江，外江设溢流坝一座以抬高上游河道，如图 4-39 所示。已测得上游河道流量 $Q=1250\text{m}^3/\text{s}$。通过溢流坝的流量 $Q_1=325\text{m}^3/\text{s}$，内江过水断面的面积 $A=375\text{m}^2$。求内江流量及断面 A 的平均流速。

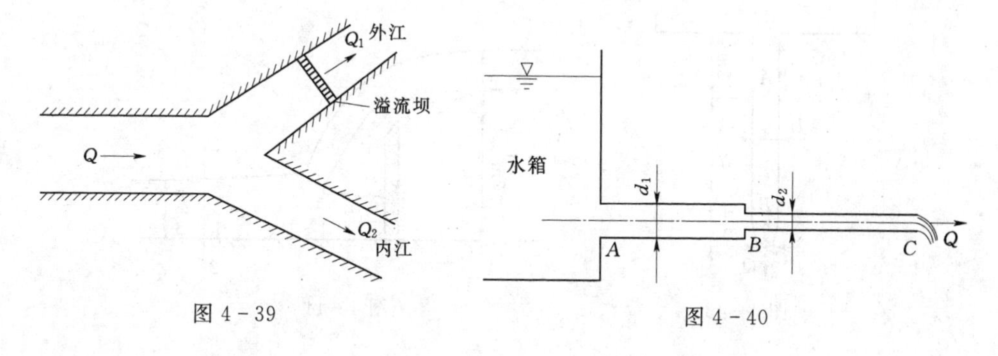

图 4-39　　图 4-40

2. 如图 4-40 所示，水流从水箱经过管径 $d_1=5\text{cm}$，$d_2=2.5\text{cm}$ 的管道在 C 处流入大气，已知出口流速为 1m/s，求 AB 管段的断面平均流速。

3. 已知：$d_A=0.2\text{m}$，$d_B=0.4\text{m}$，$p_A=6.86\text{N/cm}^2$，$p_B=1.96\text{N/cm}^2$，$v_B=1\text{m/s}$，$\Delta z=1\text{m}$，如图 4-41 所示。

试问：

(1) AB 间水流的单位能量损失 h_w 为多少？

(2) 水流流动方向是由 A 到 B，还是由 B 到 A？

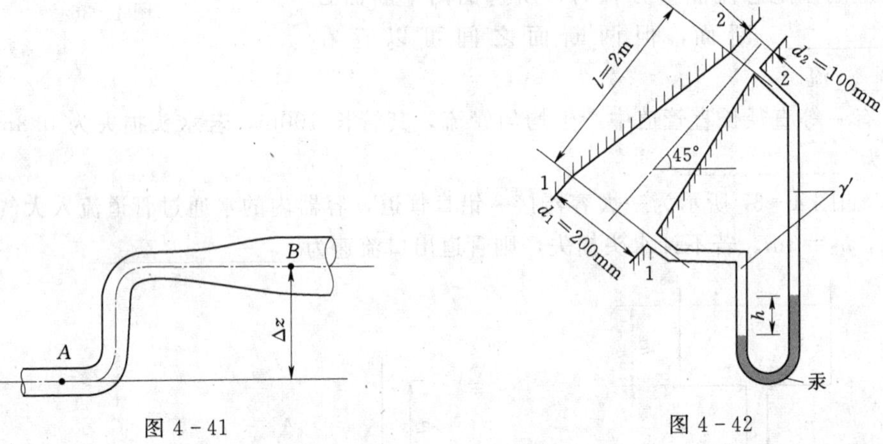

图 4-41　　图 4-42

4. 有一渐变管，与水平面的倾角为 45°，其装置如图 4-42 所示。1—1 断面的管径 $d_1=200\text{mm}$，2—2 断面的管径 $d_2=100\text{mm}$，两断面间距 $l=2\text{m}$，若重度 γ' 为 8820N/m^3 的油通过该管段，在 1—1 断面处的流速 $v_1=2\text{m/s}$，水银测压计中的液位差 $h=20\text{cm}$。试求：

(1) 1—1 断面到 2—2 断面的水头损失 $h_{w_{1-2}}=$？

(2) 判断液流流向。

(3) 1—1 断面与 2—2 断面的压强差。

5. 铅直管如图 4-43 所示，直径 $D=10\text{cm}$，出口直径 $d=5\text{cm}$，水流流入大气，其他尺寸如图所示。若不计水头损失，求 A、B、C 三点的压强。

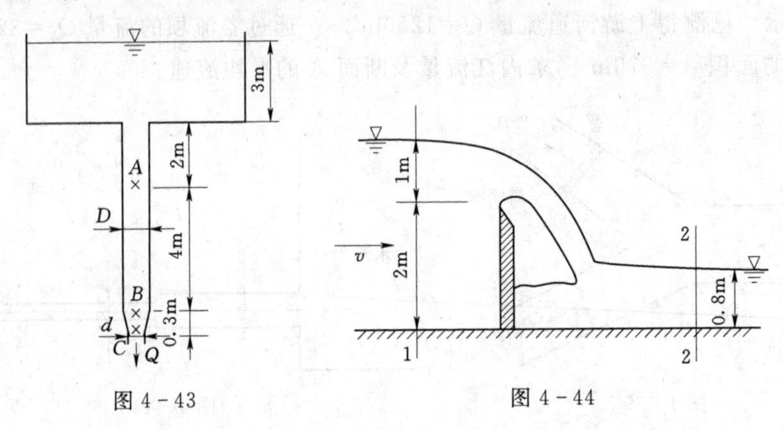

图 4-43　　图 4-44

6. 如图 4-44 所示一矩形渠道宽 4m，渠中设有薄壁堰，堰顶水深 1m，堰高 2m，下游尾水深 0.8m，已知通过的流量 $Q=0.8\text{m}^3/\text{s}$，堰后水舌内外均为大气，试求堰壁上所受动水总压力。(上、下游河底为平底，河底摩擦阻力可忽略)

7. 如图 4-45 所示为一矩形断面平底渠道，宽度 $b=2.7\text{m}$，在某处渠底抬高 $h=0.3\text{m}$，抬高前的水深 $H=0.8\text{m}$，抬高后水面降低 $z=0.12\text{m}$，设抬高处的水头损失是抬高后流速水头的 1/3，求渠道流量。(取动能校正系数 $\alpha=1$)

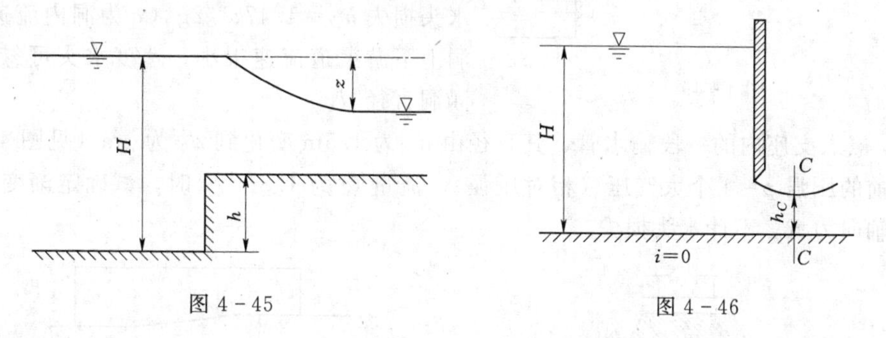

图 4-45　　图 4-46

8. 如图 4-46 所示为矩形平底渠道中设平闸门，门高 $a=3.2\text{m}$，门宽 $b=2\text{m}$。当流量 $Q=8\text{m}^3/\text{s}$ 时，闸前水深 $H=4\text{m}$，闸后收缩断面水深 $h_C=0.5\text{m}$。不计摩擦力。取动量校正系数为 1。求作用在闸门上的动水总压力，并与闸门受静水总压力相比较。

9. 水枪的头部为渐细管，长度 $L=20\text{cm}$，出口直径 $d=2\text{cm}$，进口直径 $D=8\text{cm}$，如图 4-47 所示。水枪出口的水流流速 $v=15\text{m/s}$。一消防队员手持水枪进口处，将水枪竖直向上，将水枪竖直向上喷射。若不计能量损失，取动能校正系数及动量校正系数为 1。求手持水枪所需的力及方向。

10. 如图 4-48 所示在直径 $d=150\text{mm}$ 的输水管中，装置一附有水银差计的毕托管，水银面高差 $\Delta h=20\text{mm}$，设管中断面平均流速 $v=0.8u_{\max}$，试求：管中流量 q_v。

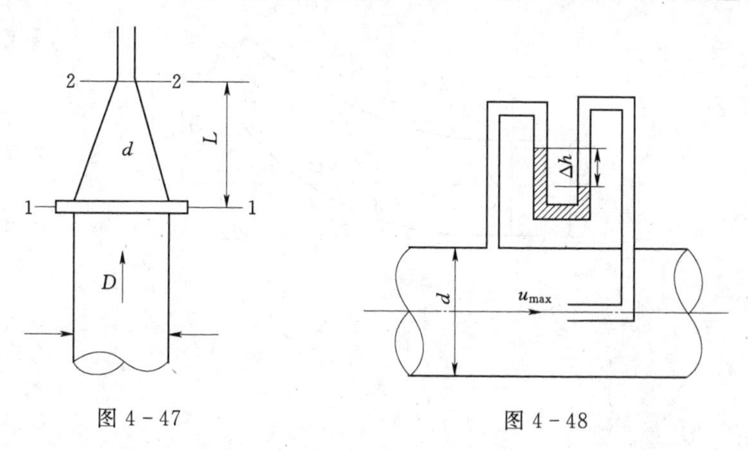

图 4-47　　图 4-48

11. 如图 4-49 所示，用虹吸管从水库中取水，已知 $d=10\text{cm}$，其中心线上最高点 3 超出水库水面 2m，其水头损失为：点 1 到点 3 为 $10v^2/2g$，(其中 1 至 2 点为 $9v^2/2g$)，由点 3 到点 4 为 $2v^2/2g$，若真空高度限制在 7m 以内。问：

(1) 吸水管的最大流量有无限制？如有应为多少？出水口至水库水面的高差 h 有无限

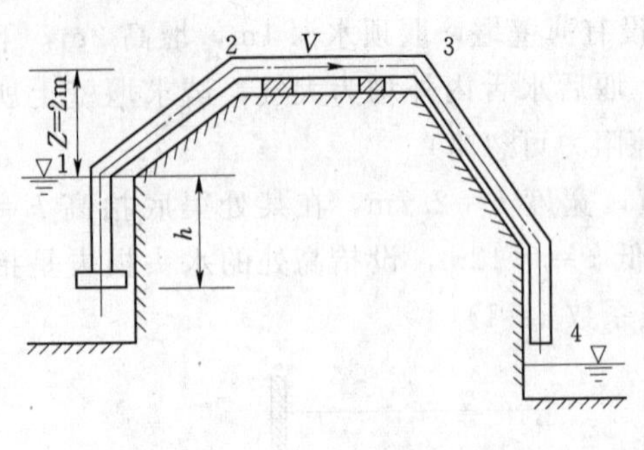

图 4－49

制？如有，应为多少？

（2）在通过最大流量时 2 点在压强为多少？

12. 如图 4－50 所示，某渠道在引水途中要穿过一条铁路，于路基下面修建圆形断面涵洞一座，如图 4－50 所示。已知涵洞设计流量 $Q=1\text{m}^3/\text{s}$，涵洞上下游水位差 $z=0.3\text{m}$，涵洞水头损失 $h_w=1.47v^2/2g$（v 为洞内流速），涵洞上下游渠道流速很小，速度水头可忽略。求涵洞直径 d。

13. 嵌入支座内的一段输水管，其直径由 d_1 为 1.5m 变化到 d_2 为 1m（见图 4－51），当支座前的压强 $p=4$ 个大气压（相对压强），流量 Q 为 $1.8\text{m}^3/\text{s}$ 时，试确定渐变段支座所受的轴向力 R。不计水头损失。

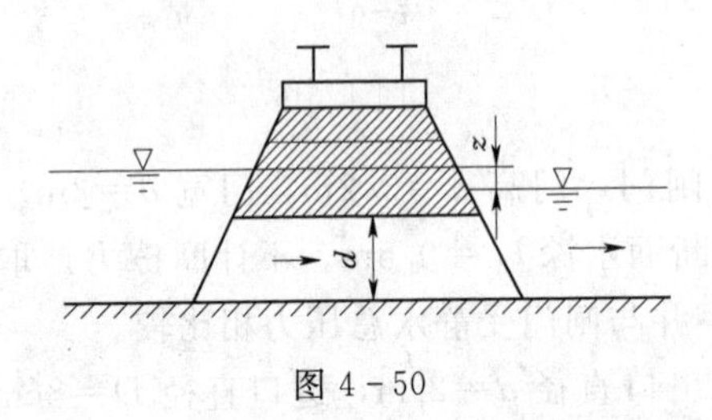

图 4－50

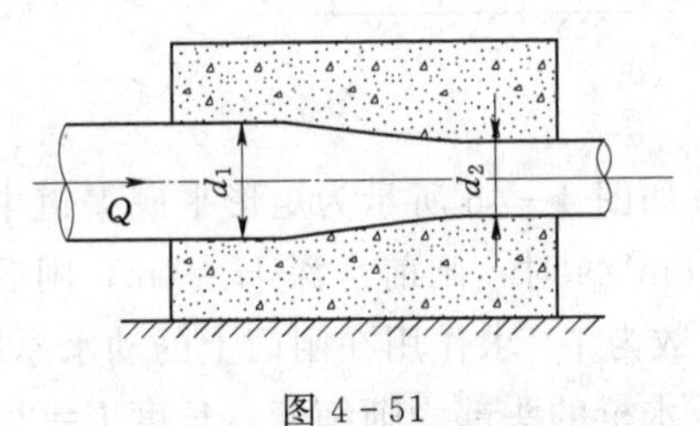

图 4－51

14. 如图 4－52 所示，一铅直管道末端装一弯形喷嘴，转角 $\alpha=45°$，喷嘴的进口直径 $d_A=0.20\text{m}$，出口直径 $d_B=0.10\text{m}$，出口断面平均流速 $v_B=10\text{m/s}$，两断面中心 A、B 的高差 $\Delta z=0.2\text{m}$，通过喷嘴的水头损失 $h_w=0.5\dfrac{v_B^2}{2g}$，喷嘴中水重 $G=20\text{kg}$，求水流作用于喷嘴上的作用力 F。

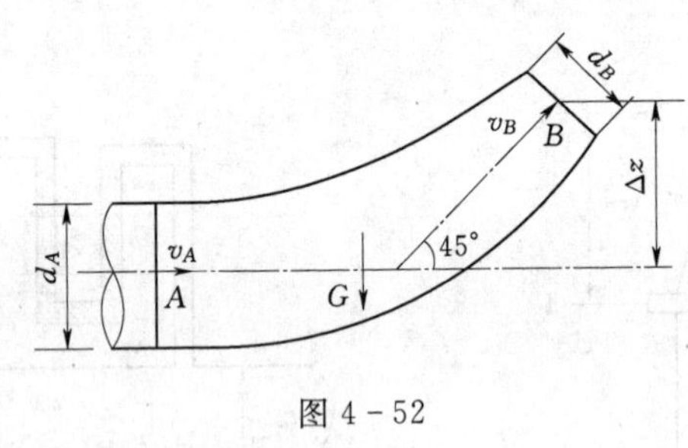

图 4－52

专题五　水流型态与水头损失

学习要求

1. 掌握产生水头损失的原因；掌握层流、紊流的定义、判别方法。

2. 了解紊流运动的基本特征，沿程水头损失与切应力之间的关系，紊流与层流的流速分布和断面应力分布。

知识点一　水头损失的类型及其与阻力的关系

一、产生水头损失的原因及水头损失的分类

实际液体在流动过程中，与边界面接触的液体质点黏附于固体表面，流速为零。在边界面的法线方向上流速从零迅速加大，过水断面上的流速分布处于不均匀状态。如果选取相邻两流层来研究，由于两流层间存在相对运动，如图 5－1 所示，实际液体又具有黏滞性，所以在有相对运动的相邻流层间就会产生内摩擦力。液体流动过程中要克服这种摩擦阻力，损耗一部分液流的机械能，转化为热能而散失。在水力学中，能量损失都是用单位重量的液体所损失的能量来表示。在固体边界顺直的水道中，单位重量的液体自一断面流至另一断面所损失的机械能就叫做该两断面之间的水头损失，这种水头损失是沿程都有并随沿程长度而增加的，所以叫做沿程水头损失，常用 h_f 表示。

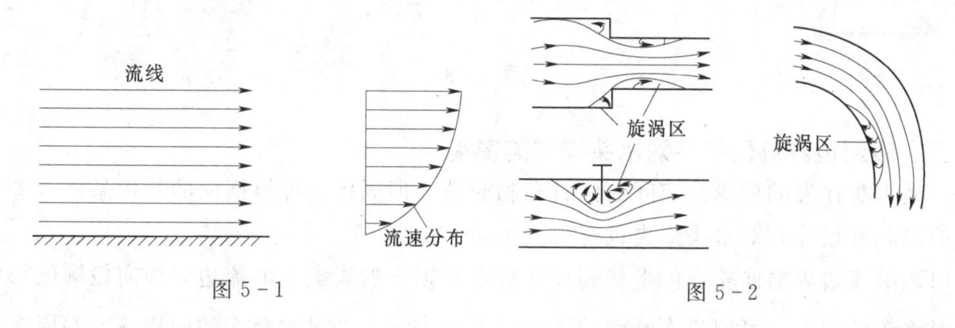

图 5－1　　　　图 5－2

在边界形状和大小沿流程发生改变的水道中，由于水流的惯性作用，水流在边界突变处会产生与边界的分离并且水流与边界之间形成旋涡，如图 5－2 所示。这些旋涡随流带走，由于液体的黏滞性作用，旋涡经过一段距离后消失。在该旋涡区中，涡体的形成、运转和分裂，以及流速分布改组过程中液体质点相对运动的加强，使水流在此段内形成了比内摩擦力大的多的附加阻力，产生较大的能量损失，这种能量损失是发生在局部范围内的，所以叫做局部水头损失，常用 h_j 表示。

综上所述，我们可以将水流阻力和水头损失分成两类：

(1) 由各流层之间的相对运动而产生的阻力，称为内摩擦阻力。它由于均匀地分布在

水流的整个流程上，故又称为沿程阻力。为克服沿程阻力而引起单位重量水体在运动过程中的能量损失，称为沿程水头损失，如输水管道、隧洞和河渠中的均匀流及渐变流流段内的水头损失，就是沿程水头损失。

(2) 当流动边界沿程发生急剧变化时（如突然扩大、突然缩小、转弯、阀门等处），局部流段内的水流产生了附加的阻力，额外消耗了大量的机械能，通常称这种附加的阻力为局部阻力，克服局部阻力而造成单位重量水体的机械能损失为局部水头损失。局部水头损失，是在边界发生改变处的一段流程内产生的，为了计算方便，常将局部水头损失看成是集中在一个突变断面上产生的水头损失。

实际水流中，整个流程既存在着各种局部水头损失，又有各流段的沿程水头损失。某一流段沿程水头损失与局部水头损失的总和，称为该流段的总水头损失。如其相邻两局部水头损失互不影响，则全流程（见图 5-3）总水头损失 h_w 就等于各局部水头损失和各流段的沿程水头损失之和，即

$$h_w = \sum h_f + \sum h_j \tag{5-1}$$

式中 $\sum h_f$——整个流程中各均匀流段或渐变流段的沿程水头损失之和；

$\sum h_j$——整个流程中各种局部水头损失之和。

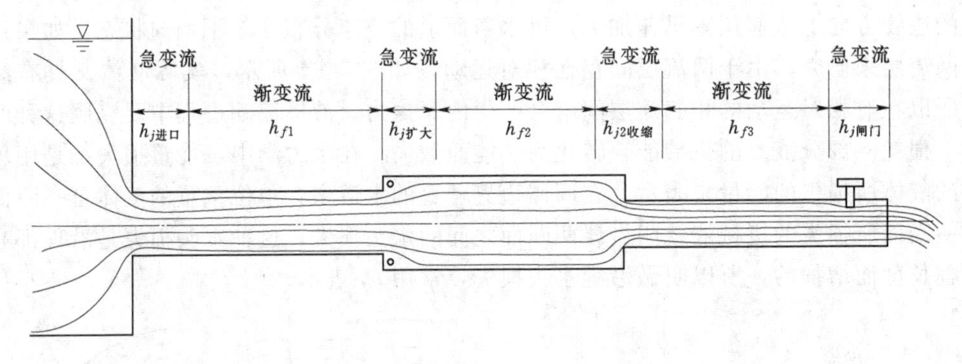

图 5-3

二、液流边界几何条件对水头损失的影响

产生水头损失的根源是实际液体具有黏滞性，但固体边界纵横向的几何条件（即边界轮廓的形状和尺寸）对水头损失也有很大影响。

(1) 液流边界横向轮廓的形状和尺寸对水头损失的影响。液流边界横向轮廓的形状和尺寸对水流的影响，可用过水断面的水力要素来表示，如过水断面的面积 A、湿周 χ 及水力半径 R 等。例如两个不同形状的断面，一为正方形，一为扁长矩形，如其过水断面面积相等，水流条件也相同，但扁长矩形渠槽中的液流与固体边界接触的周界要长些，所受的阻力就要大些，因而水头损失也要大些。这是因为扁长矩形渠槽中的液流与固体边界接触的周界要大些。液流过水断面与固体边界接触的周界叫做湿周，常用 χ 表示。因此，湿周也是过水断面的重要水力要素之一。湿周愈大，水流阻力及水头损失也愈大。

但两个过水断面的湿周相等，而形状不同，则过水断面面积一般是不相等的。当通过同样大小的流量时，水流阻力和水头损失也不相等，因为面积较小的过水断面，液流通过

的流速较大，相应的水流阻力及水头损失也较大。所以，用过水断面面积 A 或湿周 χ 中的任何一个水力要素单独来表示过水断面的水力特征都是不全面的，只有把两者相互结合起来才较为全面。过水断面的面积 A 与湿周 χ 的比值称为水力半径，即

$$R=\frac{A}{\chi} \tag{5-2}$$

水力半径是过水断面的一个非常重要的水力要素，单位为米（m）或厘米（cm）。例如：直径为 d 的圆管，当充满液流时，$A=\pi d^2/4$，$\chi=\pi d$，故水力半径 $R=A/\chi=d/4$。

（2）液流边界纵向轮廓对水头损失的影响。根据边界纵向轮廓的不同，有两种不同的液流：均匀流与非均匀流。

均匀流中沿程各过水断面的水力要素及断面平均流速都是不变的。所以，均匀流只有沿程水头损失。非均匀渐变流的局部水头损失可忽略不计，非均匀急变流时两种水头损失都有。

三、均匀流沿程水头损失与切应力的关系

在管道或明渠均匀流里，任取一段总流来分析，如图 5-4 所示。设管道的中心线与水平面的夹角为 α，流段长度为 l，过水断面面积为 A。用 p_1 和 p_2 分别表示作用在流段两过水断面 1—1 和断面 2—2 形心点上的动水压强，z_1 和 z_2 为该两断面形心点距基准面的高度，则作用在该流段上的外力有：

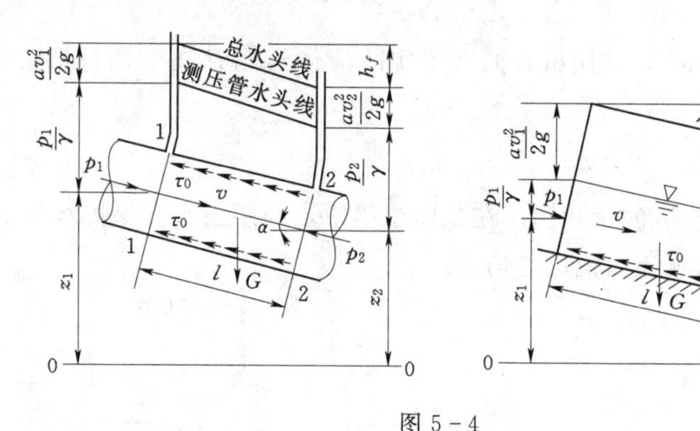

图 5-4

（1）两断面上的动水压力。作用在断面 1—1 上的动水压力可按静水总压力公式计算，即 $P_1=p_1A$；作用在断面 2—2 上的动水压力为 $P_2=p_2A$，方向都是垂直指向作用面。

（2）重力。重力为 $G=\gamma Al$，方向竖直向下。

（3）摩擦阻力。设 τ_0 为流段的固体边界作用于水流上的平均切应力，则整个流段固体边界作用于水流的总摩擦阻力为 $T=\tau_0 l\chi$（χ 为湿周），摩擦阻力与水流的方向相反。

由于所研究的均匀流处于平衡状态，则作用在该流段上的各外力沿流向必须符合力的平衡条件，即

$$P_1-P_2+G\sin\alpha-T=0$$

$$p_1A-p_2A+\gamma Al\sin\alpha-\tau_0 l\chi=0 \tag{5-3}$$

由图 5-4 可知

$$\sin\alpha=\frac{z_1-z_2}{l}$$

式（5-3）中各项除以 γA，整理后得

$$\left(z_1+\frac{p_1}{\gamma}\right)-\left(z_2+\frac{p_2}{\gamma}\right)=\frac{l\chi}{A}\frac{\tau_0}{\gamma} \tag{5-4}$$

由于过水断面 1—1 和断面 2—2 的流速水头相等，对这两个过水断面列能量方程得

$$\left(z_1+\frac{p_1}{\gamma}\right)-\left(z_2+\frac{p_2}{\gamma}\right)=h_f \tag{5-5}$$

将式（5-5）及 $R=\dfrac{A}{\chi}$代入式（5-3）得

$$h_f=\frac{l}{R}\frac{\tau_0}{\gamma} \tag{5-6}$$

单位长度上的水头损失称为水力坡度，即把 $J=h_f/l$ 代入式（5-6），则式（5-6）又可写成

$$\tau_0=\gamma RJ \tag{5-7}$$

式（5-6）和式（5-7）即为均匀流中沿程水头损失与边界切应力的关系式。因式中的边界平均切应力 τ_0 还不了解，所以不能利用该式计算沿程水头损失。为了能计算均匀流中的沿程损失，必须对水流流动的内在结构，即水流的流动状态进行研究。

知识点二　水流运动的两种流态

1885 年雷诺（Reynolds）曾用试验揭示了实际液体运动存在的两种形态（层流和紊流）的不同本质。

一、雷诺试验

图 5-5 为雷诺试验装置的示意图。在试验过程中，利用溢水管保持水箱中水位恒定，保证试验时试验管段内的水流为恒定均匀流。

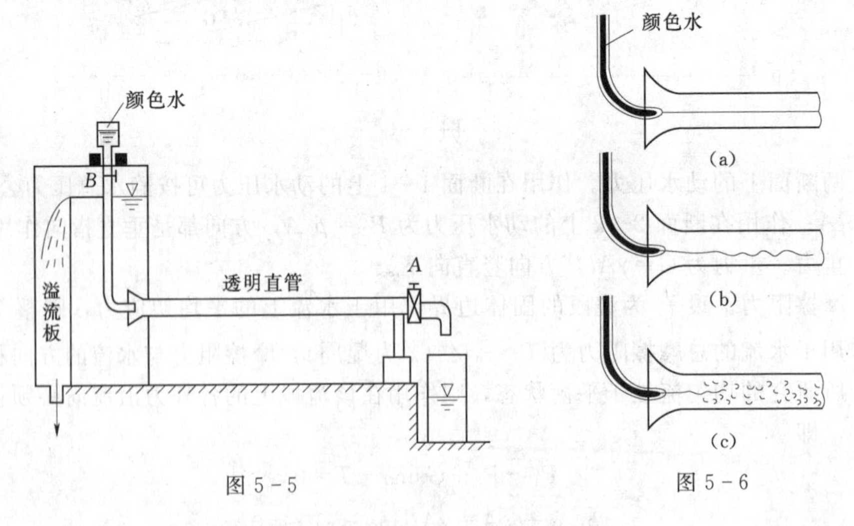

图 5-5　　图 5-6

试验开始时，先将试验管末端的阀门 A 徐徐开启，使试验段管中的水流的流动速度较小，然后打开装有颜色液体的细管上的阀门 B，此时，在试验段的玻璃管内出现一条细

而直的鲜明的着色流束，此着色流束并不与管内的不着色的水流相混杂，如图 5-6（a）所示。

将阀门 A 逐渐开大，试验管段中水流的流速也相应地逐渐增大，此时可以看到，玻璃管中的着色流束开始颤动，并弯曲成波形，如图 5-6（b）所示。随着阀门 A 继续开大，着色的波状流束先在个别地方出现断裂，失去了着色流束的清晰形状。最后，在流速达到某一定值时，着色流束便完全破裂，并很快地扩散成布满整个试验管的旋涡，而使管中水流全部着色，如图 5-6（c）所示，这种现象说明水流质点已经相互混掺了。

上述试验表明，同一液体在同一管道中流动，当流速不同时，液体可有两种不同形态的运动。当流速较小时，各流层的水流质点是有条不紊、互不混掺地沿轴向流动，流体质点没有横向运动，水流的这种流动型态称为层流。当水流中的流速较大时，各流层中的水流质点已形成剧烈的互相混掺，质点运动速度不仅在轴向而且在横向均有不规则的脉动现象，这种流动型态的水流为紊流。

如果此时再将阀门逐渐关小，紊流现象逐渐减轻、管中流速降低到一定程度时，颜色水又恢复直线形状，出现层流。

二、水流型态的判别

为了鉴别层流与紊流这两种水流型态，把两类水流型态转换时的流速称为临界流速。其中，层流变紊流时的临界流速较大，称上临界流速，而由紊流变层流时的临界流速较小，称下临界流速。当流速大于上临界流速时，水流为紊流状态。当流速小于下临界流速时，水流为层流状态。当流速介于上下两临界流速之间时，层流紊流的可能性都存在，不过紊流的情况居多，这是因为流速较高时层流结构极不稳定，遇有外界振动干扰就容易变为紊流。

当改变试验时的水温、玻璃管直径或试验种类时，测出临界流速的数值相应发生改变。对不同液体，在不同温度下，流经不同管径的管道进行试验，结果表明，液体流动型态的转变，取决于液体流速 v 和管径 d 的乘积与液体运动黏滞性系数 ν 的比值。因此，称 $\frac{vd}{\nu}$ 为雷诺数，用 Re 表示，即

$$Re=\frac{vd}{\nu} \tag{5-8}$$

试验表明，同一形状的边界流动的各种液体，流动型态转换时的雷诺数是一个常数，称为临界雷诺数，紊流变层流时的雷诺数称为下临界雷诺数。层流变紊流的雷诺数称为上临界雷诺数。下临界雷诺数比较稳定，而上临界雷诺数的数值极不稳定，随着流动的起始条件和试验条件不同，外界干扰程度不同，其值差异很大。实践中，只根据下临界雷诺数判别流态。把下临界雷诺数称为临界雷诺数，以 Re_k 表示。实际判别液体流态时，当液流的雷诺数 $Re<Re_k$ 时，为层流；当液流的雷诺数 $Re>Re_k$ 时，则为紊流。

因此，雷诺数是判别流动型态的判别数，对于同一边界形状的流动，在不同液体、不同温度及不同边界尺寸的情况下，临界雷诺数是一个常数。不同边界形状下流动的临界雷诺数大小不同。

试验测得圆管中临界雷诺数 $Re_k=2000\sim3000$，常取 2320 为判别值。

在明槽流动中，雷诺数常用水力半径 R 作为特征长度来替代直径 d，Re 须写为

$$Re=\frac{vR}{\nu} \tag{5-9}$$

在明槽流动中，由于槽身形状有差异，临界雷诺数为300～600，常取580为判别值。

水利工程中所见到的流动绝大多数属于紊流，即使流速和管径皆较小的生活供水，管流通常也是紊流。水利工程中层流是很少发生的，只有在地下水流动、水库、沉沙池和高含沙的浑水中，或在泥沙颗粒分析及其他试验中，才可能遇到层流。

【例题5-1】 试判别下述液体的流动型态。(1) 有一圆形水管，其直径d为100mm，管中水流的平均速度v为1.0m/s，水温为10℃；(2) 输油管直径d为100mm，通过流量为$Q=3L/s$，已知油的运动黏滞性系数$\nu=4\times10^{-5}m^2/s$。

解：(1) 当水温为10℃时查得水的运动黏滞系数$\nu=1.306\times10^{-6}m^2/s$，管中水流的雷诺数为

$$Re=\frac{vd}{\nu}=\frac{1\times0.1}{1.306\times10^{-6}}=7.66\times10^4>2320$$

因此管中水流为紊流型态。

(2) 输油管$d=0.1m$，$A=7.85\times10^{-3}m^2$流速为

$$v=\frac{Q}{A}=\frac{3\times10^{-3}}{7.85\times10^{-3}}=0.382(m/s)$$

$$Re=\frac{vd}{\nu}=\frac{0.382\times0.1}{4\times10^{-5}}=955<2320$$

因此，输油管内液流为层流型态。

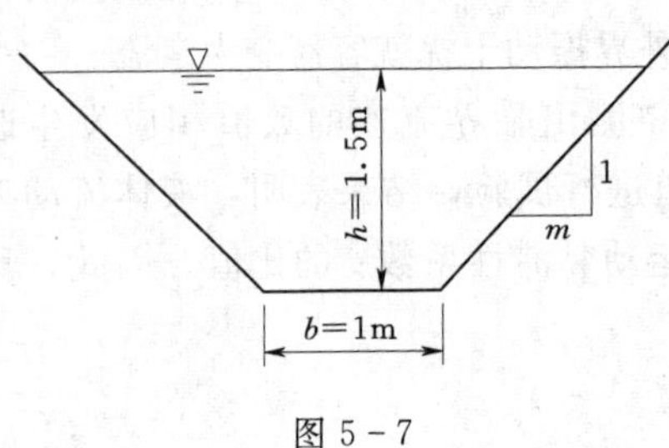

图5-7

【例题5-2】 如图5-7所示，若渠道中均匀流的流速$v=0.5m/s$，边坡系数$m=1$，此时水温为10℃，则此均匀流为何种流态。

解：(1) 计算明槽过水断面的水力要素。

$$A=(b+mh)h=(1+1\times1.5)\times1.5=3.75(m^2)$$

$$\chi=b+2h\sqrt{1+m^2}=1+2\times1.5\times\sqrt{1+1^2}=5.24(m)$$

$$R=\frac{A}{\chi}=\frac{3.75}{5.24}=0.72(m)$$

(2) 判别水流形态。由水温为10℃，查表1-1可知$\nu=1.306\times10^{-6}m^2/s$，则

$$Re=\frac{vR}{\nu}=\frac{0.5\times0.72}{1.306\times10^{-6}}=2.75\times10^5>580$$

因为$Re>580$，则明槽中的水流为紊流。

三、水流流动型态和水头损失关系

在雷诺试验装置中，将水平放置的玻璃管段两端各接一根测压管，测量管段两端断面1—1和断面2—2之间的沿程水头损失h_f，如图5-8所示。

对过水断面1—1和断面2—2列能量方程，得

$$z_1+\frac{p_1}{\gamma}+\frac{\alpha_1v_1^2}{2g}=z_2+\frac{p_2}{\gamma}+\frac{\alpha_2v_2^2}{2g}+h_f$$

由图 5-8 可知，$z_1=z_2$，$\frac{\alpha_1 v_1^2}{2g}=\frac{\alpha_2 v_2^2}{2g}$，故

$$h_f=\frac{p_1}{\gamma}-\frac{p_2}{\gamma}=h_1-h_2=\Delta h \tag{5-10}$$

式（5-10）表明，两测压管中的水位差，即是两过水断面之间的沿程水头损失。

试验按层流转变为紊流和紊流转变为层流两种程序进行，改变管中流速，多次重复试验，将试验所得结果绘在双对数坐标纸上，纵坐标表示 $\lg h_f$，横坐标表示 $\lg v$，如图 5-9 所示。

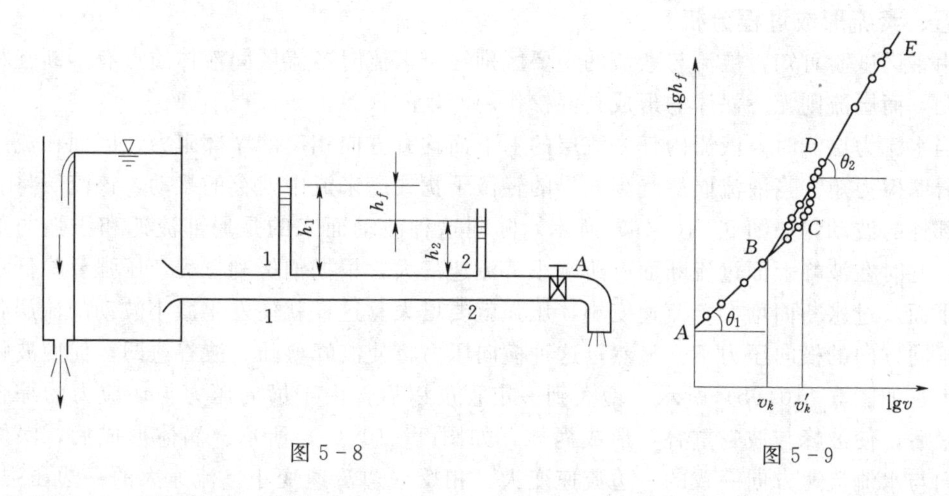

图 5-8　　图 5-9

如图 5-9 所示的关系曲线表明：层流时 h_f 与 v 按 AB 直线变化，因为直线 AB 的倾角 $\theta_1=45°$，所以沿程水头损失与流速的一次方成正比。紊流时，沿程水头损失与流速的关系按 DE 直线变化，直线 DE 的倾角 $\theta_2>45°$，沿程水头损失与流速的 1.75～2.0 次方成正比。上述沿程水头损失与流速的关系，可用统一的指数形式的公式表示，即

$$h_f=kv^m \tag{5-11}$$

当水流为层流时，指数 $m=1$；当水流为紊流时，指数 $m=1.75$～2.0。

四、雷诺数的物理意义

水流惯性力作用可用惯性力表示，黏滞力作用可用黏滞力来表示。

惯性力　　$F=ma=\rho V\frac{\mathrm{d}u}{\mathrm{d}t}$

其量纲为　　$[F]=[\rho][L]^3\frac{[v]}{[t]}$

黏滞力　　$T=\mu A\frac{\mathrm{d}u}{\mathrm{d}y}$

其量纲为　　$[T]=[\mu][L]^2\frac{[v]}{L}=[\mu][L][v]$

惯性力和黏滞力量纲的比值为

$$\frac{[\text{惯性力}]}{[\text{黏滞力}]}=\frac{[F]}{[T]}=\frac{[\rho][L]^3\frac{[v]}{[t]}}{[\mu][L][v]}=\frac{[\rho][L]^2}{[\mu][t]}=\frac{[v][L]}{[\nu]}$$

上述量纲式与雷诺数的量纲相同。式中的特征长度 L，在管流中用管径 d 表示，在明渠中则用水力半径 R 表示。所以，雷诺数的物理意义就是表征惯性力与黏滞力的对比关系。

当 Re 较小时，反映水流中黏滞力大而惯性力小，黏滞力对水流质点起控制作用，所以水流为层流运动，质点互不相掺。当 Re 较大时，反映水流中黏滞力小而惯性力大，惯性力对水流起控制作用，依靠自身惯性流动，水流质点可以摆脱黏滞力控制并发生混掺而成紊流。

五、紊流形成过程分析

由雷诺试验可知，层流与紊流的主要区别在于紊流时各流层间液体质点有不断互相混掺作用，而层流则无。涡体的形成是混掺作用产生的根源。

当水流为层流时，液流内任一流层的上下面均有方向相反的摩擦阻力，因而在流层上作用着摩擦力矩。当液流偶然受到外界的轻微干扰或受来流中残存的扰动，该流层将会发生局部性的波动，如图 5-10（a）所示，随同这种波动而来的是局部流速和压强的重新调整。此时在波峰上面过流断面有所减小，流速变大，根据伯努利方程，压强要降低；而波峰下面，过水断面增大，流速变小，压强就要增大。这样就使发生微小波动的流层各段承受不同方向的横向压力 P。显然，这种横向压力将使波峰愈凸，波谷愈凹，促使波幅更加增大，如图 5-10（b）所示。增大到一定程度以后，由于横向压力与切应力的综合作用，最后，使波峰与波谷重叠，形成涡体，如图 5-10（c）所示。涡体形成后，涡体旋转方向与水流流速方向一致的一边流速变大，相反一边流速变小。流速大的一边压强小，流速小的一边压强大，这样就使涡体上下两边产生压差，形成作用于涡体的升力，如图 5-10（d）所示。这种升力就有可能推动涡体脱离原流层而掺入流速较高的邻层，从而扰动邻层进一步产生新的涡体。如此发展下去，最终层流转化为紊流。

涡体的形成并不一定能使层流立即变成紊流。一方面涡体由于惯性有保持其本身运动的倾向，而另一方面因为液体有黏滞性，黏滞作用又要约束涡体运动，所以涡体能否脱离原流层而掺入邻层，就要看惯性作用与黏滞作用的关系。只有惯性作用比黏滞作用大到某一定程度的时候（$Re>Re_k$），涡体才能发生向其他流层的混掺，形成紊流。

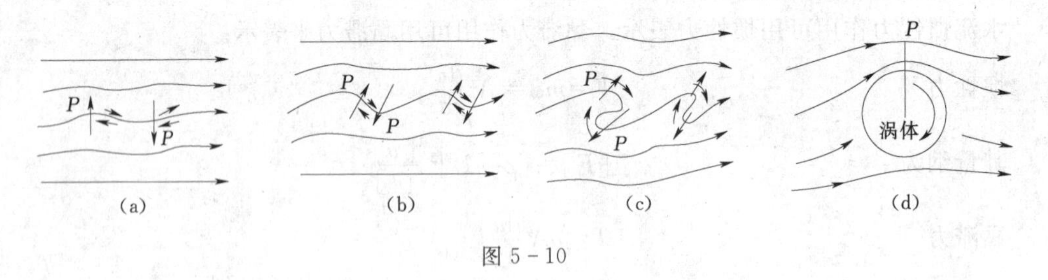

图 5-10

知识点三 液流的层流运动

层流是一种非常有规则的流动，各流层之间互不混掺。圆管中的层流运动，可以看成是由很多无限薄的同心圆筒流层，一个套一个地分层流动。而明槽中的层流运动由于槽身形状种类较多，做层流运动的流层断面形状也是各不相同。对于宽浅式明槽，因其槽宽较水深大得多，侧壁对水流的影响很小，可以忽略不计。因此，此种层流运动可近似地看做是平行渠底的分层流动。其切应力和流速分布规律与圆管层流相似，都是很容易确定的。

一、均匀层流中的切应力

如图 5-11 所示为一水平放置的管道，管中液流做层流运动。可以把圆管中的层流运动看做许多无限薄的同心圆层彼此一层层地运动着。每一圆筒层的切应力 τ 必须符合下式：

$$\tau=\gamma R'J' \tag{5-12}$$

式中　R'——所取圆管层的水力半径；

　　　J'——相应的水力坡度。

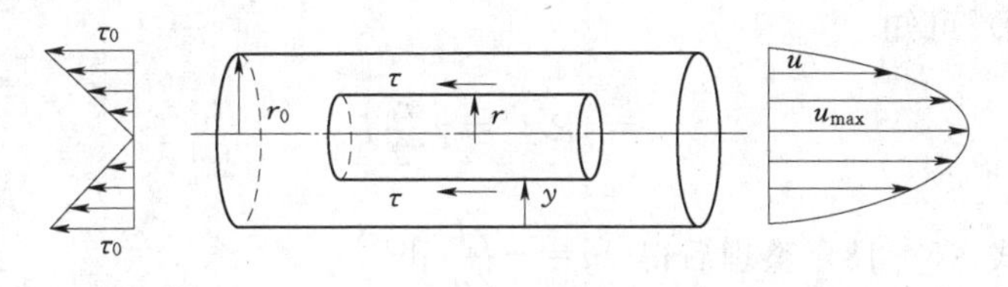

图 5-11

管壁处的切应力 τ_0 应符合式（5-12），即

$$\tau_0=\gamma RJ \tag{5-13}$$

式中　R——圆管的水力半径；

　　　J——圆管的水力坡度。

在均匀流里 $J'=J=$ 常量。比较式（5-12）、式（5-13）可得

$$\frac{\tau}{\tau_0}=\frac{R'}{R} \tag{5-14}$$

设圆管层直径为 d'，则水力半径 $R'=\frac{d'}{4}=\frac{r}{2}$，又 $R=\frac{r_0}{2}$ 代入式（5-14）得

$$\frac{\tau}{\tau_0}=\frac{r}{r_0} \tag{5-15}$$

式中　r_0——圆管的半径；

　　　r——任一圆管层的半径。

因 $r=r_0-y$，y 为管壁至圆管层表面的距离，则式（5-15）可以写成

$$\tau=\left(1-\frac{y}{r_0}\right)\tau_0 \tag{5-16}$$

由式（5-16）可知，圆管层流的切应力随 y 呈线性变化。在管壁处，$y=0$，$\tau=\tau_0$；在管轴处，$y=r_0$，$\tau=0$。切应力分布如图 5-12 所示。

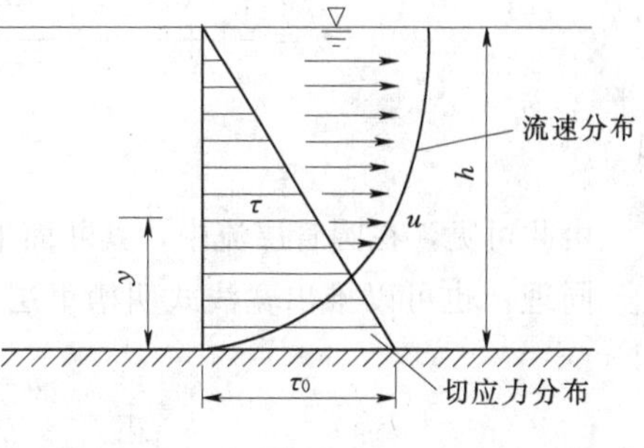

图 5-12

同样，在宽浅式明槽中，切应力也存在着直线分布规律。在渠底处，$y=0$（距底为 y），$\tau=\tau_0$；在水面处，$y=h$，$\tau=0$。任意水深 $h-y$

处的切应力τ和槽底切应力τ_0符合公式$\tau=\left(1-\dfrac{y}{h}\right)\tau_0$，如图5-12所示。

二、均匀层流中的流速分布

均匀层流中的切应力，既要满足均匀流的切应力关系式，又要满足牛顿内摩擦定律的关系。根据这一点，可以推导出层流运动的流速分布规律。对于圆管流而言，应满足以下公式：

$$\tau=-\mu\frac{\mathrm{d}u}{\mathrm{d}r} \tag{5-17}$$

式中　u——离管轴r处的流速。由于流速u随r的增加而减小，$\mathrm{d}u/\mathrm{d}r$为负值，为使切应力为正值，故上式取负号。

由式（5-12）可知

$$\tau=\gamma R'J'=\gamma\frac{r}{2}J \tag{5-18}$$

将式（5-17）、式（5-18）整理后得$\mathrm{d}u=-\dfrac{\gamma J}{2\mu}r\mathrm{d}r$

将上式积分，得　　$u=-\dfrac{\gamma J}{4\mu}r^2+C$

由边界条件决定常数C。当$r=r_0$时，$u=0$，所以

$$C=\frac{\gamma J}{4\mu}r_0^2$$

将C值带入上式得

$$u=\frac{\gamma J}{4\mu}(r_0^2-r^2) \tag{5-19}$$

式（5-19）表明圆管均匀流的流速分布为抛物线形。从图5-11可以看出圆管流的流速分布式很不均匀的，在管壁处，$r=r_0$，流速为零；在管轴处，$r=0$，流速达到最大，其值为

$$u_{\max}=\frac{\gamma J}{4\mu}r_0^2 \tag{5-20}$$

断面平均流速为

$$v=\frac{\int_A u\mathrm{d}A}{A}=\frac{\int_0^{r_0}u2\pi r\mathrm{d}r}{\pi r_0^2}=\frac{\gamma J}{4\mu}\frac{\int_0^{r_0}({r_0}^2-r^2)2\pi r\mathrm{d}r}{\pi r_0^2}$$

即

$$v=\frac{\gamma J}{8\mu}r_0^2$$

由此可见，在圆管层流中，其断面平均流速为管轴处最大流速的一半，即$v=1/2u_{\max}$。

同理，也可以推出宽浅式明槽里层流过水断面上的垂线流速分布公式为

$$u=\frac{\gamma J}{\mu}\left(hy-\frac{y^2}{2}\right) \tag{5-21}$$

式（5-21）表明，宽浅式明槽沿垂线流速也是按抛物线规律分布的，如图5-12所

示。明槽中最大流速出现在水面上，其值为 $u_{\max}=\dfrac{\gamma J}{2\mu}h^2$，过水断面平均流速为水面最大流速的 2/3 倍，即 $v=2/3u_{\max}$。

知识点四　液流的紊流运动

一、紊流的基本特征——脉动现象

紊流的基本特征是许许多多大小不等的涡体相互混掺着前进，它们的位置、形态、流速都在时刻不断地变化着。因此当一系列参差不齐的涡体连续通过紊流中的某一定点时，必然会反映出这一定点上的瞬时运动要素（如流速、压强等）随时间发生波动的现象。这种波动现象，称为脉动现象。

如图 5－13 所示是用专门仪器实测的恒定流［见图 5－13（a）］与非恒定流［图 5－13（b）］时某空间点在水流方向上的瞬时流速随时间而变化的曲线。对上述实测成果进行研究后可以发现，瞬时流速虽然表面上看是不断变化的，但是它始终是围绕着某个平均值（如图中的 AB、CD 线）上下波动。当所取的观测时段足够长时，瞬时速度在该时段的平均值线（AB 线）在所取时段是不变的，而 CD 线是变化的。

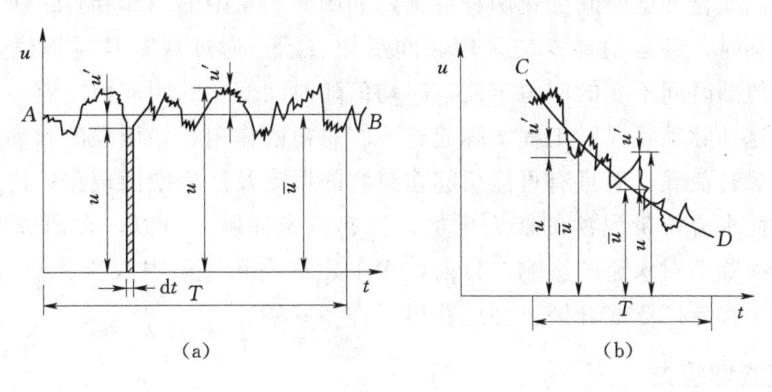

图 5－13

设 u 为某空间固定点处水流在流动方向上的瞬时流速，研究观测时段为 T，则在该时段 T 内空间某固定点的时间平均流速为

$$\overline{u}=\frac{1}{T}\int_0^T u\,\mathrm{d}t \tag{5-22}$$

如图 5－13（a）所示的 AB 线表示恒定流的时间平均流速。恒定流时，时间平均流速线 AB 是一条与时间轴 t 平行的直线，它表示时均流速不随时间而变化。如图 5－13（b）所示的 CD 线表示非恒定流的时均值曲线，它是一条与时间轴 t 不平行的曲线，这表明，时间平均流速是随时间而变化的。从图中还可以看出，积分表示瞬时流速曲线在 T 时段内所包围的面积，应等于时间平均流速线 AB 或 CD 在 T 时段内所包围的面积。因此，时段 T 就应有足够长，否则时间平均流速线 AB 或 CD 就不具有唯一性。因此，水文测验中要求流速仪在测点停留的时间不小于 100s。

瞬时流速 u 与时间平均流速$\overline{u}$的差值，称为脉动流速，用 u' 表示，即

$$u'=u-\overline{u}$$

瞬时流速可以看成是由时间平均流速和脉动流速两部分组成，亦即

$$u=\overline{u}+u' \tag{5-23}$$

脉动流速 u' 是随时间而变化的，它时大时小，时正时负，但在 T 时段内的平均值为零，即

$$\overline{u'}=\frac{1}{T}\int_0^T u'\mathrm{d}t=0 \tag{5-24}$$

紊流中其他运动要素在流速的脉动影响下，也将引起脉动，如动水压强 p，其脉动压强和时均压强可以表示为

$$p'=p-\overline{p}$$

$$\overline{p}=\frac{1}{T}\int_0^T p\mathrm{d}t$$

$$\overline{p'}=\frac{1}{T}\int_0^T p'\mathrm{d}t=0$$

既然紊流中各点瞬时流速总是不断改变的，那么按照前面论述的关于恒定流的概念来判断，真正的恒定流是不存在的，但对于运动要素的时均值（时均流速、时均压强）来讲，有不随时间变化和随时间变化两种情况，如图 5-13 中的 AB 和 CD 线。因此，我们在研究紊流运动时，各运动要素均采用时间平均表示。通过观察其时均值是否随时间变化，定义时均值随时间不变的叫恒定流，时均值随时间变化的叫非恒定流。

水流中的这种脉动状况对工程实际起着不容忽视的作用，如压强的脉动不但会增加建筑物所承受的瞬时荷载，而且有可能引起建筑物的振动及产生空蚀现象；河床底部水流的强烈脉动，可使水流挟带泥沙的能力增加，引起河床冲刷。所以，在研究时均运动的同时，仍不能忽视脉动对水流的影响。目前，水工建筑物和河渠中水流脉动的实测和研究，已在我国水利工程界广泛地开展，并已获得了许多成果。

二、紊流的切应力

在紊流运动中，流速按时均化方法分解为时均流速和脉动流速。根据紊流的混掺特性，相应的紊流切应力也应由两部分组成。紊流中的切应力 τ 可表示为黏滞切应力 τ_1 和附加切应力 τ_2 之和，即

$$\tau=\tau_1+\tau_2 \tag{5-25}$$

紊流中的黏滞切应力与层流中的一样，也符合牛顿的内摩擦定律，即 $\tau_1=\mu\frac{\mathrm{d}u}{\mathrm{d}y}$。其中，$\frac{\mathrm{d}u}{\mathrm{d}y}$是用时间平均流速表示的流速梯度。紊流中的附加切应力 τ_2 是由于质点混掺、动量传递引起的。

附加切应力 τ_2，可用普朗特的动量传递理论来推导。该理论是假设水流质点在横向移动的过程中瞬时流速保持不变，因而其动量保持不变，而到达新位置后，动量就突然发生改变，与新位置上原有液体质点所具有的动量一致。由动量定理，这种液体质点的动量变化，将产生附加切应力。由此可导出水流质点混掺时的附加切应力 τ_2 的公式为

$$\tau_2=\rho l^2\left(\frac{du}{dy}\right)^2 \tag{5-26}$$

式中　ρ——液体密度；

$\frac{du}{dy}$——用时间平均流速表示梯度；

l——混掺长度，它是一个与水流质点的自由混掺位移长度成正比的物理量。

故紊流的切应力公式为

$$\tau=\tau_1+\tau_2=\mu\frac{du}{dy}+\rho l^2\left(\frac{du}{dy}\right)^2$$

两种切应力 τ_1 和 τ_2 在紊流总切应力中所占的比重，是随雷诺数 Re 的变化而改变的，当 Re 较小时，水流的紊动较弱，黏滞切应力占主导地位。当 Re 变得较大时，水流的紊动程度剧烈，附加切应力也变得很大并占主导地位。对于天然河渠中的水流，水流的紊动程度已发展得相当充分，其黏滞切应力相对于附加切应力来讲，已小到可以忽略不计的程度，则此时的紊流总切应力就等于附加切应力，即

$$\tau=\tau_2=\rho l^2\left(\frac{du}{dy}\right)^2 \tag{5-27}$$

三、紊流中的黏性底层

在紊流中，紧靠固体边界附近的地方，由于固体边界的影响，该处的流速梯度很大，脉动流速很小；黏滞切应力很大，在紊流的总切应力中起主导作用。所以，该处水流的流态基本上是属于层流。因此，在紧靠固体边界表面处，水流始终存在着一层极薄的做层流运动的流层，通常称该流层为黏性底层。在黏性底层以外的液流才是紊流，又称紊流流核区。此两液层之间还有一层极薄的过渡层，在这里不予研究。如图 5-14（a）所示为紊流中流层分布的示意图。黏性底层中的水流处于层流状态，由于该底层很薄，层内的流速分布可近似地看做是直线规律分布，即流速梯度$\frac{du}{dy}$为一常数。由牛顿内摩擦定律 $\tau=\mu\frac{du}{dy}$ 可知，黏性底层内的切应力 τ 也是一个常数，它等于固体边界处的平均切应力 τ_0。

黏性底层的厚度 δ_0，随着水流紊动程度的加剧而减小。用 Δ 表示固体边界表面粗糙不平的凸出高度，通常称它为绝对粗糙度。当水流中的流速发生变化时，其雷诺数也随着发生变化，则黏性底层厚度 δ_0 也因雷诺数变化而变化。因此，在黏性底层厚度 δ_0 的变化过程中，有可能出现 $\delta_0>\Delta$，也可能出现 $\delta_0<\Delta$ 的情况。

当雷诺数 Re 较小时，δ_0 可以大于 Δ 若干倍。这样，边壁表面虽然高低不平，而凸出高度却被完全淹没在黏性底层之中。在这种情况下，粗糙度对紊流不起任何作用，边壁对水流的阻力，主要是黏性底层的黏滞阻力，从水力学观点来看，这种粗糙表面与光滑表面是一样的，所以称为水力光滑面，如图 5-14（b）所示。

当雷诺数 Re 较大时，黏性底层的厚度极薄，δ_0 可以小于 Δ 若干倍。这时，边壁的粗糙度对紊流起着主要作用。当紊流流核绕过凸出高度时将形成小旋涡。边壁对水流的阻力主要是由这些小旋涡造成的，而黏性底层的黏滞力只占次要地位，与前者相比，几乎可以忽略不计。水力学称这种状态的壁面为水力粗糙面，如图 5-14（c）所示。

介于上述两者之间的壁面黏性底层的厚度，已不能完全掩盖住边界粗糙的影响。水流

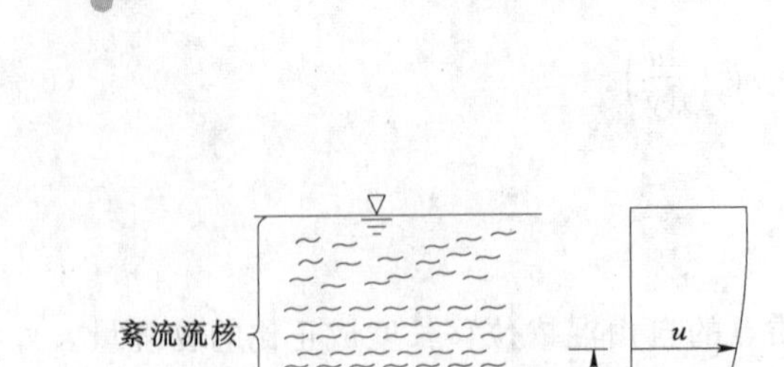

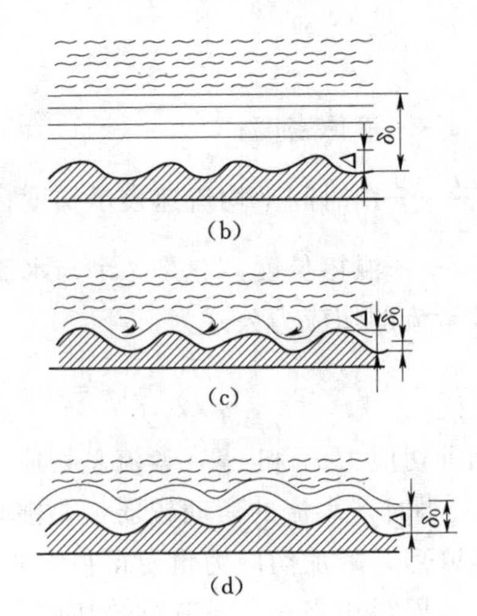

图 5-14

受边壁的影响，介于水力光滑面和水力粗糙面之间，称为过渡粗糙面，如图 5-14（d）所示。

必须指出，所谓光滑面或粗糙面，并非完全取决于固体边界表面本身的光滑或粗糙，而是依据黏性底层厚度和绝对粗糙度两者大小的对比关系来决定。即使同一固体边界面，在某一雷诺数下可能是光滑面，而在另一雷诺数下又可能是粗糙面。

四、紊流的流速分布

在紊流中，液体质点之间发生相互混掺，互相碰撞，因而产生了液体内部各质点间的动量传递，动量大的质点将动量传给动量小的质点，动量小的质点影响动量大的质点，结果造成了断面流速分布均匀。紊流中的流速分布公式，可由紊流切应力公式结合一些假定和试验成果推导而得，这些假定为：

（1）混掺长度与距边壁的距离 y 成正比，即 $l=ky$。其比例常数 k 称为卡门常数，由试验确定。对于清水圆管，$k=0.4$；对于河渠，$k=0.5$；对于含有其他介质的水流，k 与介质浓度有关。

（2）壁面附近的紊流切应力值保持不变，并等于壁面上的切应力，即 $\tau=\tau_0$，并更进一步地认为，在离边界不远处的紊流内部，其切应力也可看做常数，也满足 $\tau=\tau_0$ 条件。

（3）紊流已得到相当充分的发展，附加切应力已完全起主导作用。

根据上述假定，式（5-27）可改写成

$$\tau=\tau_0=\rho k^2 y^2\left(\frac{du}{dy}\right)^2 \tag{5-28}$$

将式（5-28）整理后得

$$\frac{du}{dy}=\frac{1}{ky}\sqrt{\frac{\tau_0}{\rho}}=\frac{u_*}{ky} \tag{5-29}$$

式中 $u_*=\sqrt{\frac{\tau_0}{\rho}}$，它具有流速的单位，反映了固体边壁阻力的影响，故称 u_* 为摩阻流速。

将式（5-29）进行变量分离，得

$$\mathrm{d}u=\frac{u_*}{k}\frac{\mathrm{d}y}{y}$$

积分后得

$$u=\frac{u_*}{k}\ln y+C \tag{5-30}$$

式中　C——积分常数，由管道或河渠的具体边界条件确定。

式（5－30）就是流速分布的对数曲线公式。该式说明，在管道或河渠的紊流运动中，其过水断面上的流速，是按对数曲线规律分布的，如图5－15所示。它比作层流运动时的抛物线规律分布（图中的虚线）均匀得多。

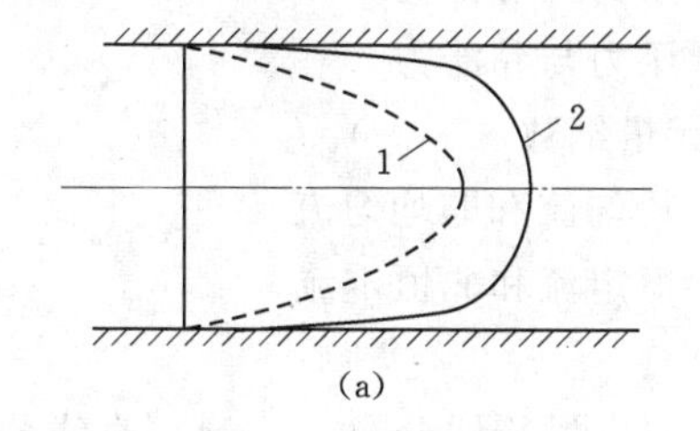

(a)

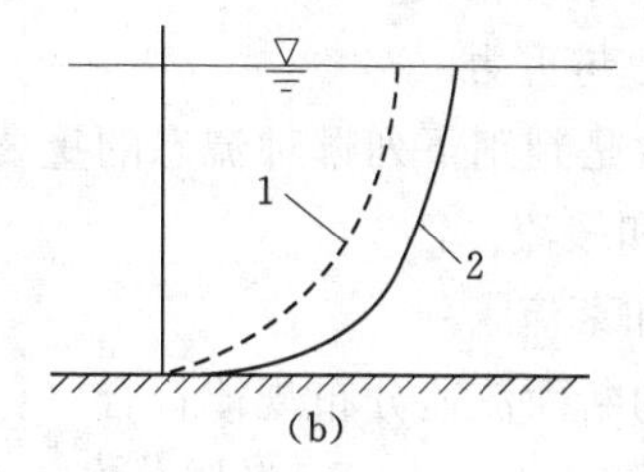

(b)

图5－15

1—层流时抛物线分布；2—紊流时对数曲线分布

式（5－30）虽是在一定的假定条件下推导出来的，但根据试验和实测的结果，式（5－30）适用于整个紊流流区。

专　题　小　结

1．产生水头损失的原因有两个：一是水流边界的几何条件，叫外因；二是水流自身具有黏滞性，叫内因。但产生水头损失的根本原因是水流具有黏滞性。

2．水流型态的判别用 Re 和 Re_k 大小关系来进行，当水流的 $Re>Re_k$ 时，为紊流；当 $Re<Re_k$ 时，为层流。流态不同，水头损失的规律也不同。

3．水头损失的叠加原理：$h_w=\sum h_f+\sum h_j$

4．水流的 Re 的表达式和 Re_k 的大小：

管流时　$Re=\frac{vd}{\nu}$　$Re_k=2320$

明槽中　$Re=\frac{vR}{\nu}$　$Re_k=580$

5．层流运动时流速呈抛物线状分布，切应力呈线性分布；紊流时流速呈现对数分布，其切应力由黏滞切应力和附加切应力两部分构成，对于天然河渠中的水流，紊流的总切应力就等于附加切应力。

6．紊流具有脉动现象，紊流脉动现象的存在产生了附加切应力，加大了建筑物的瞬时荷载，增大了水流的能量损失，是水流挟沙的主要原因，紊流脉动使水流的流速分布均匀化。

习　　题

一、选择题

1. 突扩前后有压管道的直径之比 $d_1/d_2=1/2$，则突扩前后断面的雷诺数之比为（　　）。

A. 2∶1　　B. 1∶1　　C. 1∶2　　D. 1∶4

2. 从力学角度看，雷诺数所表示的两种力的对比关系是（　　）。

A. 惯性力与黏滞力　　B. 重力与黏滞力

C. 惯性力与重力　　D. 压力与黏滞力

3. 雷诺数是判别下列哪种流态的重要的无量纲数（　　）。

A. 急流和缓流　　B. 均匀流和非均匀流

C. 层流和紊流　　D. 恒定流和非恒定流

4. 紊流的断面流速分布规律符合（　　）。

A. 对数分布　　B. 椭圆分布　　C. 抛物线分布　　D. 直线分布

5. 层流断面流速分布规律符合（　　）。

A. 对数分布　　B. 直线分布　　C. 抛物线分布　　D. 椭圆分布

6. 紊流中黏滞底层厚度 δ 比绝对粗糙度 Δ 大得多的壁面称为（　　）。

A. 光滑面　　B. 过渡粗糙面

C. 粗糙面　　D. 以上答案均不对

7. 一水箱侧壁接两根相同直径的管道 1 和 2。已知管 1 的流量为 Q_1，雷诺数为 Re_1，管 2 的流量为 Q_2，雷诺数为 Re_2，若 $Q_1/Q_2=2$，则 Re_1/Re_2 等于（　　）。

A. 2　　B. 1/2　　C. 1　　D. 4

8. 管道直径 $d=10\text{mm}$，通过流量 $Q=20\text{cm}^3/\text{s}$，运动黏滞系数 $\nu=0.0101\text{cm}^2/\text{s}$，则管中水流属于（　　）。

A. 层流　　B. 紊流　　C. 渐变流　　D. 急变流

9. 6cm×12cm 的矩形断面有压管流的水力半径为（　　）。

A. 2.4cm　　B. 3cm　　C. 2cm　　D. 4cm

10. 圆管水流切应力的最大值出现在（　　）。

A. 管壁　　B. 管中心　　C. 管中心与管壁之间　　D. 无最大值

二、简答题

1. 根据边界条件的不同，水头损失可以分为哪两类？

2. 水力光滑管与水力粗糙管是用什么来判别的，它与 Re 有什么关系？

3. 产生水头损失的根本原因是什么？

4. 为什么在用流速仪测流速时，流速仪在测点停留时间不宜过短呢？

5. 雷诺数的物理意义？

三、计算题

1. 有一圆形输水管道，$d=150\text{mm}$，管道中通过的流体流量 $Q=6.0\text{L/s}$。(1) 管中的

液体为水，水温为 20℃；(2) 若通过的液体是重燃油，其运动黏滞系数 $\nu=150\times10^{-6}\,m^2/s$。试判别上述两种情况时液体的流态。

2. 有一输水管，管径为 $d=0.15m$，管中通过的流量 $Q=8.2L/s$，水温为 10℃，试判别该水流的流态，并求流态发生转变时的流量（相应的流速为下临界流速）。

专题六　水头损失计算

学习要求

1. 掌握沿程水头损失和局部水头损失的计算。

2. 理解沿程水头损失系数的变化规律。

知识点一　沿程水头损失的分析和计算

一、沿程水头损失计算的理论公式——达西公式

在专题五中，导出了均匀流沿程水头损失与边界平均切应力的关系式（5-6）为

$$h_f=\frac{l}{R}\frac{\tau_0}{\gamma}$$

该式表明，沿程水头损失与固体边界的平均切应力 τ_0 成正比。大量的试验研究发现，边界切应力 τ_0 与断面平均流速 v、水力半径 R、液体的密度 ρ、动力黏滞系数 μ 及固体边壁的绝对粗糙度 Δ 等因素有关，即

$$\tau_0=F(v,R,\rho,\mu,\Delta)$$

通过量纲分析与 π 定理的运用可得出

$$\tau_0=\frac{\lambda}{8}\rho v^2 \tag{6-1}$$

式中　λ——沿程阻力系数，它是表征沿程阻力大小的一个无量纲系数。

试验研究的结果表明，λ 随着雷诺数 Re 与相对粗糙度 $\frac{\Delta}{R}$ 的变化而变化，其函数关系可以表示为

$$\lambda=f\left(Re,\frac{\Delta}{R}\right) \tag{6-2}$$

将式（6-1）代入沿程水头损失与边界平均切应力关系式中，得

$$h_f=\lambda\frac{l}{4R}\frac{v^2}{2g} \tag{6-3}$$

对于圆管，其水力半径 R 为管径 d 的 1/4，即 $R=\frac{d}{4}$，故沿程水头损失的表达式可写作

$$h_f=\lambda\frac{l}{d}\frac{v^2}{2g} \tag{6-4}$$

式（6-3）和式（6-4）是在均匀流条件下建立的，所以只要是在均匀流下的层流和紊流都适用。由于水流流动型态的不同对沿程水头损失的影响，在沿程阻力系数 λ 中得到

反映，所以称沿程水头损失计算的理论公式为通用公式，又称达西—魏斯巴哈公式。

二、沿程阻力系数 λ 的测定与分析

沿程阻力系数 λ 的变化规律，可由试验成果分析得出，试验装置如图 6-1 所示。试验时，先保证水箱中的水位不变，水流为恒定流，量测段 AB 的两端距管道的进、出口有一定距离，以避免量测段的水流受到干扰，保证其水流为均匀流，并在 AB 段两端设测压管，首先测出管长 l 及管径 d。

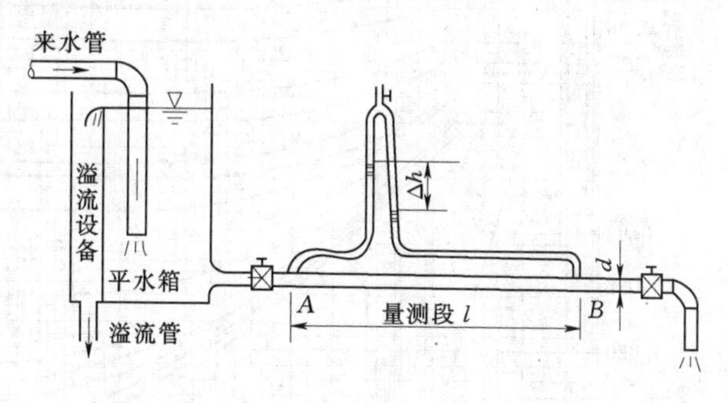

图 6-1

由于各断面流速相同，没有局部水头损失，因而根据能量方程得

$$h_w=h_f=\left(z_A+\frac{p_A}{\gamma}\right)-\left(z_B+\frac{p_B}{\gamma}\right)=h_1-h_2=\Delta h$$

将量测到的 Δh 及用体积法测出的流量 $Q=\dfrac{V}{t}$ 代入下式：

$$\lambda=\frac{h_f}{\dfrac{l}{d}\dfrac{v^2}{2g}}=\frac{h_f}{\dfrac{l}{d}\dfrac{Q^2}{2gA^2}}$$

可算出该管道通过流量 Q 时的 λ 值。对不同相对粗糙的管子用不同的过流量进行试验，即可得出相应的沿程阻力系数 λ。

为了探讨沿程阻力系数 λ 的变化规律，尼古拉兹曾用不同粒径的人工砂贴在不同直径的管道内壁上，表示管壁的粗糙状况。他进行了一系列的试验，并绘制了反映 λ 值变化规律的关系曲线。后来，蔡克士大用同样的方法在矩形明渠中进行了试验，也得到了与尼古拉兹试验结果相类似的曲线。

1944 年，摩迪在总结前人试验研究的基础上，对工业用的实际管道进行了试验研究，并绘制了不同相对粗糙度的管道沿程阻力系数 λ 与雷诺数 Re 的关系曲线，称为摩迪图，如图 6-2 所示。

该图的纵坐标为 λ，横坐标为 Re，参变量相对粗糙度用 $\dfrac{\Delta}{d}$ 表示，d 为管道直径。上述试验成果表明：在管道（或明槽）中流动的液体，随着 Re 和相对粗糙度 $\dfrac{\Delta}{d}\left(\text{或}\dfrac{\Delta}{R}\right)$ 的不同，出现层流区、紊流水力光滑区、紊流过渡区和紊流粗糙区等四个不同的流区，见图 6-3。在不同的流区中，系数 λ 遵循着不同的规律。现以圆管流动为例，结合摩迪图加以说明。

（一）层流区（$Re<2320$）

不同相对粗糙度的试验点都集中在同一条直线上。这时，整个断面水流都是层流。壁面凸起高度完全掩盖在层流中，λ 与 Δ 无关，而仅是 Re 的函数，即 $\lambda=f(Re)$。

对于圆管
$$\lambda=\frac{64}{Re} \tag{6-5}$$

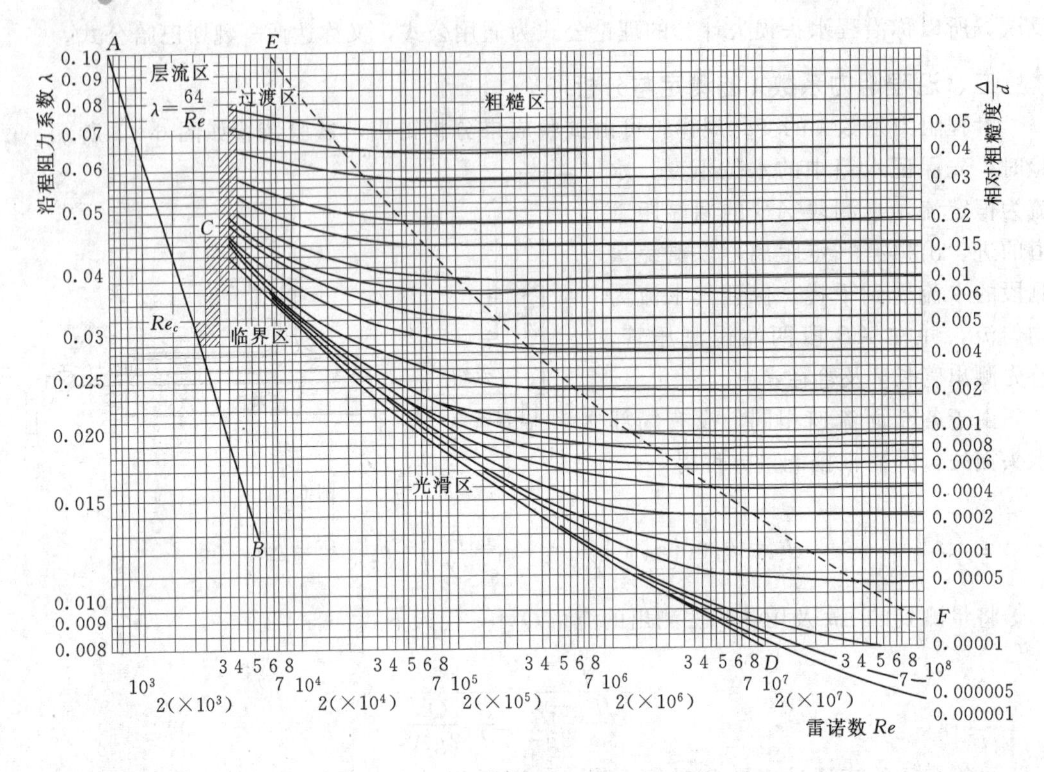

图 6-2

根据 $Re=\frac{vd}{\nu}$，相应的水头损失为

$$h_f=\lambda\frac{l}{d}\frac{v^2}{2g}\propto v^{1.0}$$

这表明，在层流中，水头损失与断面平均流速的一次方成正比。

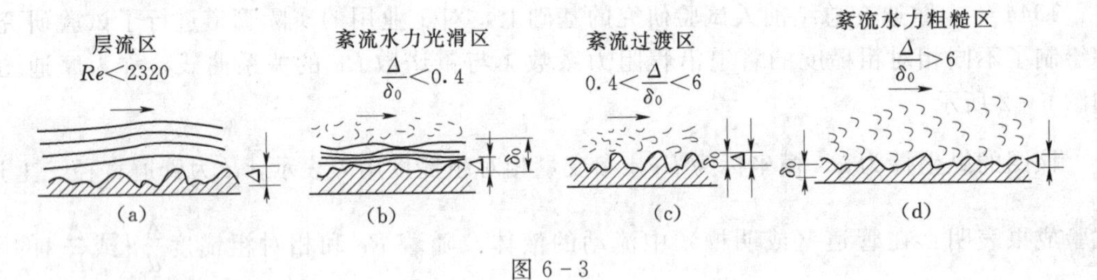

图 6-3

（二）紊流水力光滑区$\left(\frac{\Delta}{\delta_0}<0.4\right)$

此时水流属紊流，但流速不够大，黏性底层厚度 δ_0 比边壁粗糙度 Δ 大很多，边壁凸出高度 Δ 仍被黏性底层掩盖，对紊流流核区不发生影响。所以，称这时的边界为水力光滑管（相应情况的明槽称水力光滑槽）。λ 与 Δ 无关，而仅是 Re 的函数，即 $\lambda=f(Re)$。不同相对粗糙度的一些试验点都在一定区域内聚集在同一条线上，相对粗糙度较小的管道，在 Re 值较高时才离开此流区。此时，试验曲线表明

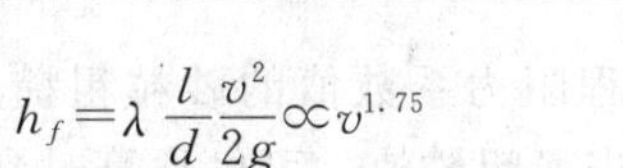

$$h_f=\lambda\frac{l}{d}\frac{v^2}{2g}\propto v^{1.75}$$

即水头损失与断面平均流速的 1.75 次方成比例，通常根据试验公式进行计算。

相对粗糙度较大的管道，则可能不出现此流区。

（三）紊流过渡区$\left(0.4<\frac{\Delta}{\delta_0}<6\right)$

不同相对粗糙度的试验点分属各自的曲线，这时水流是紊流，流速较大，δ_0 已不能完全掩盖住 Δ 的作用，Δ 的大小直接影响紊流流核区的流动。这时，系数 λ 既与 Re 有关，又与$\frac{\Delta}{d}$有关，即 $\lambda=f\left(Re,\frac{\Delta}{d}\right)$。试验成果表明

$$h_f=\lambda\frac{l}{d}\frac{v^2}{2g}\propto v^a$$

即水头损失与断面平均流速的 1.75～2.0 次方成比例。

（四）紊流水力粗糙区$\left(\frac{\Delta}{\delta_0}>6\right)$

此时紊流的流速和雷诺数都相当大，黏性底层厚度 δ_0 比绝对粗糙度 Δ 小得多，黏性底层对边壁粗糙度不起掩盖作用，这时的管称为粗糙管（相应情况的明槽称水力粗糙槽）。系数 λ 与 Re 无关，仅与$\frac{\Delta}{d}$有关，即 $\lambda=f\left(\frac{\Delta}{d}\right)$，不同相对粗糙度的试验点分别位于不同的水平线上，试验成果表明：

$$h_f=\lambda\frac{l}{d}\frac{v^2}{2g}\propto v^2$$

由于水头损失与流速的平方成正比，因此水力粗糙区又称阻力平方区，这种水流在水利工程中最为常见。

总之，无论在管流或明槽流动中，都存在两种流态，即层流与紊流。紊流中又分三个不同的流区，不同的流区中，流动特征、切应力、流速分布和影响 λ 值的因素亦不相同。

在不同流区中系数 λ 遵循着不同的规律，有不同的计算公式（这里不一一介绍）。因此，计算 λ 值时，必须先区分流态和紊流的流区，区分紊流流区需要根据粗糙度 Δ 与黏性底层厚度 δ_0 的比值确定。但由于黏性底层厚度 δ_0 是随水流变化的，因而$\frac{\Delta}{\delta_0}$也是随水流变化的。在一种水流条件下，若判明它属于水力光滑壁，但当水流的 Re 加大，δ_0 减小时，原属水力光滑的壁面又可能转变成水力粗糙或过渡区。可见，若水流条件改变，需要重新判定流区。

黏性底层厚度根据经验公式 $\delta_0=32.8\frac{d}{Re\sqrt{\lambda}}$计算。由于此时 λ 值未知，必须进行试算，这在实用上很不方便的。若利用摩迪图，可较简便地划分流区，并进行一般管道的阻力系数的计算。

对人工砂粒可用砂粒直径来代表绝对粗糙度，但实际工程上水管的管壁粗糙度是无法直接进行量测的。目前的办法是通过管段的沿程水头损失试验，将试验结果与人工砂粒加

糙结果比较，把具有同一沿程阻力系数值的砂粒粗糙度作为这类圆管的当量粗糙度。表6－1是常用管道及明渠中的当量粗糙值，可供估算时参考。

表6－1 各种壁面当量粗糙度Δ值 单位：mm

序号	边界条件	当量粗糙值Δ	序号	边界条件	当量粗糙值Δ
1	铜或玻璃的无缝管	0.0015～0.01	8	磨光的水泥管	0.33
2	涂有沥青的钢管	0.12～0.24	9	未刨光的木槽	0.35～0.70
3	白铁皮管	0.15	10	旧的生锈金属管	0.60
4	一般状况的钢管	0.19	11	污秽的金属管	0.75～0.97
5	清洁的镀锌铁管	0.25	12	混凝土衬砌渠道	0.8～9.0
6	新的生铁管	0.25～0.4	13	土渠	4～11
7	木管或清洁的水泥面	0.25～1.25	14	卵石河床（d=70～80mm）	30～60

【例题6－1】 有一压力输水管，管长为100m，直径$d=20$cm，管壁绝对粗糙度$\Delta=0.2$mm，已知液体的运动黏滞系数ν为$1.5\times10^{-6}\text{m}^2/\text{s}$。试求$Q$为5L/s、20L/s、400L/s时，管道的沿程水头损失各为多少？

解：（1）当$Q=5$L/s时。

1）计算雷诺数Re，判别水流形态。

$$A=\frac{\pi}{4}\times0.2^2=0.01\pi(\text{m}^2)$$

$$v=\frac{Q}{A}=\frac{0.005}{0.01\pi}=0.16(\text{m/s})$$

$$Re=\frac{vd}{\nu}=\frac{0.16\times0.2}{1.5\times10^{-6}}=21200>2320$$

故知管中水流形态为紊流。

2）计算相对粗糙度$\frac{\Delta}{d}$。

$$\frac{\Delta}{d}=\frac{0.2}{200}=0.001$$

3）查图求λ。

查图方法为：从摩迪图右坐标找到$\frac{\Delta}{d}=0.001$的一条曲线，由横坐标上$Re=21200$的点引一条垂线，两线相交于一点，则该点所对应的左边纵坐标即为所求的沿程阻力系数λ值$\lambda=0.0276$，此时水流处于紊流水力光滑区。

4）沿程水头损失计算。

$$h_f=\lambda\frac{l}{d}\frac{v^2}{2g}=0.0276\times\frac{100}{0.2}\times\frac{0.16^2}{2\times9.8}=0.018(\text{m})$$

（2）当$Q=20$L/s时。

1）计算雷诺数Re，判别水流形态。

$$A=0.01\pi(\text{m}^2)$$

$$v=\frac{Q}{A}=\frac{0.02}{0.01\pi}=0.636(\text{m/s})$$

$$Re=\frac{vd}{\nu}=\frac{0.636\times 0.2}{1.5\times 10^{-6}}=84800>2320$$

故知管中水流形态为紊流。

2）计算相对粗糙度$\frac{\Delta}{d}$。

$$\frac{\Delta}{d}=0.001$$

3）查图求λ。查摩迪图可知，$\lambda=0.0224$，此时水流处于紊流过渡区。

4）沿程水头损失计算。

$$h_f=\lambda\frac{l}{d}\frac{v^2}{2g}=0.0224\times\frac{100}{0.2}\times\frac{0.636^2}{2\times 9.8}=0.231(\text{m})$$

(3) 当$Q=400\text{L/s}$时。

1）计算雷诺数Re，判别水流形态。

$$A=0.01\pi(\text{m}^2)$$

$$v=\frac{Q}{A}=\frac{0.4}{0.01\pi}=12.72(\text{m/s})$$

$$Re=\frac{vd}{\nu}=\frac{12.72\times 0.2}{1.5\times 10^{-6}}=1696000>2320$$

故知管中水流形态为紊流。

2）计算相对粗糙度$\frac{\Delta}{d}$。

$$\frac{\Delta}{d}=0.001$$

3）查图求λ。查摩迪图可知，$\lambda=0.02$，此时水流处于紊流水力粗糙区。

4）沿程水头损失计算。

$$h_f=\lambda\frac{l}{d}\frac{v^2}{2g}=0.02\times\frac{100}{0.2}\times\frac{12.72^2}{2\times 9.8}=82.6(\text{m})$$

由本例可知，同一水管，不同流量通过时，其管壁可以是光滑区或过渡粗糙区，也可以是粗糙区。

三、沿程水头损失的经验公式——谢才公式

要应用达西公式计算沿程水头损失，必须采用自然管道或天然河道表面粗糙均匀化后的当量粗糙度。目前尚缺乏这方面较完整的资料，所以这些公式在使用时受到了很大的限制。早在200多年以前，人们就已在生产实践中总结出一套计算沿程水头损失h_f的经验公式。虽然这些公式在理论上不够完善，但一直在生产实践中被采用，并在一定的范围内满足生产上的需要，所以至今仍在水利工程中被广泛采用。

沿程水头损失计算的经验公式，最常用的是1769年谢才（Chezy）在总结了明渠均匀流的实测资料后提出来的公式，后人称为谢才公式。其形式为

$$v=C\sqrt{RJ} \tag{6-6}$$

其中
$$R=\frac{A}{\chi}$$
$$J=\frac{h_f}{l}$$

式中 R——水力半径，m；

C——谢才系数，$m^{1/2}/s$；

J——水力坡度；

v——断面平均流速，m/s。

将 $J=\frac{h_f}{l}$ 代入上式（6-6），得

$$h_f=\frac{v^2}{C^2R}l \tag{6-7}$$

其实谢才公式与达西公式是一致的，只是表现形式不同。只要用

$$C=\sqrt{\frac{8g}{\lambda}} \tag{6-8}$$

带入达西公式就可以得到谢才公式：

$$h_f=\frac{8g}{C^2}\frac{l}{d}\frac{v^2}{2g}=\frac{v^2}{C^2R}l$$

谢才公式既可应用于明渠也可应用于管流。谢才公式可应用于不同流态或流区，只是谢才系数的公式不同而已。在实际工程上所遇到的水流大多数是阻力平方区的紊流，谢才系数的经验公式是根据阻力平方区紊流的大量实测资料求得的，所以只能适用于阻力平方区的紊流。先介绍两个比较常用的求谢才系数的公式：

（1）曼宁公式：

$$C=\frac{1}{n}R^{1/6} \tag{6-9}$$

式中的 n 称为粗糙系数，简称糙率。它是衡量边壁阻力影响的一个综合系数。目前，对 n 值已积累了较多的资料，并普遍为工程界所采用。不同输水渠道边壁的 n 值，列于表6-2中，以供查用。

表6-2 粗糙系数 n 值

壁面种类及状况	n	$\frac{1}{n}$
特别光滑的黄铜管、玻璃管，涂有珐琅质或其他釉料的表面	0.009	111
精致水泥浆抹面、安装及连接良好的新制的清洁铸铁管及钢管、精刨木板	0.011	90.9
很好地安装的未刨木板，正常情况下无显著水锈的给水管、非常清洁的排水管、最光滑的混凝土面	0.012	83.3
良好的砖砌体正常情况的排水管，略有积污的给水管	0.013	76.9
积污的给水管和排水管，中等情况下渠道的混凝土砌面	0.014	71.4
良好的块石圬工，旧的砖砌体，比较粗制的混凝土砌面，特别光滑、仔细开挖的岩石面	0.017	58.8
坚实黏土的渠道、不密实淤泥层（有的地方是中断的）覆盖的黄土、砾石及泥土的渠道、良好养护情况下的大渠道	0.0225	44.4

续表

壁面种类及状况	n	$\frac{1}{n}$
良好的干砌圬工、中等养护情况的土渠、情况良好的天然河流（河床清洁、顺直、水流通畅、无塌岸及深潭）	0.025	40.0
养护情况在中等标准以下的土渠	0.0275	36.4
情况比较不良的土渠（如部分渠底有水草、卵石或砾石、部分边岸崩塌等）、水流条件良好的天然河流	0.030	33.3
情况特别坏的渠道（有不少深潭及塌岸、芦苇丛生、渠底有大石及密生的树根等）、过水条件差、石子及水草数量增加、有深潭及浅滩等的弯曲河道	0.040	25.0

曼宁公式形式简单，计算方便，且应用于管道及较小的河渠可得较满意的结果，故正为世界各国工程界所采用。

将式（6-9）代入式（6-6）中，则谢才公式可变为

$$v=\frac{1}{n}R^{2/3}J^{1/2} \tag{6-10}$$

（2）巴甫洛夫斯基公式：

$$C=\frac{1}{n}R^{y} \tag{6-11}$$

式中的 y 按下式确定：

$$y=2.5\sqrt{n}-0.13-0.75\sqrt{R}(\sqrt{n}-0.10)$$

或者可近似地按下列简式确定：

当 $R<1.0$m 时，$y=1.5\sqrt{n}$；当 $R>1.0$m 时，$y=1.3\sqrt{n}$。

巴甫洛夫斯基公式的适用范围为 $0.1\text{m}\leqslant R\leqslant 3.0\text{m}$，$0.011\leqslant n\leqslant 0.04$。

n 值的选定，在实际情况往往比较复杂，如管道有新有旧，有生锈的也有清洁的。天然河道中的糙率更为复杂。工程中对 n 值的选定，一般应根据有关资料参照已建工程的运用情况来慎重选用。

【例题 6-2】 有一混凝土护面的梯形渠道（图 6-4），已知流量 $Q=30\text{m}^3/\text{s}$，底宽 b 为 10m，水深 h 为 3m，两岸边坡为 1∶1，粗糙系数 n 为 0.017。如水流属于阻力平方区，试求每千米渠长的沿程水头损失。

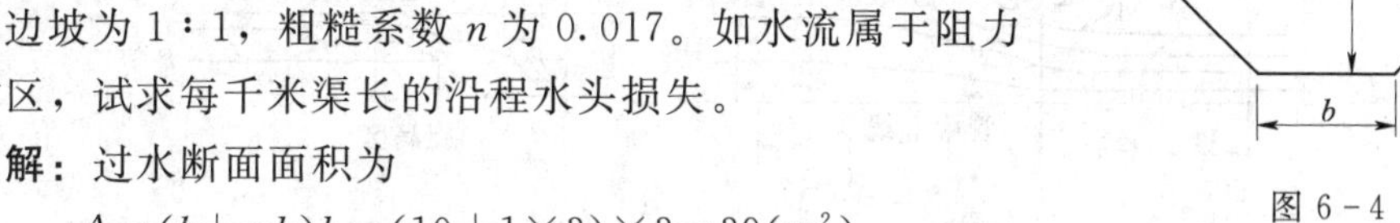

图 6-4

解： 过水断面面积为

$$A=(b+mh)h=(10+1\times3)\times3=39(\text{m}^2)$$

湿周

$$\chi=b+2h\sqrt{1+m^2}=10+2\times3\times\sqrt{1+1^2}=18.5(\text{m})$$

水力半径

$$R=\frac{A}{\chi}=\frac{39}{18.5}=2.11(\text{m})$$

（1）按曼宁公式计算谢才系数：

$$C=\frac{1}{n}R^{1/6}=\frac{1}{0.017}\times2.11^{\frac{1}{6}}=58.8\times1.13=66.5(\text{m}^{1/2}/\text{s})$$

$$h_f=\frac{\nu^2}{C^2R}l=\frac{Q^2}{A^2C^2R}l=\frac{30^2}{39^2\times66.5^2\times2.11}\times1000=0.063(\mathrm{m})$$

（2）按巴甫洛夫斯基计算谢才系数：

$$\begin{aligned}y&=2.5\sqrt{n}-0.13-0.75\sqrt{R}(\sqrt{n}-0.10)\\&=2.5\sqrt{0.017}-0.13-0.75\sqrt{2.11}(\sqrt{0.017}-0.10)\\&=0.163\end{aligned}$$

$$C=\frac{1}{n}R^y=\frac{1}{0.017}\times2.11^{0.163}=58.8\times1.129=66.3(\mathrm{m}^{1/2}/\mathrm{s})$$

$$h_f=\frac{\nu^2}{C^2R}l=\frac{Q^2}{A^2C^2R}l=\frac{30^2}{39^2\times66.3^2\times2.11}\times1000=0.064(\mathrm{m})$$

从上述结果看，谢才系数 C 的两种计算方法所得的结果相差极小，因而沿程水头损失的计算结果也就没有太大的差别。

知识点二　局部水头损失的分析与计算

前面已经介绍过，当流动边界发生突变时，水流将产生局部水头损失。边界突然变化的形式是多种多样的，如断面突然扩大、突然缩小、转弯、分岔、阀门等。断面的突变对水流运动产生的影响可归纳成两点：

（1）在断面突变处，水流因受惯性作用，将不紧贴壁面流动，与壁面产生分离，并形成旋涡。旋涡的分裂和互相摩擦要消耗大量的能量，因此，旋涡区的大小和旋涡的强度直接影响局部水头损失的大小。

（2）由于主流脱离边界形成旋涡区，主流或受到压缩，或随着主流沿程不断扩散，流速分布急剧调整。图 6－5（a）中断面 1—1 的流速分布图，经过不断改变，最后在断面 2—2 上接近于下游正常水流的流速分布。在流速改变的过程中，质点内部相对运动加强，碰撞、摩擦作用加剧，从而造成较大的能量损失。

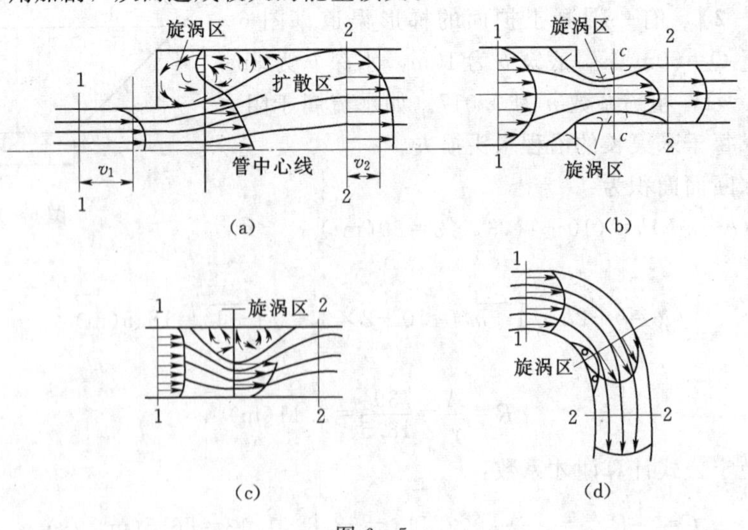

图 6－5

局部水头损失一般都可以用一个流速水头与一个局部水头损失系数的乘积来表示，即

$$h_j=\zeta\frac{v^2}{2g} \tag{6-12}$$

其中，局部水头损失系数ζ通常由试验测定，现列于表6-3中。必须指出，ζ都是对应于某一流速水头而言的，在选用时，应注意二者的对应关系，与ζ相应的流速水头在表6-3中已标明，若不加特殊的标明者，该ζ值皆是指相应于局部阻力后的流速水头。

表6-3　　　　局部水头损失系数ζ值

<table>
<tr><th>名称</th><th colspan="2">简　图</th><th>局部水头损失系数ζ值</th></tr>
<tr><td>断面突然扩大</td><td colspan="2">1 2 A_1 v_1 A_2 v_2 1 2</td><td>$\zeta'=\left(1-\frac{A_1}{A_2}\right)^2$（应用公式 $h_j=\zeta'\frac{v_1^2}{2g}$）
$\zeta''=\left(\frac{A_2}{A_1}-1\right)^2$（应用公式 $h_j=\zeta''\frac{v_2^2}{2g}$）</td></tr>
<tr><td>断面突然缩小</td><td colspan="2">1 2 A_1 v A_2 2 1</td><td>$\zeta=0.5\left(1-\frac{A_2}{A_1}\right)$</td></tr>
<tr><td rowspan="3">进口</td><td rowspan="2">v</td><td>完全修圆</td><td>0.05～0.10</td></tr>
<tr><td>稍微修圆</td><td>0.20～0.25</td></tr>
<tr><td>v</td><td>没有修圆</td><td>0.50</td></tr>
<tr><td rowspan="2">出口</td><td>v</td><td>流入水库（池）</td><td>1.0</td></tr>
<tr><td>1 2 A_1 v A_2 1 2</td><td>流入明渠</td><td>
<table>
<tr><td>A_1/A_2</td><td>0.1</td><td>0.2</td><td>0.3</td><td>0.4</td><td>0.5</td><td>0.6</td><td>0.7</td><td>0.8</td><td>0.9</td></tr>
<tr><td>ζ</td><td>0.81</td><td>0.64</td><td>0.49</td><td>0.36</td><td>0.25</td><td>0.16</td><td>0.09</td><td>0.04</td><td>0.01</td></tr>
</table></td></tr>
<tr><td rowspan="2">急转弯管</td><td rowspan="2">α v d</td><td>圆形</td><td>
<table>
<tr><td>α (°)</td><td>30</td><td>40</td><td>50</td><td>60</td><td>70</td><td>80</td><td>90</td></tr>
<tr><td>ζ</td><td>0.20</td><td>0.30</td><td>0.40</td><td>0.55</td><td>0.70</td><td>0.90</td><td>1.10</td></tr>
</table></td></tr>
<tr><td>矩形</td><td>
<table>
<tr><td>α (°)</td><td>15</td><td>30</td><td>45</td><td>60</td><td>90</td></tr>
<tr><td>ζ</td><td>0.025</td><td>0.11</td><td>0.26</td><td>0.49</td><td>1.20</td></tr>
</table></td></tr>
<tr><td rowspan="2">弯管</td><td>R 90° d</td><td>90°</td><td>
<table>
<tr><td>R/d</td><td>0.5</td><td>1.0</td><td>1.5</td><td>2.0</td><td>3.0</td><td>4.0</td><td>5.0</td></tr>
<tr><td>$\zeta_{90°}$</td><td>1.2</td><td>0.80</td><td>0.60</td><td>0.48</td><td>0.36</td><td>0.30</td><td>0.29</td></tr>
</table></td></tr>
<tr><td>α v α d</td><td>任意角度</td><td>$\zeta_{\alpha°}=a\zeta_{90°}$
<table>
<tr><td>α (°)</td><td>20</td><td>30</td><td>40</td><td>50</td><td>60</td><td>70</td><td>80</td></tr>
<tr><td>a</td><td>0.40</td><td>0.55</td><td>0.65</td><td>0.75</td><td>0.83</td><td>0.88</td><td>0.95</td></tr>
<tr><td>α (°)</td><td>90</td><td>100</td><td>120</td><td>140</td><td>160</td><td>180</td><td></td></tr>
<tr><td>a</td><td>1.00</td><td>1.05</td><td>1.13</td><td>1.20</td><td>1.27</td><td>1.33</td><td></td></tr>
</table></td></tr>
</table>

续表

<table>
<tr><th>名称</th><th colspan="2">简图</th><th>局部水头损失系数ζ值</th></tr>
<tr><td>闸阀</td><td></td><td>圆形管道</td><td>当全开时（$a/d=1$）
<table>
<tr><td>d（mm）</td><td>15</td><td>20～50</td><td>80</td><td>100</td><td>150</td></tr>
<tr><td>ζ</td><td>1.5</td><td>0.5</td><td>0.4</td><td>0.2</td><td>0.1</td></tr>
<tr><td>d（mm）</td><td>200～250</td><td>300～450</td><td>500～800</td><td>900～1000</td><td></td></tr>
<tr><td>ζ</td><td>0.08</td><td>0.07</td><td>0.06</td><td>0.05</td><td></td></tr>
</table>
当各种开起度时
<table>
<tr><td>a/d</td><td>7/8</td><td>6/8</td><td>5/8</td><td>4/8</td><td>3/8</td><td>2/8</td><td>1/8</td></tr>
<tr><td>$A_{开启}/A_{总}$</td><td>0.948</td><td>0.856</td><td>0.740</td><td>0.609</td><td>0.466</td><td>0.315</td><td>0.159</td></tr>
<tr><td>ζ</td><td>0.15</td><td>0.26</td><td>0.81</td><td>2.06</td><td>5.52</td><td>17.00</td><td>97.80</td></tr>
</table>
</td></tr>
<tr><td>截止阀</td><td></td><td>全开</td><td>4.3～6.1</td></tr>
<tr><td rowspan="2">莲蓬头</td><td></td><td>无底阀</td><td>2～3</td></tr>
<tr><td></td><td>有底阀</td><td>
<table>
<tr><td>d（mm）</td><td>40</td><td>50</td><td>75</td><td>100</td><td>150</td><td>200</td><td>250</td><td>300</td><td>350</td><td>400</td><td>500</td><td>750</td></tr>
<tr><td>ζ</td><td>12</td><td>10</td><td>8.5</td><td>7.0</td><td>6.0</td><td>5.2</td><td>4.4</td><td>3.7</td><td>3.4</td><td>3.1</td><td>2.5</td><td>1.6</td></tr>
</table>
</td></tr>
<tr><td>平板门槽</td><td colspan="2"></td><td>0.05～0.20</td></tr>
<tr><td>拦污栅</td><td colspan="2"></td><td>$$\zeta=\beta\left(\frac{s}{b}\right)^{4/3}\sin\alpha$$
式中 s—栅条宽度；
b—栅条间距；
α—倾角；
β—栅条形状系数，用下表确定
<table>
<tr><td>栅条形状</td><td>1</td><td>2</td><td>3</td><td>4</td><td>5</td><td>6</td></tr>
<tr><td>β</td><td>2.42</td><td>1.83</td><td>1.67</td><td>1.035</td><td>0.92</td><td>0.76</td></tr>
</table>
</td></tr>
</table>

【例题 6-3】 从水箱引出一直径不同的管道，如图 6-6 所示。已知 $d_1=175$mm，$l_1=30$m，$\lambda_1=0.032$，$d_2=125$mm，$l_2=20$m，$\lambda_2=0.037$，第二段管子上有一平板闸阀，其开度为 $a/d=0.5$。当输送流量为 $Q=25$L/s 时，求：沿程水头损失 $\sum h_f$；局部水头损失

$\sum h_j$；水箱的水头 H。

解：(1) 沿程水头损失。

第一段

$$Q=25L/s=0.025m^3/s$$

断面平均流速

$$v_1=\frac{Q}{A_1}=\frac{Q}{\frac{\pi}{4}d_1^2}=\frac{4\times0.025}{3.14\times0.175^2}=1.04(m/s)$$

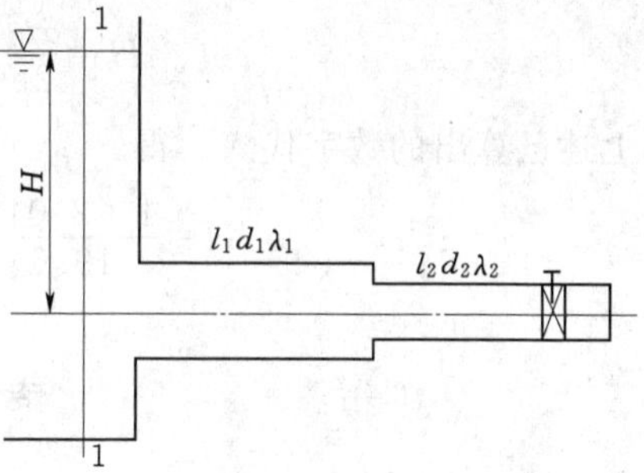

图 6-6

则沿程水头损失

$$h_{f_1}=\lambda_1\frac{l_1}{d_1}\frac{v_1^{\ 2}}{2g}=0.032\times\frac{30}{0.175}\times\frac{1.04^2}{19.6}=0.303(m)$$

第二段

断面平均流速

$$v_2=\frac{Q}{A_2}=\frac{Q}{\frac{\pi}{4}d_2^2}=\frac{4\times0.025}{3.14\times0.125^2}=2.04(m/s)$$

沿程水头损失

$$h_{f_2}=\lambda_2\frac{l_2}{d_2}\frac{v_2^2}{2g}=0.037\times\frac{20}{0.125}\times\frac{2.04^2}{19.6}=1.26(m)$$

总的沿程水头损失

$$\sum h_f=h_{f_1}+h_{f2}=0.303+1.26=1.563(m)$$

(2) 局部水头损失。进口损失由直角进口查表 6-3 得 $\zeta_{进口}=0.5$，则 $h_{j_1}=\zeta_{进口}\frac{v_1^{\ 2}}{2g}=0.5\times\frac{1.04^2}{19.6}=0.028(m)$。

根据$\frac{A_2}{A_1}=\left(\frac{d_2}{d_1}\right)^2=\left(\frac{0.125}{0.175}\right)^2=0.51$，查表 6-3 得

$$\zeta_{缩}=0.5\times\left(1-\frac{A_2}{A_1}\right)=0.5\times(1-0.51)=0.245$$

则

$$h_{j2}=\zeta_{缩}\frac{v_2^2}{2g}=0.245\times\frac{2.04^2}{19.6}=0.052(m)$$

闸阀损失由平板闸门的开度 $a/d=0.5$，查表 6-3 得 $\zeta_{阀}=2.06$，则

$$h_{j3}=\zeta_{阀}\frac{v_2^2}{2g}=2.06\times\frac{2.04^2}{19.6}=0.437(m)$$

总的局部水头损失

$$\sum h_j=h_{j1}+h_{j2}+h_{j3}=0.028+0.052+0.437=0.517(m)$$

(3) 水箱的水头。以管轴线为基准面，取水箱内断面和管出口断面为两过水断面。断面 1—1 取水面点，其位置高度为 H，压强为大气压，流速近似为零；断面 2—2 取中心点，位置高度为零，因断面四周为大气压强，故中心点也近似为大气压，流速为 v_2，则列能量方程后得

$$H=\frac{\alpha v_2^2}{2g}+h_w=\frac{\alpha v_2^2}{2g}+\sum h_f+\sum h_j$$

用上述已算出的数字代入，得

$$H=\frac{1\times 2.04^2}{19.6}+1.563+0.517=2.292(\text{m})$$

专　题　小　结

1. 沿程水头损失的理论公式：$h_f=\lambda\frac{l}{4R}\frac{v^2}{2g}$（达西—魏斯巴哈公式）。$\lambda$ 值的影响因素见表 6-4。

表 6-4　　λ 值的影响因素

流动型态	流态判别	流动特征	起主要作用的物性	应力	流速分布	影响 λ 的因素	h_f 与 v 的关系
层流	$Re<2320$	不分区	质点运动不互掺	黏滞切应力	较不均匀	$\lambda=f(Re)$ λ 与 $\frac{\Delta}{d}$ 无关	$h_f\propto v^{1.0}$
紊流	$Re>2320$	水力光滑区	质点相互混掺，作不规则运动，产生脉动现象	黏滞切应力加紊流混掺切应力，以紊流混掺切应力为主	较均匀	$\lambda=f(Re)$ λ 与 $\frac{\Delta}{d}$ 无关	$h_f\propto v^{1.75}$
		水力过渡区				$\lambda=f\left(Re,\frac{\Delta}{d}\right)$	$h_f\propto v^{1.75\sim2.0}$
		水力粗糙区				$\lambda=f\left(\frac{\Delta}{d}\right)$ λ 与 Re 无关	$h_f\propto v^{2.0}$

2. 沿程水头损失的经验公式（谢才公式）：$v=C\sqrt{RJ}$ 或 $h_f=\frac{v^2}{C^2R}l$，$C=\frac{1}{n}R^{1/6}$（曼宁公式）。

3. 局部水头损失的计算公式：$h_j=\zeta\frac{v^2}{2g}$。

习　　题

一、选择题

1. 已知液体流动的沿程水头损失系数 λ 与边壁粗糙度和雷诺数 Re 都有关，即可以判断该液体流动属于（　　）。

A. 层流区　　　　B. 水力光滑区

C. 水力过渡粗糙区　　　　D. 水力粗糙区

2. 水力光滑区的水头损失与流速成（　　）。

A. 1.0 次方关系　　B. 1.75 次方关系

C. 2.0 次方关系　　D. 1.75～2.0 次方关系

3. 谢才公式 $v=C\sqrt{RJ}$ （　　）。

A. 只适用于明渠流　　B. 只适用于管流

C. 适用于明渠流和管流　　D. 只适用于明渠紊流

4. 两根直径不等的管道，一根输油，一根输水，两管中流速也不同，油和水的下临界雷诺数分别为 Re_{cr1} 和 Re_{cr2}，则它们的关系是（　　）。

A. $Re_{cr1}<Re_{cr2}$　　B. $Re_{cr1}=Re_{cr2}$

C. $Re_{cr1}>Re_{cr2}$　　D. 无法确定

5. 管流的下界临界雷诺数为（　　）。

A. 200　　B. 2300　　C. 4000　　D. 所有答案均不对

6. 在紊流粗糙区中，沿程水头损失系数 λ 随液体运动黏度的减小而（　　）。

A. 加大　　B. 减小　　C. 不变　　D. 不定

7. 方程 $\tau=rRJ$ （　　）。

A. 只适用于层流　　B. 只适用于紊流

C. 层流和紊流均适用　　D. 均匀流和非均匀流均适用

8. 在紊流中（　　）。

A. 液体质点作有秩序的运动　　B. 一层液体在另一层液体上滑动

C. 液体质点作不规则运动　　D. 黏滞性的作用比动量交换的作用更大

9. 谢才系数 C 与沿程水头损失系数 λ 的关系为（　　）。

A. C 与 λ 成正比　　B. C 与 $1/\lambda$ 成正比

C. C 与 λ^2 成正比　　D. C 与 $1/\sqrt{\lambda}$ 成正比

10. 黏性底层厚度 δ 随 Re 的增大而（　　）。

A. 增大　　B. 减小　　C. 不变　　D. 不确定

11. 在层流中，沿程水头损失随着边壁糙率的增大而（　　）。

A. 增大　　B. 减小　　C. 不变　　D. 不确定

12. 若管道水流处于阻力平方区，当管中流量增大时，沿程水头损失系数 λ（　　）。

A. 增大　　B. 减小　　C. 不变　　D. 不确定

二、简答题

1. 简述尼古拉兹实验中沿程水力摩擦系数 λ 的变化规律。

2. 有两根管道，其直径为 d，长度为 l，绝对粗糙度均相等，其中一个输油，一个输水，且 $\gamma_{油}>\gamma_{水}$，则：

（1）当两管中流动的速度 v 相同时，其沿程水头损失是否相等？

（2）当两管道中流动的液体雷诺数 Re 相等时，其沿程水头损失是否相等？

三、计算题

1. 为测定管道沿程水头损失系数 λ，采用如图 6-7 所示的装置，已知 AB 管段长为 $L=10\text{m}$，管径 $d=50\text{mm}$，实验时测得两侧压水管水面差 $h_f=0.629\text{m}$，经 2min 流入容器中的水量为 0.329m³，试求管道的沿程水头损失系数 λ。

2. 有一矩形断面渠道，底宽 $b=6\text{m}$，渠道用浆砌块石做成，当通过流量为 $Q=15.0\text{m}^3/\text{s}$ 时，渠道中相应的水深为 $h=3\text{m}$，求 1km 长渠道中的沿程水头损失。

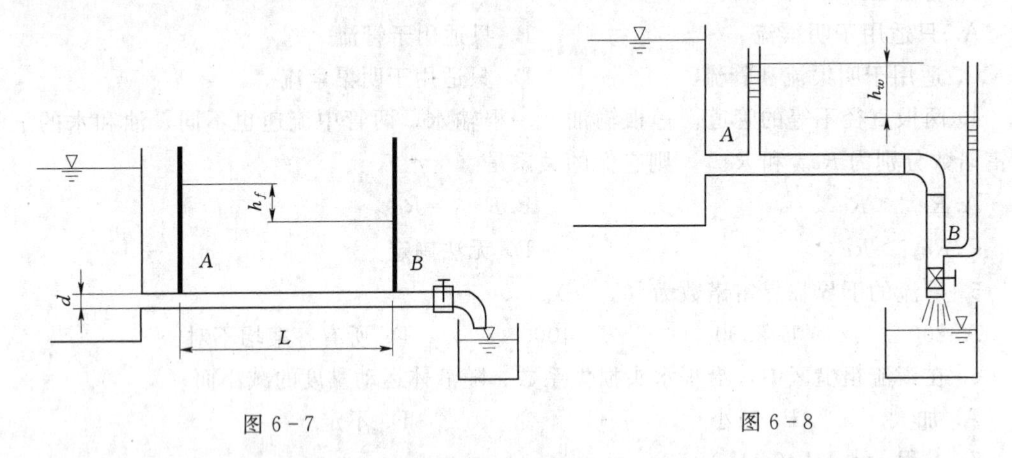

图 6-7　　　　图 6-8

3. 为测定 90°弯头的局部水头损失系数 ζ，采用图 6-8 所示的装置。已知试验段 AB 长为 10m，管径 $d=0.05\text{m}$，弯管的曲率半径 $R=d$，该管中的沿程阻力系数 $\lambda=0.03$，试验测得的数据为：AB 两端的测压管水面差为 0.629m，2min 内流入量水箱的水量为 0.319m³，试求弯管的局部水头损失系数 ζ。

4. 如图 6-9 所示为一水塔输水管路，已知铸铁管的管长 $l=250\text{m}$，管径 $d=100\text{mm}$，管路进口为直角进口，有一个弯头和一个闸阀，弯头的局部损失系数 $\zeta_{弯}=0.8$。当闸门全开时，管路出口流速 $v=1.6\text{m/s}$，求水塔水面高度 H。

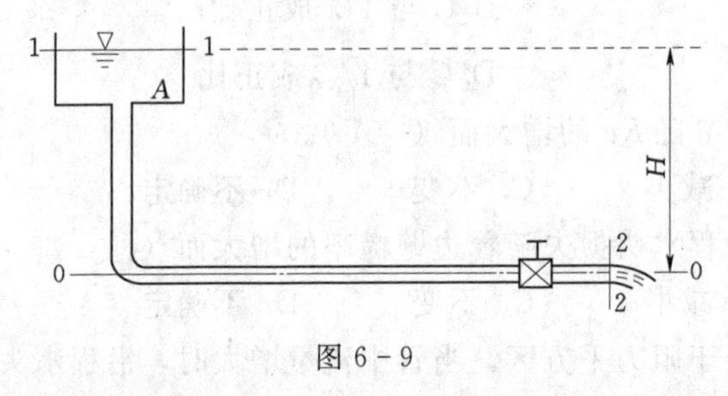

图 6-9

5. 某水库的混凝土放水涵管，进口为直角进口，管径 $d=1.5\text{m}$，管长 $l=50\text{m}$，上下游水面差 $z=8\text{m}$，如图 6-10 所示。当管道出口的河道中流速仅为管中流速的 0.2 倍时，求管中通过的流量 Q。

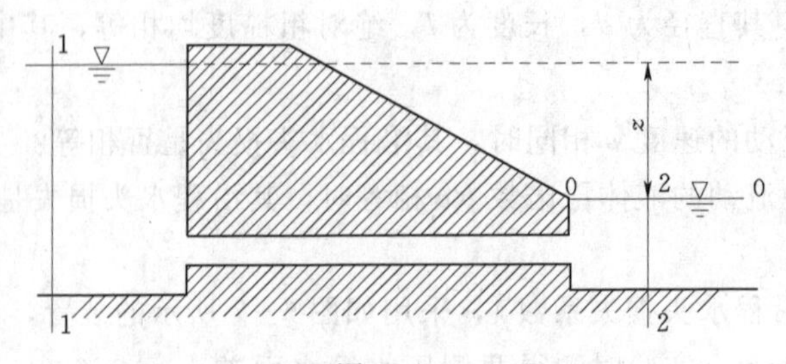

图 6-10

专题七　短　管　计　算

学习要求

1. 掌握简单短管的水力计算；流量、管径及作用水头的计算；水头线绘制。

2. 理解管流、简单管道、复杂管道、长管、短管的定义。

知识点一　管　流　概　述

在日常生活中，经常用管道来输送液体，如水利工程中的有压引水隧洞、水电站的压力钢管、灌溉工程中的虹吸管和倒虹吸管、抽水机的吸水管和压水管、城市给排水工程中的自来水管以及石油工程中的输油管等，都是常见的有压管道。

一、管流的定义和特点

充满整个管道的水流，称为管流。其特点是：没有自由液面，过水断面的压强一般都不等于大气压强，它是靠压力作用流动的，因此，管流又称为压力流。输送压力流的管道称为压力管道。管流的过水断面一般为圆形断面。有些管道，水只占断面的一部分，具有自由液面，因而就不能当做管流，而必须当明渠水流来研究。

二、管流的分类

由于分类的方法不同，管流可分为各种类型，具体如下：

(1) 根据管道中任意点的水力运动要素是否随时间发生变化，分为有压恒定流和有压非恒定流。当管中任意一点的水力运动要素不随时间而变化，即为有压恒定流；否则为有压非恒定流。本章主要研究的是有压恒定流的水力计算。

(2) 根据管道中水流的局部水头损失、流速水头两项之和与沿程水头损失的比值不同，管流可分为长管和短管。

长管：当管道中水流的沿程水头损失较大，而局部水头损失及流速水头两项之和与沿程水头损失之比小于5%，以致局部水头损失及流速水头可以忽略不计。

短管：当管道中局部水头损失及流速水头两项之和与沿程水头损失之比大于5%，则在管流计算中局部水头损失及流速水头不能忽略。

由工程经验可知，一般自来水管可视为长管。倒虹吸管、虹吸管、坝内泄水管、抽水机的吸水管等，可按照短管计算。

必须注意：长管和短管的区分不是按照管道的长短来区分的，如果没有忽略局部水头损失和流速水头的充分依据时，应按短管计算。

(3) 根据管道的出口情况，管流可分为自由出流与淹没出流。

自由出流：是指管道出口水流流入大气之中，如图7-1 (a) 所示。

淹没出流：是指管道出口水流在下游水面以下，如图 7-1（b）所示。

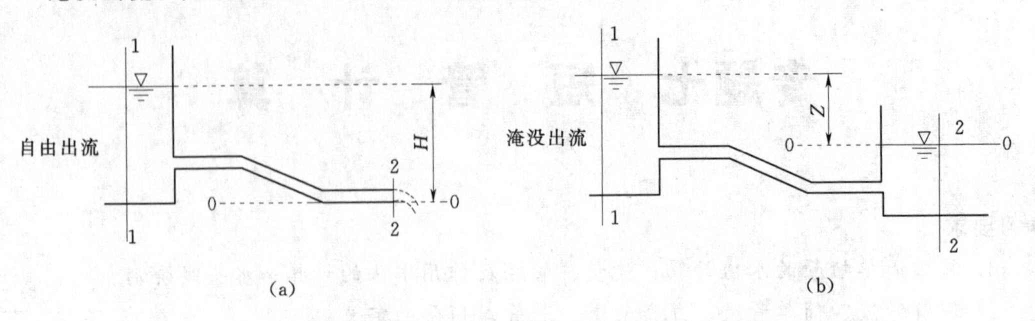

图 7-1

（4）根据管道的布置情况，压力管道又可分为简单管路和复杂管路。

简单管路：是指一根管径不变、没有分支，而且流量在管路的全长上保持不变的管路，如图 7-2（a）所示。

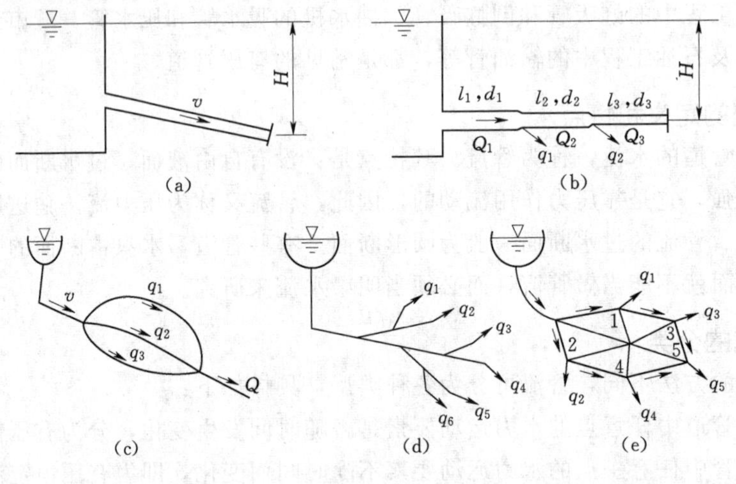

图 7-2

复杂管路：是指由两根以上的管道组成的管路。主要有各种不同直径组成的串联管道、并联管道、树状和环状管网。如图 7-2（b）、（c）、（d）、（e）所示。自来水管或水电站的油、水系统管路都是复杂管路。

三、管流的计算类型

（1）管道输水能力的计算。即给定水头、管线布置和断面尺寸的情况下，确定输送的流量。

（2）当管线布置、管道尺寸和流量一定时，要求确定水头损失，即输送一定流量所必需的水头。

（3）当管线布置、作用水头及输送的流量已知时，计算管道的断面尺寸（对圆形断面则是计算所需要的直径）。

（4）给定流量、作用水头和断面尺寸，要求确定沿管道各断面的压强。

知识点二　简单短管的水力计算

一、自由出流基本公式

管道出口水流流入大气，水流四周都受大气压强的作用，称为自由出流。如图 7-3 所示。以通过管道出口断面中心点的水平面为基准面，对 1—1 断面和 2—2 断面列能量方程为

$$H+\frac{p_1}{\gamma}+\frac{\alpha_1 v_0^2}{2g}=0+\frac{p_2}{\gamma}+\frac{\alpha_2 v_2^2}{2g}+h_{w_{1-2}}$$

上式中 $p_1=p_2=p_a$，令 $\alpha_1=\alpha_2=1$，$H_0=H+\frac{{v_0}^2}{2g}$，$h_{w_{1-2}}=\left(\lambda\frac{l}{d}+\sum\zeta\right)\frac{v^2}{2g}$。

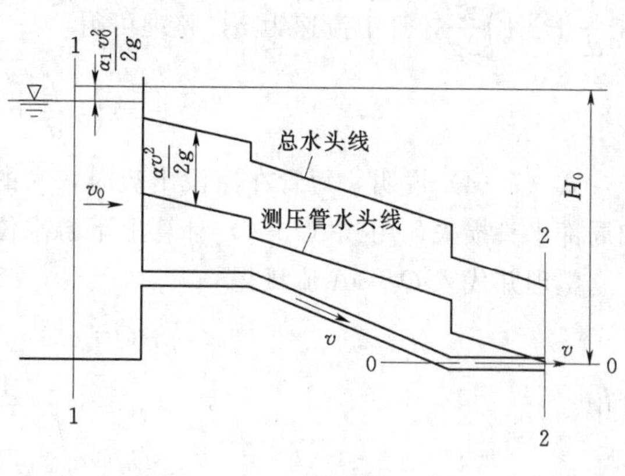

图 7-3

整理得

$$H_0=\left(1+\lambda\frac{l}{d}+\sum\zeta\right)\frac{v^2}{2g} \qquad (7-1)$$

式中　v_0——上游水池中的流速，称为行进流速；

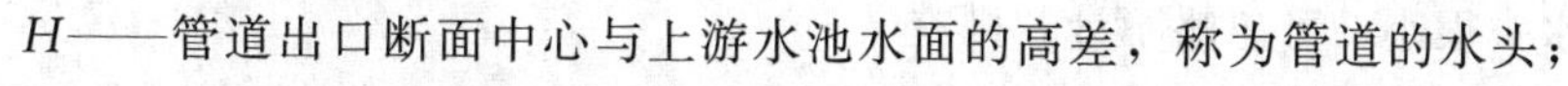

H——管道出口断面中心与上游水池水面的高差，称为管道的水头；

H_0——包括行进流速在内的总水头。

式（7-1）说明，管道的总水头将全部消耗于管道的水头损失和保持出口的动能，式（7-1）可用于当已知流量 Q，管径 d 和管道布置等，求管道的作用水头 H。

将式（7-1）整理并代入 $Q=vA$ 的管中流量，得

$$Q=\mu_c A\sqrt{2gH_0} \qquad (7-2)$$

其中

$$\mu_c=\frac{1}{\sqrt{1+\lambda\frac{l}{d}+\sum\zeta}}$$

式中　A——管道的过水面积；

μ_c——短管自由出流的流量系数。

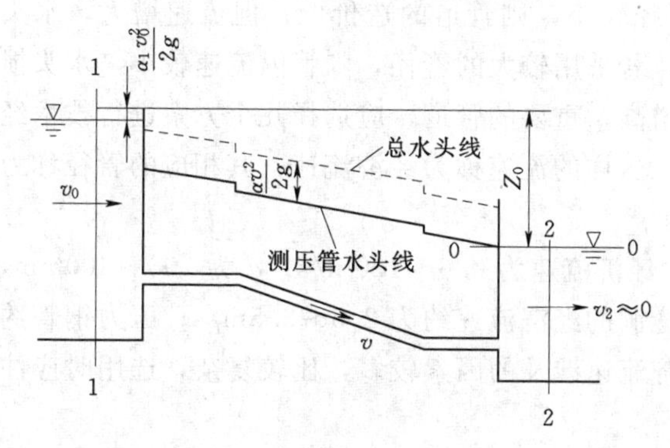

图 7-4

式（7-2）即为短管自由出流的流量公式

因一般管道的上游行进流速水头很小，可忽略不计，则有

$$Q=\mu_c A\sqrt{2gH} \qquad (7-3)$$

二、淹没出流基本公式

管道出口如果淹没在下游水面以下，称为淹没出流。如图 7-4 所示。取上游水池 1—1 断面和下游水池 2—2 断面，并

以下游水池的水面为基准面，水面点为代表点，列能量方程式：

$$z_0+\frac{p_1}{\gamma}+\frac{\alpha_1 v_1^2}{2g}=0+\frac{p_2}{\gamma}+\frac{\alpha_2 v_2^2}{2g}+h_{w_{1-2}}$$

上式中 $p_1=p_2=p_a$，$\alpha_1=\alpha_2=1.0$，$z_0=z+\frac{\alpha v_0{}^2}{2g}$，并设 2－2 断面较大，$\frac{\alpha v_2^2}{2g}=0$，$h_{w_{1-2}}=\left(\lambda\frac{l}{d}+\sum\zeta\right)\frac{v^2}{2g}$，管中流速为 v，整理可得

$$z_0=\left(\lambda\frac{l}{d}+\sum\zeta\right)\frac{v^2}{2g} \tag{7-4}$$

式（7－4）说明，短管在淹没出流时，它的上下游水位差，全部消耗于沿程水头损失和局部水头损失。用式（7－4）计算上下游水位差时较方便。

整理并代入 $Q=vA$ 流量得

$$Q=\mu_c A\sqrt{2gz_0} \tag{7-5}$$

其中

$$\mu_c=\frac{1}{\sqrt{\lambda\frac{l}{d}+\sum\zeta}}$$

式中 A——管道的过水面积；

μ_c——短管淹没出流的流量系数。

当进流速水头很小，可忽略不计，则有

$$Q=\mu_c A\sqrt{2gz} \tag{7-6}$$

三、管径的确定

影响管道直径的因素较多，因而管径确定一般考虑以下几个方面：

（1）当管道的输水流量 Q、管道的布置情况已知时，要求选定所需的管径及相应的水头。

在这种情况下，一般是从技术和经济条件综合考虑选定管道直径：

1）考虑管道使用的技术要求。流量一定的条件下，管径的大小与流速有关。若管内的流速过大，会由于水击作用而使管道遭到破坏，对水流中携带泥沙的管道，流速又不宜过小，以免泥沙沉积。一般情况下，水电站引水管道中流速不宜超过 5～6m/s；给水管道中的流速不应大于 2.5～3.0m/s，不应小于 0.25m/s。

2）考虑管道的经济效益。若采用的管径较小，则管道的造价低；但流速增大，水头损失增大，输水损耗的电能也增加。反之，若采用较大的管径，则管内流速较小，水头损失减小，运转费用也较小；但管道的造价增高。重要的管道，应选择几个方案进行技术经济比较，管道投资与运转费用的综合最小，这样的流速称为经济流速，其相应的管径称为经济管径。

一般的给水管道，d 为 100～200mm，经济流速为 0.6～1.0m/s；d 为 200～400mm，经济流速为 1.0～1.4m/s。水电站的压力隧洞的经济流速约为 2.5～3.5m/s；压力钢管约为 3.0～4.0m/s，甚至 5.0～6.0m/s。经济流速涉及的因素较多，比较复杂，选用时应注意因时地而异。

根据技术要求及经济条件选定管道的流速后，管道直径即可由下式求得：

$$d=\sqrt{\frac{4Q}{\pi v}} \tag{7-7}$$

利用上式计算的管径，当采用工业钢管时，则要选用标准管径。当使用标准管径后，注意管中的实际流速也发生了相应的变化，在计算水头损失时，一定要用标准管径相应的流速。

(2) 当管道的流量、布置、管材及管道的作用水头等已知时，对于短管的直径确定，可以采用试算法。

由式 (7-3) $Q=\mu_c A\sqrt{2gH}$，$\mu_c=\frac{1}{\sqrt{1+\lambda\frac{l}{d}+\sum\zeta}}$，$A=\frac{1}{4}\pi d^2$，联立求解可得

$$d=\sqrt{\frac{4Q}{\pi\sqrt{2gH}}}\sqrt[4]{1+\lambda\frac{l}{d}+\sum\zeta} \tag{7-8}$$

同样方法，利用式 (7-6) $Q=\mu_c A\sqrt{2gz}$可推得淹没出流时的直径计算迭代公式为

$$d=\sqrt{\frac{4Q}{\pi\sqrt{2gz}}}\sqrt[4]{\lambda\frac{l}{d}+\sum\zeta} \tag{7-9}$$

四、总水头线和测压管水头线的绘制

绘制总水头线及测压管水头线，可直观了解位能、压能、动能及总能量沿程的变化情况，有利于掌握管道压强沿程变化的情况及影响管道使用的不利因素，并及时处理。如管道中出现过大的真空，则易产生空化和汽蚀，从而降低管道的输水能力，甚至危及管道安全；当管道中出现过大压强时，则可使管道破裂，而产生较大的损失。因此设计管道系统时，应控制管道中的最大压强、最大真空值以及各断面的压强，以保证管道系统的正常工作，满足用户的要求。

1. 总水头线的绘制

由能量方程可知，水流沿程能量的变化，如果没有能量的输入和输出的话，则主要是沿程的各类水头损失，能量沿程减小，因而总水头线的绘制方法为：

从上游开始，逐步扣除水头损失。一般存在局部水头损失的管段，由于局部水头损失发生的长度比较短，则可假设其集中于一个断面上，即在断面变化处按一定比例铅垂扣除水头损失。注意：在该断面上有两个总水头值，一个是局部损失前的，一个是局部损失后的。只有沿程水头损失的管段，可在管段末端扣除沿程水头损失，用直线连接两断面间的总水头线，而得总水头线，如图 7-5 所示。

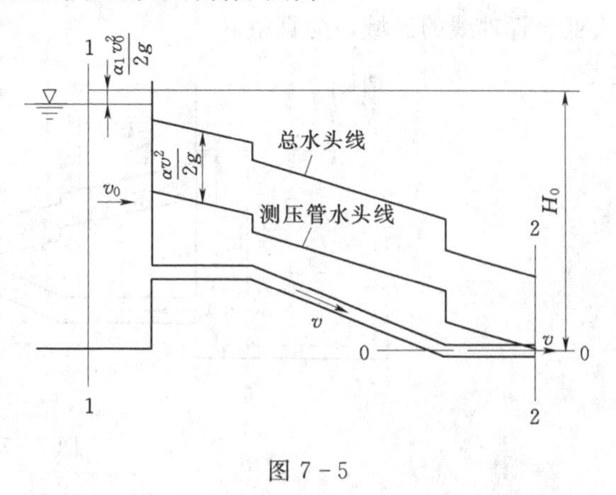

图 7-5

2. 测压管水头线的绘制

因测压管水头比总水头少一项流速水头，则在总水头线的基础上扣除各断面相应的流速水头即得测压管水头线，即

$$z_i+\frac{p_i}{r}=H_i-\frac{\alpha v_i^2}{2g}$$

3. 绘制总水头线和测压管水头线时应注意的问题

(1) 等直径的管段的沿程水头损失沿管长均匀分布，水头线为直线，测压管水头线与总水头线平行，由总水头线向下平移一个流速水头的距离，得到测压管水头线。

(2) 在绘制水头线时，要注意管道进、出口的边界条件，当上游行进流速水头也等于零时，总水头线的起点在上游液面；当上游流速水头不为零时，总水头线高出上游液面。

(3) 当管道为自由出流时，测压管水头线的终点应画在管道出口断面的中心点上，如图 7-6 (a) 所示；淹没出流，当下游流速为零时，测压管水头线的终点应与下游水面相连，如图 7-6 (b) 所示；当下游流速不为零时，测压管水头线终点低于下游水面。

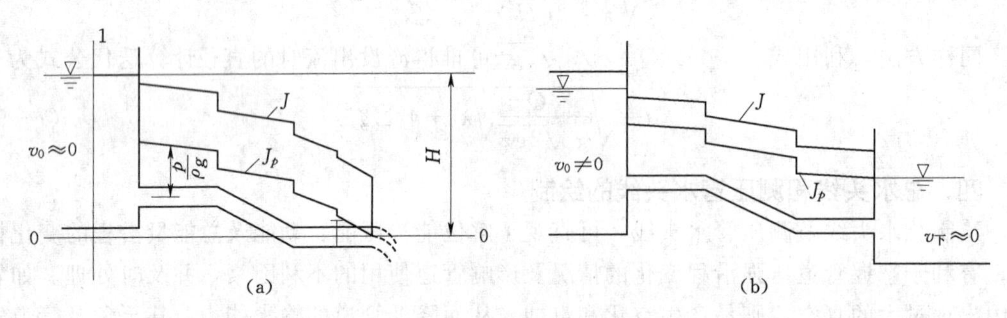

图 7-6

4. 调整管道布置避免产生负压

各断面测压管水头线与断面中心的距离即为该断面中心的压强水头。如测压管水头线在某断面的上方，则该断面中心点的压强为正；测压管水头线在某断面中心点的下方，则该断面中心点的压强为负值。当管内存在较大的负压时，其水流处于不稳定状态，且有可能产生空蚀破坏。因此应采用必要措施以改变管内的受压情况。图 7-7 中阴影部分，为测压管水头低于管轴线的区域，为真空区。

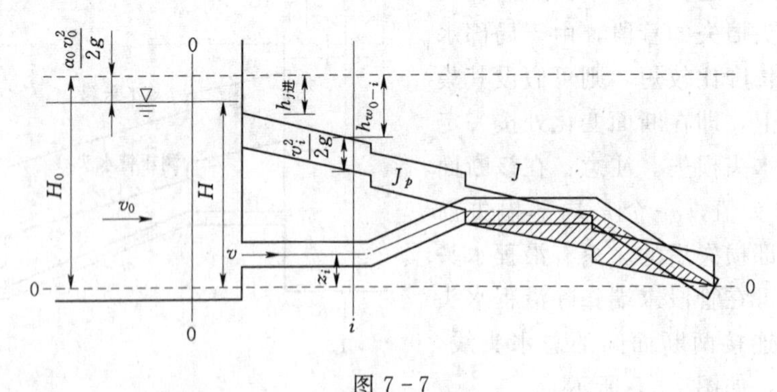

图 7-7

从图 7-7 可知，管道系统任意断面压强水头为

$$\frac{p_i}{r}=H_0-h_{w_{0-i}}-\frac{v_i^2}{2g}-z_i$$

可见，在管道系统工作水头一定的条件下，影响压强水头的因素为式中的后三项，可以通过改变这三项或其中的一项，控制管中的压强。较有效的方法是降低管道的高度，以提高管道中的压强，避免管道中产生负压。

知识点三　短管应用举例

一、虹吸管的水力计算

由于虹吸管的局部水头损失和流速水头相应较大，一般按短管计算。我国黄河沿岸，利用虹吸管引黄河水进行灌溉的例子较多。

工作原理。在虹吸管的最高处产生真空，而进水口处水面的压强为大气压，因此，管内外形成压强差，迫使水流由压强大的地方流向压强小的地方。只要虹吸管的真空压强不被破坏，而且保持一定的水位差，水就会不断地由上游流向下游。

管道内真空值的限制。水流能通过虹吸管，是因为上下游水面与虹吸管顶部存在压差而虹吸管内真空值的高低就决定了这个压差的大小。但必须注意的是，当负压达到一定程度时，水会产生汽化现象，破坏水流的连续性，导致不能正常输水，因此，为保证虹吸管的正常工作，根据液体汽化压强的概念，管内真空度一般限制在6～8m水柱高以内，以保证管内水流不被汽化。

虹吸管的计算主要有以下几个方面：

(1) 计算虹吸管的泄流量。

(2) 由虹吸管内允许真空高度值，确定管顶最大安装高度 h_s。

(3) 已知安装高度，校核吸水管中最大真空高度是否超过允许值。

【例题7-1】 用一直径 $d=0.4$m 的铸铁虹吸管，将上游明渠中的水输送到下游明渠，如图7-8所示。已知上下游渠道的水位差为2.5m，虹吸管各段长为 $l_1=10.0$m，$l_2=6$m，$l_3=12$m。虹吸管进口为无底阀滤水网，其局部阻力系数取 $\zeta_1=2.5$，其他局部阻力系数：两个折角弯头 $\zeta_2=\zeta_3=0.55$，阀门 $\zeta_4=0.2$，出口 $\zeta_5=1.0$。虹吸管顶端中心线距上游水面的安装高度 $h_s=4.0$m，允许真空度采用 $h_v=7.0$m。试确定虹吸管输水流量，校核虹吸管中最大真空值是否超过允许值。

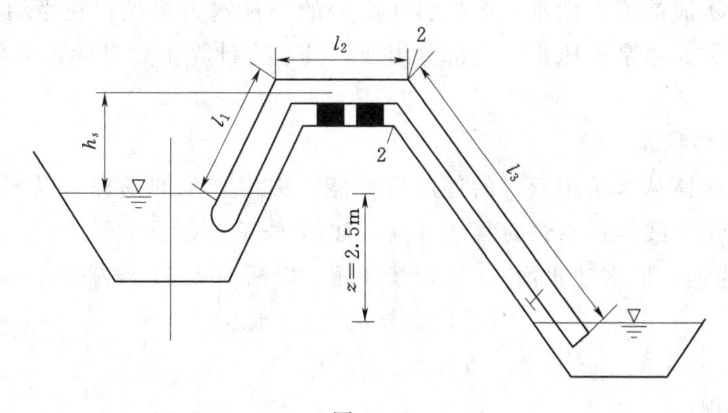

图7-8

解：(1) 确定输水流量。先确定管路阻力系数 λ，取铸铁管糙率为 $n=0.013$。水力半径 $R=\frac{d}{4}=0.1\text{m}$

$$C=\frac{1}{n}R^{1/6}=52.41(\text{m}^{1/2}/\text{s})$$

$$\lambda=\frac{8g}{c^2}=\frac{8\times 9.8}{52.41^2}=0.0285$$

$$\mu_c=\frac{1}{\sqrt{\lambda\frac{l}{d}+\sum\zeta}}=\frac{1}{\sqrt{0.0285\times\frac{10+6+12}{0.4}+2.5+2\times 0.55+0.2+1.0}}=0.384$$

则通过虹吸管的流量为

$$Q=\mu_c A\sqrt{2gz}=0.384\times\frac{3.14\times 0.4^2}{4}\times\sqrt{2\times 9.8\times 2.5}=0.338(\text{m}^3/\text{s})$$

(2) 校核虹吸管中最大真空度。虹吸管中最大真空一般发生在管子最高位置。本题中最大真空发生在第二个弯头前，即 2—2 断面。

$$v=\frac{Q}{A}=\frac{0.338}{\frac{3.14}{4}\times 0.4^2}=2.69(\text{m/s})$$

以上游水面为基准面，取 $\alpha=1.0$，建立断面 1—1 和断面 2—2 的能量方程：

$$0+\frac{p_a}{r}+0=h_s+\frac{p_2}{r}+\frac{v^2}{2g}+h_{w_{1-2}}$$

$$\frac{p_a-p_2}{r}=h_s+\left(1+\lambda\frac{l_1+l_2}{d}+\zeta_1+\zeta_2\right)\frac{v^2}{2g}$$

$$=4+\left(1+0.0285\times\frac{10+6}{0.4}+2.5+0.55\right)\times\frac{2.69^2}{2\times 9.8}=5.92(\text{m})$$

故断面 2—2 的真空度为 5.92m，小于允许真空度 7m，符合要求。

二、水泵装置的水力计算

水泵是增加水流能量，把水从低处引向高处的一种水力机械。在生活中被广泛应用。水泵装置由吸水管、水泵和压水管三部分组成，其水力计算主要是计算水泵的扬程、安装高度以及装机容量。

1. 计算水泵扬程 h_p

单位重量的水体从水泵中获得的外加机械能，称为水泵的扬程，以 h_p 表示。由于获得外加能量，总水头线经过水泵时猛然升高，如图 7-9 所示。

以图 7-9 为例，取水池水面 0—0 为基准面，以断面 1—1 和断面 4—4 列能量方程为

$$0+0+0+h_p=z+h_w \tag{7-10}$$

$$h_w=h_{w_{1-2}}+h_{w_{3-4}}$$

式中 h_p——扬程；

z——提水高度；

$h_{w_{1-2}}$——吸水管中的水头损失；

$h_{w_{3-4}}$——压水管的水头损失。

由上式可得

$$h_p = z + h_{w_{1-2}} + h_{w_{3-4}} \tag{7-11}$$

上式说明水泵的扬程等于扬水高度 z 加上吸水管和压水管水头损失之和。

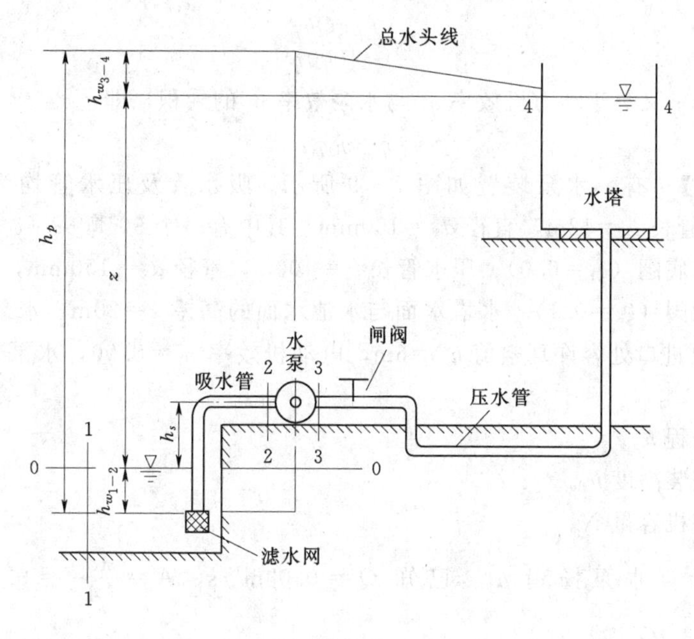

图 7-9

2. 计算水泵安装高程 h_s

水泵工作时，必须在它的进口处形成一定的真空，才能把水池的水经吸水管吸入。为确保水泵正常工作，必须按水泵最大允许真空度 h_v（一般不超过 7m 水柱）计算水泵安装高度 h_s，即限制 h_s 不能过大。

以如图 7-9 所示水池的水面为基准面，对断面 1—1 和断面 2—2 列能量方程

$$0+0+0 = h_s + \frac{p_2}{\rho g} + \frac{v^2}{2g} + h_{w_{1-2}}$$

$$h_s = -\frac{p_2}{\rho g} - \frac{v^2}{2g} - \left(\lambda \frac{l_{吸}}{d_{吸}} + \sum\zeta\right)\frac{v^2}{2g}$$

因为 $-\frac{p_2}{\rho g} = \frac{p_v}{\rho g} = h_v$，可得水泵安装高度为

$$h_s = h_v - \left(1 + \lambda \frac{l_{吸}}{d_{吸}} + \sum\zeta\right)\frac{v^2}{2g} \tag{7-12}$$

3. 计算水泵的装机容量 N

水泵装机容量就是水泵的动力机（如电动机）所具有的总功率。单位重量水体从水泵获得的能量为 h_p，则单位时间内 ρgQ 的水流从水泵获得的能量为 ρgQh_p。ρgQh_p 亦为单位时间内水泵所做的有效功，称为水泵的有效功率，以 N_p 表示，即

$$N_p=\rho gQh_p$$

由于传动时的能量损失，水泵动力机的功率 N 不可能全部转变为水泵的有效功率 N_p，要打一折扣，设水泵总效率为 η，则

$$N_p=\eta N$$

于是水泵的装机容量为

$$N=\frac{\rho gQh_p}{1000\eta} \tag{7-13}$$

而水泵的总效率 η 又等于动力机效率 η_1 与水泵效率 η_2 的乘积，即

$$\eta=\eta_1\eta_2$$

【例题 7-2】 有一水泵装置如图 7-9 所示。吸水管及压水管均为铸铁管（$\Delta=0.3$mm）。吸水管长 $l_1=12$m，直径 $d_1=150$mm，其中有一个 90°弯头（$\zeta_2=0.80$），进口有滤水网并附有底阀（$\zeta_1=6.0$）；压水管长 $l_2=100$m，管径 $d_2=150$mm，其中有三个 90°弯头，并设一闸阀（$\zeta_3=0.1$）。水塔水面与水池水面的高差 $z=20$m，水泵设计流量 $Q=0.03\text{m}^3/\text{s}$，水泵进口处容许真空值 $h_v=6$m，电动机效率 $\eta_1=0.90$，水泵效率 $\eta_2=0.75$。试计算：

（1）水泵扬程 h_p。

（2）水泵安装高度 h_s。

（3）水泵装机容量 N。

解：（1）计算水泵扬程 h_p。已知 $Q=0.03\text{m}^3/\text{s}$，$A=\frac{\pi d^2}{4}=0.785\times0.15^2=0.0177\text{m}^2$，则 $v=\frac{Q}{A}=1.69\text{m/s}$。通常水温约 20℃，运动黏度 $\nu=1.011\times10^{-6}\text{m}^2/\text{s}$。则 $Re=\frac{vd}{\nu}=\frac{1.69\times0.15}{1.011\times10^{-6}}=2.51\times10^5$，$\frac{\Delta}{d}=\frac{0.3}{150}=0.002$。由图 6-2 查得 $\lambda=0.024$。压水管为淹没出流，则出口处 $\zeta_4=1.0$。则吸水管水头损失为

$$h_{w_1}=\left(\lambda\frac{l_1}{d_1}+\zeta_1+\zeta_2\right)\frac{v^2}{2g}=\left(0.024\times\frac{12}{0.15}+6.0+0.8\right)\times\frac{1.69^2}{2\times9.8}=1.27(\text{m})$$

压水管水头损失为

$$\begin{aligned}h_{w_2}&=\left(\lambda\frac{l_2}{d_2}+\zeta_3+3\zeta_2+\zeta_4\right)\frac{v^2}{2g}\\&=\left(0.024\times\frac{100}{0.15}+0.1+3\times0.8+1.0\right)\times\frac{1.69^2}{2\times9.8}=2.84(\text{m})\end{aligned}$$

将以上数值代入式（7-11）得水泵扬程为

$$h_p=z+h_{w_1}+h_{w_2}=20+1.27+2.84=24.11(\text{m})$$

（2）计算水泵安装高度 h_s。已知 $h_v=6$m，代入式（7-12）可得

$$\begin{aligned}h_s&=h_v-\left(1+\lambda\frac{l_{吸}}{d_{吸}}+\zeta_1+\zeta_2\right)\frac{v^2}{2g}\\&=6-\left(1+0.024\times\frac{12}{0.15}+6.0+0.8\right)\times\frac{1.69^2}{2\times9.8}\\&=4.58(\text{m})\end{aligned}$$

即水泵的安装高度不得超过 4.58m。

（3）计算水泵装机容量 N。已知 $\eta_1=0.90$，$\eta_2=0.75$，则 $\eta=\eta_1\eta_2=0.9\times0.75=0.675$。利用式（7-13）可得水泵装机容量为

$$N=\frac{\rho gQh_p}{1000\eta}=\frac{1000\times9.8\times0.03\times24.11}{1000\times0.675}=10.51(\text{kW})$$

故水泵装机容量为 10.51kW。

三、倒虹吸管的水力计算

当某一条渠道与其他渠道或者公路、河道相交叉时，常常在公路或河道的下面设置一段管道，称为倒虹吸管。倒虹吸管水力计算的主要任务是：

（1）已知管道直径 d、管长 l 及管道布置、上下游水位差 z，求过水流量 Q。

$$Q=\mu_c A\sqrt{2gz}$$

（2）已知管道直径 d、管长 l 及管道布置、过水流量 Q，求上下游水位差 z。

$$z=\frac{Q^2}{\mu_c^2A^2 2g}$$

以上两类计算是常规的短管计算，这里不再举例。

（3）已知管道布置、过水流量 Q 和上下游水位差 z，求管道直径 d。

【例题 7-3】 图 7-10 为一横穿河道的钢筋混凝土倒虹吸管，管中通过的流量 $Q=4\text{m}^3/\text{s}$，管长 $l=50\text{m}$，有两个 30°的折角转弯，其局部水头损失系数 $\zeta_{弯}=0.2$，沿程阻力系数 $\lambda=0.025$，上下游水位差 $z=2.0\text{m}$，当上、下游的流速水头可忽略不计时，求管道的管径 d_0。

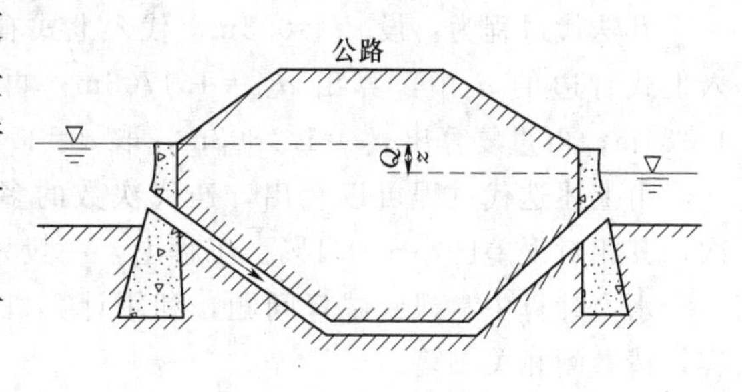

图 7-10

解：倒虹吸管中的水流为简单短管的淹没出流。

$$Q=\mu_c A\sqrt{2gz}$$

$$Q=\mu_c\frac{\pi d^2}{4}\sqrt{2gz}$$

将上式中 $\mu_c d^2$ 移至等式一侧。

$$\mu_c d^2=\frac{4Q}{\pi\sqrt{2gz}}=\frac{4\times4}{3.14\times\sqrt{2\times9.8\times2}}=0.81$$

流量系数的计算式为

$$\mu_c=\frac{1}{\sqrt{\lambda\frac{l}{d}+\zeta_{进}+2\zeta_{弯}+\zeta_{出}}}=\frac{1}{\sqrt{0.025\times\frac{50}{d}+0.5+2\times0.2+1}}=\frac{1}{\sqrt{\frac{1.25}{d}+1.9}}$$

根据上述计算得

$$\frac{d^2}{\sqrt{\frac{1.25}{d}+1.9}}=0.81$$

(1) 试算法。假设一个 d 值算出对应的 $\mu_c d^2$，看是否等于已知的 0.81，若 $\mu_c d^2 \neq 0.81$，则重新假设 d 值再计算，直到用假定的 d 值计算出的 $\mu_c d^2$ 满足条件 $\mu_c d^2 = 0.81$ 为止，则此 d 值即为所求的管径。计算结果列于表 7-1 中。

表 7-1　　试算法计算表

d (m)	d^2	μ_c	$\mu_c d^2$
1.04	1.08	0.568	0.613
1.08	1.1664	0.5719	0.667
1.12	1.2544	0.5758	0.722
1.16	1.3456	0.5795	0.780
1.18	1.3924	0.5813	0.8094

从表 7-1 计算结果可以看出，当 $d=1.18$m 时，计算的 $\mu_c d^2 = 0.8094$，与 0.81 相差在 1%以下，故可认为 $d=1.18$m 就是所求的管径。取标准管径 $d=1.2$m。

(2) 迭代法。将上面算式改写成下面的迭代算式，即

$$d = \sqrt{0.81 \times \sqrt{\frac{1.25}{d}} + 1.9}$$

其迭代过程为：设 $d_1=0.5$m，代入上式右边的 d 中，算出 $d_2=1.303$m；又用 d_2 代入上式右边的 d 中，算出 $d_3=1.1703$m；再将 d_3 代入上式右边的 d 中，算出 $d_4=1.181$m；再重复算出 $d_5=1.1803$m，取 $d=1.180$m 为所求直径。取标准管径 $d=1.2$m。

由上述迭代过程可以看出，迭代次数的多少取决于计算的精度要求，上题仅迭代 5 次，其相对误差已小于 0.1%。工程上，一般只要迭代 3～4 次就能得到较为准确的结果。

水力计算中常遇到试算问题，利用计算机进行计算就简单得多了。有关这方面的内容，请参阅相关书籍。

专题小结

本专题共 3 个知识点，这一部分的水力计算主要是涉及恒定有压短管的作用水头、流量、管径、水头损失以及它们之间的关系。基本的计算就是在一定的已知条件下，利用基本公式计算需要的水头、流量或者经济管径，不管哪类的计算，水头损失的计算都是很关键的，因此要熟练地运用水流阻力及水头损失有关的基本知识。

习题

一、简答题

1. 什么是短管它的主要特征是什么？

2. 何谓短管和长管它们的判别标准是什么？

3. 图 7-11 所示的①、②、③为坝身底部 3 个泄水孔，其孔径和长度均相同，试问：这 3 个底孔的泄流量是否相同，为什么？

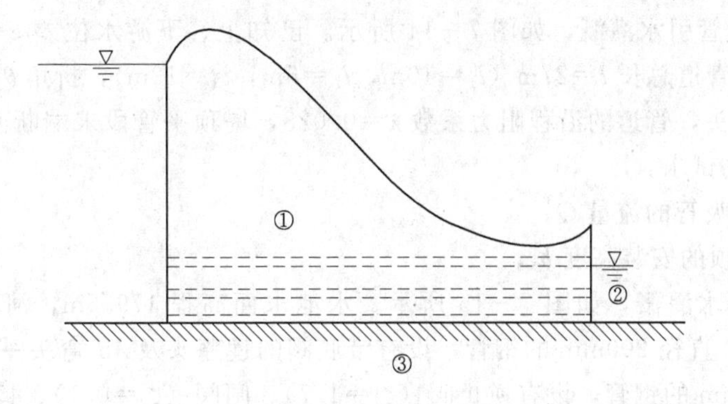

图 7-11

二、作图题

试定性绘出图 7-12 中各种管道的总水头线和测压管水头线。

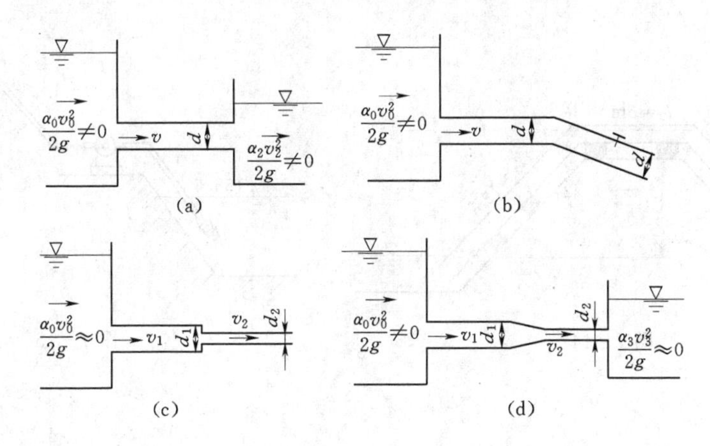

图 7-12

三、计算题

1. 一横穿河道的钢筋混凝土倒虹吸管，如图 7-13 所示。已知通过流量 Q 为 $3\text{m}^3/\text{s}$，倒虹吸管上下游渠中水位差 z 为 3m，倒虹吸管长 l 为 50m，其中经过两个 30°的折角转弯，其局部水头损失系数 ζ_b 为 0.20；进口局部水头损失系数 ζ_e 为 0.5，出口局部水头损失系数 ζ_0 为 1.0，上下游渠中流速 v_1 及 v_2 为 1.5m/s，管壁粗糙系数 $\lambda=0.025$。试确定倒虹吸管直径 d。

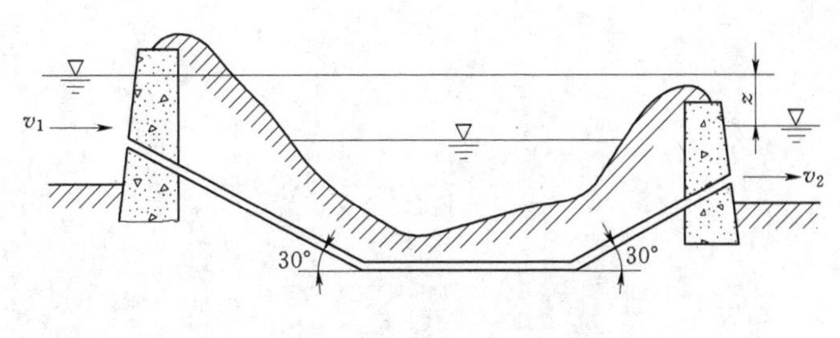

图 7-13

2. 利用虹吸管引水灌溉，如图 7-14 所示。已知上、下游水位差 $z=3$m，铸铁管直径 $d=350$mm，管道总长 $l=27$m（$l_1=10$m，$l_2=5$m，$l_3=12$m），折角 $\theta=45°$，进口安装有带底阀的莲蓬头，管道的沿程阻力系数 $\lambda=0.028$，堤顶平管段末端断面 2—2 的允许真空高度 $h_v=6$m，试求：

（1）通过虹吸管的流量 Q。

（2）计算管顶的安装高度 h_s。

3. 用水泵提水灌溉，如图 7-15 所示。水池水面高程 179.5m，河面水位 155.0m，吸水管为长 4m，直径 200mm 的钢管，设有带底阀的莲蓬头及 45°弯头一个；压力管为长 50m，直径 150mm 的钢管，设有逆止阀（$\zeta_n=1.7$）、闸阀（$\zeta_z=0.1$）、45°的弯头各一个；已知流量 $Q=50$L/s，问要求水泵有多大扬程？

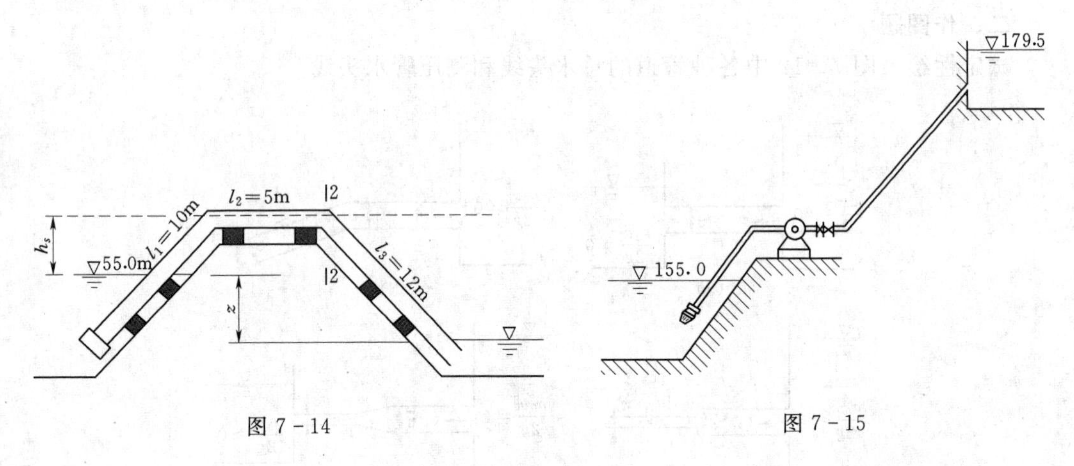

图 7-14　　图 7-15

专题八　简单长管计算

学习要求

掌握简单长管的水力计算。

知识点一　长管计算

一、简单长管的水力计算

根据长管的定义，长管水力计算时局部水头损失和流速水头可忽略不计。能量方程式简化为

$$H=h_f \tag{8-1}$$

由谢才公式 $Q=AC\sqrt{RJ}$，可以求出沿程水头损失的表达式 $Q=K\sqrt{J}$。其中，K 称流量模数，是在水力坡度 $J=1$ 时具有的流量，其单位和流量的单位相同。它反映了管道断面尺寸及管道粗糙程度对过水能力的影响。

由
$$Q=K\sqrt{J}=K\sqrt{\frac{h_f}{l}}$$

可得
$$h_f=\frac{Q^2 l}{K^2}$$

代入式（8-1）得
$$H=\frac{Q^2 l}{K^2} \tag{8-2}$$

这就是长管水力计算的基本公式。在 Q、H、L 已知，求管径 d 时，可以先用式（8-2）求得 K。在粗糙系数一定时，$K=ACR^{\frac{1}{2}}$ 是管径 d 的函数。为便于计算，表 8-1 给出了标准管径和流量模数 K 的对应关系。

表 8-1　给水管道的流量模数 K 值（$C=\frac{1}{n}R^{\frac{1}{6}}$）　单位：L/s

标准管道直径（mm）	清洁管（$n=0.011$）	正常管（$n=0.0125$）	污秽管（$n=0.0143$）
50	9.624	8.460	7.403
75	28.37	24.94	21.83
100	61.11	53.72	47.01
125	110.80	97.40	85.23
150	180.20	158.40	138.60
175	271.80	238.90	209.00
200	388.00	341.10	298.50

续表

标准管道直径（mm）	清洁管（n=0.011）	正常管（n=0.0125）	污秽管（n=0.0143）
225	531.20	467.00	408.60
250	703.50	618.50	541.20
300	1.144×10^3	1.006×10^3	880.00
350	1.726×10^3	1.517×10^3	1.327×10^3
400	2.464×10^3	2.166×10^3	1.895×10^3
450	3.373×10^3	2.965×10^3	2.594×10^3
500	4.467×10^3	3.927×10^3	3.436×10^3
600	7.264×10^3	6.386×10^3	5.587×10^3
700	10.96×10^3	9.632×10^3	8.428×10^3
750	13.17×10^3	11.58×10^3	10.13×10^3
800	15.64×10^3	13.57×10^3	12.03×10^3
900	21.42×10^3	18.83×10^3	16.47×10^3
1000	28.36×10^3	24.93×10^3	21.82×10^3
1200	46.12×10^3	40.55×10^3	35.48×10^3
1400	69.57×10^3	61.16×10^3	53.52×10^3
1600	99.33×10^3	87.32×10^3	76.41×10^3
1800	136.00×10^3	119.50×10^3	104.60×10^3
2000	180.10×10^3	158.30×10^3	138.50×10^3

对于一般积水管道，当平均流速 $v<1.2$m/s 时，管子可能在过渡区工作，h_f 近似与流速 v 的 1.8 次方成正比。计算水头损失时，可在式（8-2）中乘以一修正系数 k，即

$$h_f=k\frac{Q^2l}{K^2}$$

式中的 $k=\frac{1}{v^{0.2}}$对钢管和铸铁管，修正系数 k 值可参考表 8-2。

表 8-2　钢管及铸铁管修正系数 k 值

v（m/s）	k	v（m/s）	k
0.20	1.41	0.65	1.10
0.25	1.33	0.70	1.085
0.30	1.28	0.75	1.07
0.35	1.24	0.80	1.06
0.40	1.20	0.85	1.05
0.45	1.175	0.90	1.04
0.50	1.15	1.00	1.03
0.550	1.13	1.10	1.015
0.60	1.115	1.20	1.00

二、简单长管水力计算的类型

（1）已知作用水头、管道尺寸、管道材料及管线布置，计算输水能力。

（2）已知管道尺寸、材料、管线布置和输水能力，计算作用水头（确定水塔高度）。

（3）管线布置、作用水头、管道材料已定，当要求输送一定流量时，确定所需的管径。

知识点二　长管应用举例

【例题8-1】 由水塔供水的简单管道 AB 长 $l=1600$m，直径 $d=200$mm，材料为铸铁管，水塔水面及管道末端 B 点的高程如图8-1所示。求：

（1）管道的供水流量 Q。

（2）当管径不变时，供水流量提高为 $Q=50$L/s 时，水塔的水面高程。

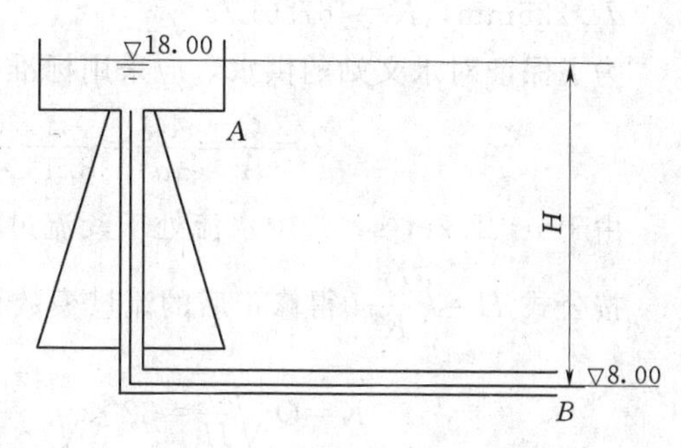

图8-1

解：（1）已知水头求流量。水塔供水的水头为 $H=18.0-8.0=10$(m)。

假设管内的水流为阻力平方区的紊流，由表8-1查管径 $d=200$mm 的流量模数 $K=341.1$L/s，则管中通过的流量为

$$K\sqrt{\frac{H}{l}}=341.1\times\sqrt{\frac{10}{1600}}=26.97(\text{L/s})=0.02697(\text{m}^3/\text{s})$$

验算流速是否符合假设条件

$$v=\frac{Q}{A}=\frac{4Q}{\pi d^2}=\frac{4\times0.02697}{3.14\times0.2^2}=0.859(\text{m/s})$$

因为 $v<1.2$m/s，属紊流过渡区，与假设不符，需要修正。由表8-2内插得 $v=0.859$m/s 时的修正系数 $k=1.042$，则

$$Q=K\sqrt{\frac{H}{kl}}=341.1\times\sqrt{\frac{10}{1.048\times1600}}=26.34(\text{L/s})=0.02634(\text{m}^3/\text{s})$$

（2）已知 $Q=50$L/s，求水塔中应有的水面高程：

先计算流速

$$v=\frac{Q}{A}=\frac{4Q}{\pi d^2}=\frac{4\times0.050}{3.14\times0.2^2}=1.59(\text{m/s})$$

因为 $v>1.2$m/s，水流处于紊流粗糙区，得

$$H=\frac{Q^2}{K^2}l=\left(\frac{50}{341.1}\right)^2\times1600=34.38(\text{m})$$

水塔水面高程为水管末端 B 点高程加上作用水头，即

$$\text{水塔水面高程}=8+34.38=42.38(\text{m})$$

【例题8-2】 由一条长为3300m的新铸铁管向某水文站供水，作用水头 $H=20$m，需要通过的流量为 $Q=32$L/s，试确定管道的管径 d。

解： 一般自来水管按长管计算。考虑到管道在使用中，水里所含的杂质会逐渐沉积，致使新管子变得有些污垢，故应按正常管考虑，取 $n=0.0125$。先求流量模数 K 值，因为 $H=Q^2l/K^2$，则

$$K=Q\sqrt{\frac{l}{H}}=32\times\sqrt{\frac{3300}{20}}=411.1(\text{L/s})$$

查表 8-1，当 $K=411.1\text{L/s}$ 时，所对应的管径在以下两个数之间：

$d=200\text{mm}$，$K=341.1\text{L/s}$。

$d=225\text{mm}$，$K=467.0\text{L/s}$。

为了保证对水文站的供水，应采用标准管径 $d=225\text{mm}$ 的管子。此时管中的流速为

$$v=\frac{Q}{A}=\frac{4Q}{\pi d^2}=\frac{4\times0.050}{3.14\times0.225^2}=0.805(\text{m/s})$$

由于 $v<1.2\text{m/s}$，管中水流处于紊流过渡区，需要修正。查表 8-2，取 $k=1.059$。

按公式 $H=k\dfrac{Q^2}{K^2}l$ 得修正后的流量模数 K 为

$$K=Q\sqrt{\frac{kl}{H}}=32\times\sqrt{\frac{1.059\times3300}{20}}=423.00(\text{L/s})$$

此流量模数仍在管径 200mm 与 225mm 的流量模数之间，故采用管径 $d=225\text{mm}$ 的管子，足以保证供水。

【例题 8-3】 由一用水塔向生活区供水的管网，如图 8-2 所示，是一分支管网。各管段长度及节点所需分出流量为已知。管路为正常铸铁管，糙率 $n=0.0125$，管路端点自由水头 $h_e=5.0\text{m}$，各端点地面高程如图 8-2 所示。试求管网中各管段的管径及水塔水面高程。

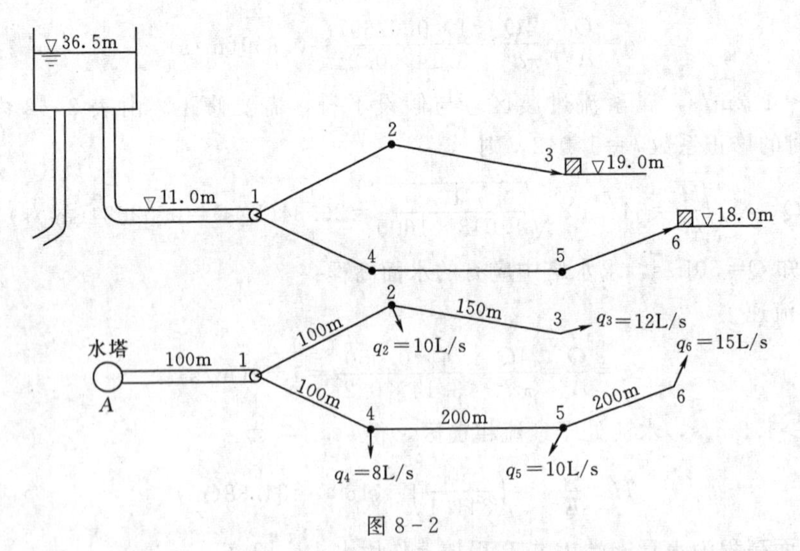

图 8-2

解： 由图 8-2 可看出，计算的分叉管路有两条，即 $A123$ 和 $A1456$。根据连续性条件，确定所有管段的流量，如表 8-3 所示，下面举例说明列表中的计算过程。

下面举例说明列表中的计算过程。

(1) 确定各管段直径。选用给水管路经济流速 $v_e=1.5\text{m/s}$。以 5～6 管段为例，流量 $Q=q_6=15\text{L/s}$，则管径

$$d=\sqrt{\frac{4Q}{\pi v_e}}=\sqrt{\frac{4\times0.015}{3.14\times1.5}}\approx0.1129(\text{m})=112.9(\text{mm})$$

选用标准管径 $d=125\text{mm}$。管中实际流速为

$$v=\frac{Q}{A}=\frac{4\times0.015}{3.14\times0.125^2}\approx1.22(\text{m/s})$$

因为流速大于 1.2m/s，水流在粗糙区。

(2) 计算各管段水头损失。根据直径及糙率查表 8-1，以 5—6 管为例：$K=97.4\text{L/s}$，则该管段的水头损失为

$$h_{f_{5-6}}=\frac{Q^2}{K^2}l=\left(\frac{0.015}{0.0974}\right)^2\times200=4.74(\text{m})$$

其他个管段水头损失见表 8-3。

表 8-3　各管段水头损失计算

管段	管长 l (m)	流量 Q (L/s)	管径 d (mm)	流速 v (m/s)	流量模数 K (L/s)	水头损失 h_f (m)
5—6	200	15	125	1.22	97.4	4.74
4—5	200	25	150	1.42	158.4	4.98
1—4	100	33	175	1.37	238.9	1.91
A—1	100	55	225	1.38	467.0	1.39
2—3	150	12	100	1.53	53.7	7.50
1—2	100	22	150	1.25	158.4	1.93

(3) 确定水塔水面高程。水塔的高程应为计算管路端点在基准面上的高度、计算管路的水头损失、为计算管路端点自由水头（剩余水头）三者之和。下面分别计算分叉管路 $A123$ 和 $A1456$ 所需的水塔水头值，即

$$H_{A123}=\sum h_{fi}+h_e+z_e=1.39+7.5+1.93+5+19=34.82(\text{m})$$

$$H_{A1456}=4.74+4.98+1.91+1.39+5+18=36.02(\text{m})$$

由以上计算可看出，最不利管路为 $A1456$ 分叉管路，根据以上计算值略加安全系数，选用水塔水面高程为 36.5m，于是水塔水面距离地面高差为 $\Delta z=36.5-11=25.5(\text{m})$。

知识点三　水　　击

压力管道中，由于管中流速突然变化，引起管中压强急剧增高（或降低），从而使管道断面上发生压强交替升降的现象，称为水击。

当压力管路上阀门迅速关闭或水轮机、水泵等突然停止运转时，管中流速迅速减小，压强急剧升高，这种以压强升高为特征的水击，称为正水击。正水击时的压强升高可以超过管中正常压强很多倍，甚至可使管壁破裂。

当压力管路上阀门突然打开时，管中流速迅速加大，压强急剧减小，这种以压强降低

为特征的水击，称为负水击。负水击时的压强降低，可能使管中发生不利的真空。

由于水击对压力管道危害很大，因此对水击必须加以研究。通过对水击的发生和发展过程，以及形成水击时，水流运动的基本规律，得到了影响水击的各种因素。主要是启闭阀门的时间过短、压强管道过长或管内流速过大等。因此，必须设法减小由水击造成的危害。工程上常常采取以下措施减小水击压强。

（1）延长阀门（或导叶）的启闭时间 T。从水击波的传播过程中可以看出，关闭阀门所用的时间愈长，从水库反射回来的减压波所起的抵消作用愈大，因此阀门处的水击压强也就愈小。工程中总是力求避免发生直接水击，并尽可能的设法延长阀门的启闭时间。但要注意，根据水电站运转的要求，阀门启闭时间的延长是有限度的。

（2）缩短压力水管的长度。压力管道愈长，则水击波从阀门处传播到水库，再由水库反射回阀门处所需要的时间也愈长，在阀门处引起的最大水击压强也就愈不容易得到缓解。为了缩短长度，在水电站设计中应尽可能缩短压力管道的长度。

（3）修建调压室。若压力管道的缩短受到一定条件限制时，可根据具体情况，在距水电站厂房不远的地方修建调压室。调压室是一个具有一定贮水容量的建筑物，当水电站压力管道的阀门（或水轮机导叶）关闭而减小引用的流量中时，压力管道中的水流，因惯性作用而分流进入调压室中，使调压室内水位上升。调压室下游的压力管道中虽也发生水击，但由于调压室内的水位及其流动发生变化，从而对水击压强的增减起了控制作用，也就在一定程度上限制或完全制止了水击波向上游水库的传播。这就等于缩短了压力管道的长度，从而使下游压力管道中的水击压强大为降低。

（4）减小压力管道中的水流流速 v_0。如果压力管道中原来的流速 v_0 比较小，则因阀门突然关闭而引起的流速变化也较小，水流惯性引起的水击压强也就不会很大。从这点出发，在工程设计时，可采用加大管径的方法，以达到减小流速 v_0 的目的。但是，这个办法有时不一定经济，或者受到其他条件的限制。在不允许增加管径时，则可在压力管道末端设置放空阀。当阀门突然关闭时，可用放空阀将管内的一部分水从旁边放出去，同样可达到减小管道中流速变化，从而减小水击压强的目的。

一般来说，在输水管道中发生水击是有害的。但是事物都是一分为二的，水击既有破坏性的一面，又有可利用的一面。只要我们掌握了它的基本规律，便能利用其发挥有益的作用。例如，水击泵就是利用水击的压强增值来扬水的。

专 题 小 结

本专题共三个知识点，这一部分的水力计算主要是涉及恒定有压长管的作用水头、流量、管径、水头损失以及它们之间的关系。基本的计算就是在一定的已知条件下，利用基本公式计算所需要的水头、流量或者经济管径，不管哪类的计算，水头损失的计算都是很关键的，因此要熟练地运用水流阻力及水头损失有关的基本知识。

本专题还讨论了一个压力管道的水击现象，对于水击这个问题，我们学习的目的是了解水击产生的原因及减小水击压强应采取的工程措施。

习　　题

1. 已知供水点距水塔水面的高差 H=8m，其间铺设长 L=900m、直径 d=400mm 的铸铁供水管，求供水点得到的供水量。

2. 某水塔铺设长 L=180m、直径 d=75mm 的铸铁供水管。已知水塔水面高程为128m，若供水量 $Q=36m^3/h$，问供水点高程不得超过多少？

3. 有一分支管网布置如图 8-3 所示。已知水塔地面高程为 16.0m，4 点出口地面高程为 20.0m，6 点出口地面高程为 22.0m，4 点和 6 点自由水头都为 8m。各管段长度 L_{01}=200m，L_{12}=100m，L_{34}=80m，L_{15}=80m，L_{56}=150m。全部管路采用钢管，设计个管段管径及水塔所需高度。

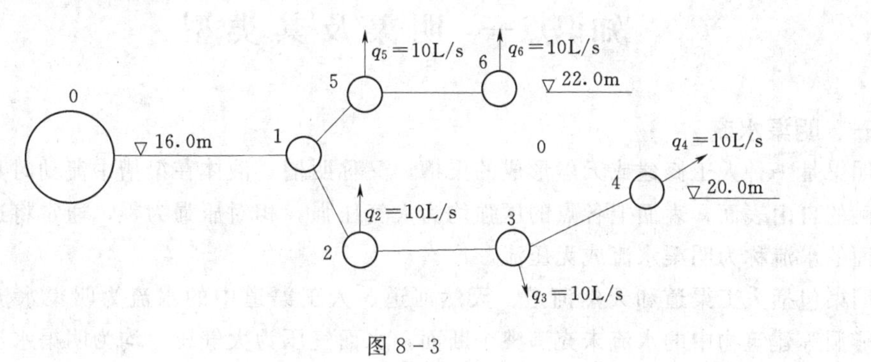

图 8-3

专题九　明渠恒定均匀流

学习要求

1. 熟悉明渠的类型；掌握明渠均匀流的水流特性及产生条件。

2. 掌握明渠均匀流的计算公式；理解水力最佳断面和容许流速。

3. 掌握明渠均匀流断面形状、尺寸、底坡的设计及其水力计算。

知识点一　明渠及其类型

一、明渠水流

明渠是一种人工修建或天然形成的渠槽，又称明槽。液体在渠槽中流动时具有与大气相接触的自由表面，表面上各点的压强均为大气压强，相对压强为零，通常将这种具有自由表面的水流称为明渠水流或无压流。

明渠包括人工渠道和天然河道。天然河道、人工渠道中的水流为明渠水流，只要管道、隧洞等建筑物中的水流未充满整个断面，水面气压为大气压，均为明渠水流。

根据水流运动要素是否随时间发生变化，明渠水流分为明渠恒定流和明渠非恒定流。根据水流运动要素是否沿程变化，明渠水流分为明渠恒定均匀流和明渠恒定非均匀流。本专题主要讨论明渠恒定均匀流问题，明渠恒定非均匀流将在专题十、专题十一中讨论。

当明渠中水流的运动要素不随时间而变时，称为明渠恒定流。明渠恒定均匀流是指在明渠恒定流中，渠道中的流速及流速分布沿流程不变的水流。

二、渠道的形式

渠道是约束水流运动的外部条件，渠道边壁的几何特征和水力特性对明渠中的水流运动有着重要的影响，因此必须对明渠槽身的型式有所了解。

1. 按横断面的形状分类

人工修建的明渠，为了便于施工和符合水流运动特点，一般都做成对称的规则断面。其基本形状有梯形、矩形、圆形、U形和复式断面等，如图9-1（a）～（e）所示。当明渠修建在土基上时，为避免崩塌和便于施工，从优化的角度考虑，多做成梯形断面；矩形断面多用于岩石中开凿或混凝土衬砌的渠道；圆形断面则常用于无压输水涵管或下水道；而复式断面则多用于大型或地基比较特殊、水位变化较大的渠道。

天然河道的横断面形状往往是不规则的，常见的形式多是由主槽和边滩组成的复式断面，如图9-1（f）所示。

在实际工程中，人工渠道应用最广的断面形状是梯形。其过水断面的水力要素如下：

水面宽度
$$B=b+2mh \qquad (9-1)$$

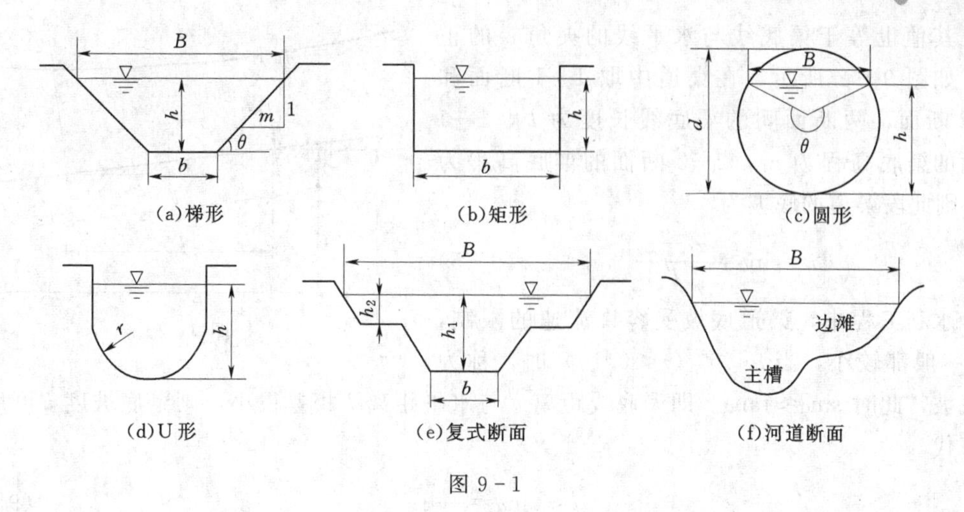

图 9-1

过水断面面积
$$A=(b+mh)h \tag{9-2}$$
湿周
$$\chi=b+2h\sqrt{1+m^2} \tag{9-3}$$
水力半径
$$R=\frac{A}{\chi}=\frac{(b+mh)h}{b+2h\sqrt{1+m^2}} \tag{9-4}$$
其中
$$m=\cot\theta$$
式中 θ——边坡与渠底间的夹角；

b——渠底宽度；

m——边坡系数，即为渠道侧坡的水平投影长度与垂直投影长度的比值。

边坡系数表示梯形断面两侧边壁的倾斜程度。它表示边坡上任意两点垂直方向为 1m 时对应的水平方向的长度。

对于矩形断面的水力要素，可看作是边坡系数 $m=0$ 的梯形断面，则

$$B=b$$
$$A=bh$$
$$\chi=b+2h$$
$$R=\frac{A}{\chi}=\frac{bh}{b+2h}$$

对于圆形断面、U 形断面的水力要素，可根据它们的几何尺寸来确定。

2. 按断面形状和尺寸是否沿程变化分类

断面形状和尺寸沿流程不变且渠道轴线为直线的渠道，称棱柱体渠道，如轴线顺直、断面形状无变化的人工渠道、涵洞、渡槽等。在棱柱体渠道中，过水断面面积 A 只随水深变化，即 $A=f(h)$。

断面形状、尺寸沿程变化，或轴线发生弯曲的渠道，称为非棱柱体渠道。如梯形断面和矩形断面的渠道间的过渡段，人工渠道的弯段，一般的天然河道等都属于非棱柱体渠道。在非棱柱体明渠中，过水断面面积既随水深变化，又沿流程变化，即 $A=f(h,l)$。

三、渠道的底坡

渠道底面上任意两点的高差与该段渠底线长度的比值，称为渠道的底坡，用字母 i 表

示，其值也等于渠底线与水平线的夹角 α 的正弦。如图 9-2 所示，在渠道中取 1—1 断面和 2—2 断面，两断面间的渠底线长度为 l'，1—1 断面的渠底高程为 z_1，2—2 断面的渠底高程为 z_2，则此段渠道的底坡为

$$i=\sin\alpha=\frac{z_1-z_2}{l'} \tag{9-5}$$

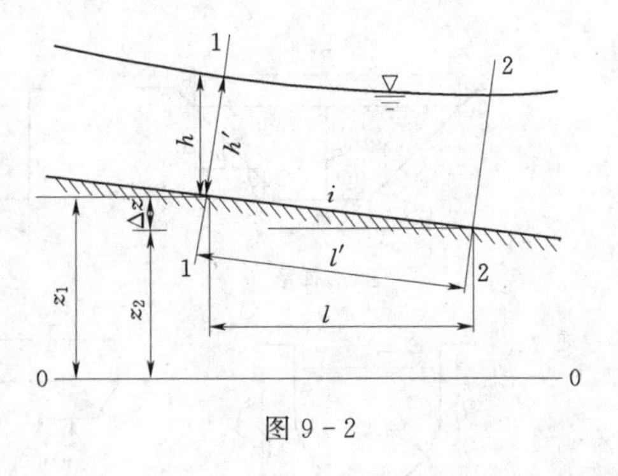

图 9-2

水利工程中，渠道底坡受容许流速的限制，α 角一般都较小，当 $\alpha<6°$（$i<0.10$）时，称为小底坡，此时 $\sin\alpha\approx\tan\alpha$。即渠底线距离 l' 与水平距离 l 相差很小，则渠底坡度 i 可用下式替代

$$i\approx\tan\alpha=\frac{z_1-z_2}{l} \tag{9-6}$$

注意：明渠水流的过水断面是垂直于水流方向的横断面 1—1 或横断面 2—2，渠道的水深，应为垂直于流向的水深 h'。但为了测量的方便，当坡度较小时（$\alpha<6°$），常用铅直水深 h 替代 h'，如图 9-2 所示。当 α 角较大时，称为大底坡，式（9-6）就不再适用了。

根据底坡沿程的变化，明渠的底坡分为三类：渠底沿流程下降，底坡 $i>0$，称为顺坡（或正坡）；渠底沿流程不变（水平）时，底坡 $i=0$，称为平坡；渠底高程沿流程升高时，底坡 $i<0$，称为逆坡（或负坡），如图 9-3 所示。

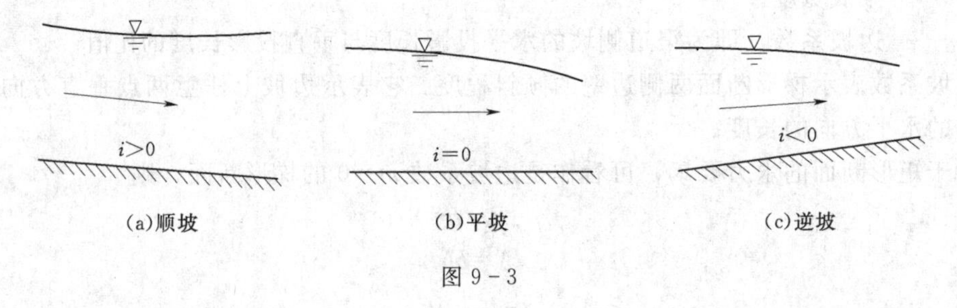

图 9-3

天然河道的河底起伏不平，底坡沿程变化，在进行河道水力计算时，常用一个平均底坡来替代河道的实际底坡。

知识点二　明渠均匀流的特性及其产生条件

一、明渠均匀流的特性

明渠均匀流是指渠道中水流流速及流速分布沿程不变的水流，其实质就是物理学中的匀速直线运动。从力学角度分析，作用在明渠水流运动方向的各种力必须保持平衡。如图 9-4 所示，在明渠中取 1—1 断面和 2—2 断面之间的水体 $ABCD$ 进行分析，作用于该水体上的力分别为：重力 G、前后过水断面上的动水压力 P_1 和 P_2、周界的摩擦阻力 F_f。α 为渠底线与水平方向的夹角。则沿流向的平衡方程为

$$P_1+G\sin\alpha-F_f-P_2=0 \tag{9-7}$$

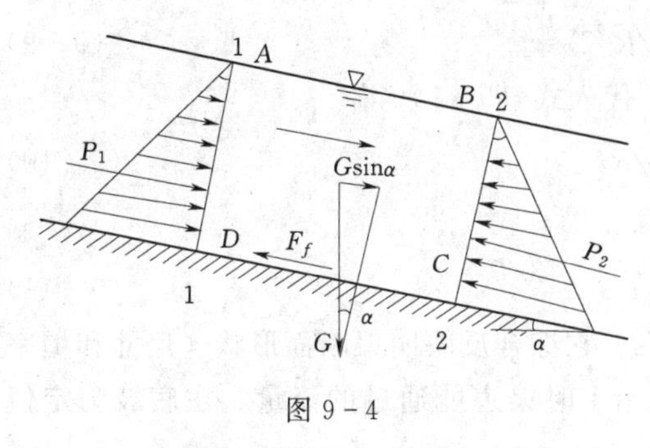

图 9-4

因为均匀流中过水断面上的动水压强按静水压强分布，且各过水断面上的过水断面面积相等，则有 $P_1=P_2$，式（9-7）可写为 $G\sin\alpha=F_f$。这说明，在明渠均匀流中，水流阻力与重力在水流方向上的分力相平衡。对于非均匀 $G\sin\alpha\neq F_f$，明渠水流做加速或减速运动。

根据以上分析，可得明渠均匀流的主要特征为：

（1）过水断面形状、尺寸，过水断面面积、水深沿流程不变。

（2）过水断面流速及流速分布沿程不变。

（3）总水头线（坡度用 J 表示）、测压管水头线（明渠水面线，坡度用 J_z 表示）、渠底线三线平行，即

$$J=J_z=i \tag{9-8}$$

二、明渠均匀流的产生条件

由以上明渠均匀流特性可知，明渠水流必须具备以下条件，才能形成恒定均匀流：

（1）明渠水流为恒定流，且流量沿程保持不变。在明渠中，沿程无水流汇入和分出。

（2）明渠必须是顺坡（$i>0$）的棱柱体渠道。非顺坡渠道，重力与阻力不可能平衡，不能形成均匀流；非棱柱体渠道，则流速会发生变化，也不能形成均匀流。

（3）明渠糙率系数沿程不变。糙率系数如沿程发生变化，则摩擦阻力也将变化，重力与阻力失去平衡，则不能形成均匀流。

（4）渠道上不应有闸、坝、桥墩等建筑物对水流造成干扰。因为建筑物上下游水流衔接，必然有一段非均匀流，要经过一段时间才能达到均匀流。

要产生明渠均匀流，上述四个条件缺一不可。实际工程中，严格地讲，没有绝对的明渠均匀流产生，只要与上述 4 个条件相差不大，则可近似看作明渠均匀流。一般情况下，只要是正坡棱柱体渠道，且采用同一种材料建成，流量沿程不变，渠段上没有建筑物的影响或离建筑物很远，基本能满足均匀流条件，即可按均匀流计算，其产生的误差很小。在非均匀流中，也常常假设在很短的距离近似按均匀流考虑，其产生的误差，通过实验来修正。

一般天然河道断面形状、尺寸，底坡、糙率等沿程多变，不容易形成均匀流，但对于某一些顺直整齐一致的河段，也可按均匀流近似计算。因此，明渠均匀流虽然是明渠水流最简单的流动形式，其理论却是分析明渠水流的重要基础，也是渠道设计的重要依据。

知识点三　明渠均匀流的计算公式及有关问题

一、明渠均匀流的基本公式

由于明渠水流一般在阻力平方区，则其基本公式可根据谢才公式 $v=C\sqrt{RJ}$ 和流量公式 $Q=Av$，得

$$Q=AC\sqrt{RJ} \tag{9-9}$$

根据明渠均匀流的基本特征有：$J=J_z=i$，代入式（9-9）得

$$Q=AC\sqrt{Ri} \tag{9-10}$$

令 $K=AC\sqrt{R}$ 称为流量模数，则有

$$Q=K\sqrt{i} \tag{9-11}$$

式（9-11）中的流量模数 K 的单位为 m^3/s。它综合反映明渠断面形状、尺寸和糙率对过水能力的影响。流量模数表示当渠底坡度 $i=1$ 时渠道能通过的流量。在底坡为定值时，流量与流量模数成正比。

当谢才系数用曼宁公式 $C=\frac{1}{n}R^{1/6}$ 计算时，则公式可整理为

$$Q=\frac{A}{n}R^{2/3}i^{1/2} \tag{9-12}$$

或

$$Q=\frac{\sqrt{i}}{n}\frac{A^{5/3}}{\chi^{2/3}} \tag{9-13}$$

水力学中常把均匀流水深称为正常水深，用 h_0 表示；相应于正常水深的过水断面面积、湿周、水力半径、谢才系数、流量模数也同样以 A_0、χ_0、R_0、C_0、K_0 表示。

二、水力最佳断面

由均匀流公式可知，明渠的输水能力主要取决于过水断面的形状、尺寸、底坡和糙率的大小。设计渠道时，底坡和糙率由具体情况选定。在底坡和糙率已定的前提下，渠道的过水能力则决定于渠道的横断面形状和尺寸。从设计的角度上，总是希望在渠道的过水断面面积、底坡、糙率一定时，通过的流量最大；或者在选定的流量、底坡、糙率一定时，过水断面面积最小，符合这两个条件的断面，都称为水力最佳断面。

由明渠均匀流公式（9-13）分析可知：当渠道的底坡 i、糙率 n 及过水断面面积 A 一定时，湿周 χ 最小（水力半径最大）通过的流量 Q 最大；或者说，当 i、n、Q 一定时，湿周 χ 最小（水力半径最大），所需的过水断面面积 A 最小。

由几何学可知，面积一定时，圆形断面的湿周最小，水力半径最大；又因半圆形的过水断面与圆形断面的水力半径相同，所以在明渠的各种断面形状中，半圆形是水力最佳断面。但半圆形施工难度大、造价高，不能普遍应用，只有在钢筋混凝土或钢丝网水泥做成的渡槽等建筑物中才采用类似半圆形的断面（如U形断面）。因此，下面只对渠道工程中应用最多的梯形断面进行研究。

1. 梯形水力最佳断面的宽深比公式

工程中多采用梯形断面，其边坡系数 m 可以直接由边坡稳定确定。因而在 m 一定的情况下，同样的过水断面 A，湿周的大小因底宽与水深的比即宽深比 b/h 而异。根据水力最佳断面的条件有：A、i、n 一定，由式（9-2）得 $b=A/h-mh$，代入式（9-3），得梯形湿周为

$$\chi=b+2h\sqrt{1+m^2}=\frac{A}{h}-mh+2h\sqrt{1+m^2} \tag{9-14}$$

最小湿周 χ 应满足 $d\chi/dh=0$（当 $d^2\chi/dh^2>0$ 时），将式（9-14）对 h 求导，则

$$\frac{d\chi}{dh}=-\frac{A}{h^2}-m+2\sqrt{1+m^2}=-\frac{(b+mh)h}{h^2}-m+2\sqrt{1+m^2}=0$$

整理可得梯形水力最佳断面的宽深比 β_m 的计算公式为

$$\beta_m=\frac{b}{h}=2(\sqrt{1+m^2}-m) \tag{9-15}$$

梯形水力最佳断面的宽深比 b/h 仅与边坡系数 m 有关，对于不同边坡系数的梯形渠道，其水力最佳断面的宽深比 β_m 见表 9-1。

表 9-1　　梯形渠道水力最佳断面的宽深比 β_m 值

m	0.00	0.25	0.50	0.75	1.00	1.50	1.75
β_m	2.00	1.56	1.24	1.00	0.83	0.61	0.53
m	2.00	2.50	3.00	3.50	4.00	4.50	5.00
β_m	0.47	0.39	0.33	0.28	0.25	0.22	0.20

2. 梯形水力最佳断面的特征

由 $\beta_m=b/h$，得 $b=\beta_m h=2(\sqrt{1+m^2}-m)h$。将其分别代入过水断面 A 和湿周 χ 的表达式，可以得到水力最佳断面的水力半径为

$$R=\frac{A}{\chi}=\frac{(b+mh)h}{b+2h\sqrt{1+m^2}}=\frac{[2(\sqrt{1+m^2}-m)h+mh]h}{2(\sqrt{1+m^2}-m)h+2h\sqrt{1+m^2}}=\frac{h}{2} \tag{9-16}$$

梯形水力最佳断面的水力半径只与水深有关，且等于水深的一半，而与渠道的底坡及边坡系数无关。

对于矩形断面，可看做是 $m=0$ 的梯形，则由式（9-15）可得

$$\beta_m=\frac{b}{h}=2$$

也就是说，矩形水力最佳断面的特征是：底宽是水深的 2 倍。

水力最佳断面一般为水深大、底宽小的窄深式断面。其具有工程量省，占地少、过流量大等优点，但施工中由于开挖深、土方单价高，易受地质条件等因素的影响，所以并不一定是经济实用断面。对于大型或较大型的渠道，渠道很长，因此在渠道设计中要综合考虑各种条件，进行经济技术比较。一般不能把水力最佳断面看做是设计渠道的唯一条件。

三、渠道中的容许流速

当渠道通过不同流量时，对应的流速是不同的。如果流速过大，可能引起渠床冲刷，使渠道破坏；如果流速过小，又会导致水流挟沙能力降低，造成渠道淤积，降低过流能力。对于水电站引水渠道，流速的大小还影响着电站的动力经济性。因此，必须对渠道断面平均流速加以限制。这种既不使渠道产生冲刷，又不使渠道发生淤积的流速限制值称为容许流速，即

$$v_{不淤}<v<v_{不冲} \tag{9-17}$$

式中　$v_{不冲}$——不冲容许流速，它主要与渠道边壁土壤类型或护砌材料的性质有关，也与流量有关，可参照表 9-2 选取，若水流挟泥沙量较大时，须依据有关水力学手册确定；

$v_{不淤}$——不淤容许流速，它主要与渠水中含沙量的大小、泥沙颗粒性质及组成有关，可查阅有关水力学手册确定，在清水土渠中，为防止滋生杂草，渠道的流速一般应不小于 0.5m/s。

由《水利技术标准汇编》（水利部国际合作与科技司．中国水利水电出版社，2002）可知，土渠设计平均流速宜控制在 0.6～1.0m/s，但不宜小于 0.3m/s。寒冷地区冬、春季灌溉的渠道，设计平均流速不宜小于 1.5m/s。

表 9-2　　不同渠道的不冲容许流速

<table>
<tr><td colspan="3" rowspan="2">（1）坚硬岩石和人工护面渠道</td><td colspan="3">流量（m^3/s）</td></tr>
<tr><td><1</td><td>1～10</td><td>>10</td></tr>
<tr><td colspan="3">软质水成岩（泥灰岩、页岩、软砾岩）</td><td>2.5</td><td>3.0</td><td>3.5</td></tr>
<tr><td colspan="3">中等硬质水成岩（致密砾石、多孔石灰岩、层状石灰岩、白云石灰岩、灰质砂岩）</td><td>3.5</td><td>4.25</td><td>5.0</td></tr>
<tr><td colspan="3">硬质水成岩（白云砂岩、砂岩石灰岩）</td><td>5.0</td><td>6.0</td><td>7.0</td></tr>
<tr><td colspan="3">结晶石、火成岩</td><td>8.0</td><td>9.0</td><td>10.0</td></tr>
<tr><td colspan="3">单层块石铺砌</td><td>2.5</td><td>3.5</td><td>4.0</td></tr>
<tr><td colspan="3">双层块石铺砌</td><td>3.5</td><td>4.5</td><td>5.0</td></tr>
<tr><td colspan="3">混凝土护面</td><td>6.0</td><td>8.0</td><td>10.0</td></tr>
<tr><td colspan="3">（2）均质黏性土渠道（R=1m）</td><td colspan="3">不冲容许流速（m/s）</td></tr>
<tr><td colspan="3">轻壤土</td><td colspan="3">0.60～0.80</td></tr>
<tr><td colspan="3">中壤土</td><td colspan="3">0.65～0.85</td></tr>
<tr><td colspan="3">重壤土</td><td colspan="3">0.70～1.00</td></tr>
<tr><td colspan="3">黏土</td><td colspan="3">0.75～0.95</td></tr>
<tr><td>（3）均质无黏性土土渠（R=1m）</td><td>粒径（mm）</td><td>不冲容许流速（m/s）</td><td>（3）均质无黏性土土渠（R=1m）</td><td>粒径（mm）</td><td>不冲流速（m/s）</td></tr>
<tr><td>极细砂</td><td>0.05～0.1</td><td>0.35～0.45</td><td>中砾石</td><td>5～10</td><td>0.90～1.10</td></tr>
<tr><td>细砂、中砂</td><td>0.25～0.5</td><td>0.45～0.60</td><td>粗砾石</td><td>10～20</td><td>1.10～1.30</td></tr>
<tr><td>粗砂</td><td>0.5～2.0</td><td>0.60～0.75</td><td>小卵石</td><td>20～40</td><td>1.30～1.80</td></tr>
<tr><td>细砂石</td><td>2.0～5.0</td><td>0.75～0.90</td><td>中卵石</td><td>40～60</td><td>1.80～2.20</td></tr>
</table>

注　1. 中壤土的干容重为 12.75～16.67kN/m^3。

2.（2）和（3）中所列不冲容许流速为水力半径 R=1m 的情况，如 $R\neq1$m，则应将表中数值乘以 R^{α} 才得相应的不冲容许流速。对于砂、砾石、卵石、疏松壤土、黏土：α=1/3～1/4；对于密实的壤土、黏土：α=1/4～1/5。

【例题 9-1】　有一梯形断面中壤土土渠，糙率 n=0.025，边坡系数 m=1.5，底宽 b=1.5m，水深 h=1.2m，底坡 i=0.00035，求渠道的过水能力，并校核渠道中的流速是否满足要求。

解：(1) 渠道过水能力计算。计算渠道断面的水力要素。

过水断面面积　　$A=(b+mh)h=(1.5+1.5\times1.2)\times1.2=3.96(\text{m}^2)$

湿周　　$\chi=b+2h\sqrt{1+m^2}=1.5+2\times1.2\sqrt{1+1.5^2}=5.83(\text{m})$

水力半径　　$R=\dfrac{A}{\chi}=\dfrac{3.96}{5.83}=0.679(\text{m})$

流量 Q 可用明渠均匀流公式式 (9-12) 计算

$$Q=\frac{A}{n}R^{2/3}i^{1/2}=\frac{3.96}{0.025}\times(0.679)^{2/3}\times(0.00035)^{1/2}=2.29(\text{m}^3/\text{s})$$

(2) 校核流速。因是土渠，流量为 $2.29\text{m}^3/\text{s}$，且为中壤土，查表 9-2 得，$R=1\text{m}$ 时的不冲容许流速为 $0.65\sim0.85\text{m/s}$，则当 $R=0.679\text{m}$ 时，取 $\alpha=\dfrac{1}{4}$，则不冲容许流速为

$$v_{不冲}=(0.65\sim0.85)\times0.679^{\frac{1}{4}}=0.590\sim0.772(\text{m/s})$$

渠中流速为

$$v=\frac{Q}{A}=\frac{2.29}{3.96}=0.578(\text{m/s})$$

根据已知条件，渠中的不淤容许流速为 $v_{不淤}=0.5$ (m/s)。

则渠道满足 $v_{不淤}<v<v_{不冲}$ 的设计要求。

四、渠道糙率确定

明渠糙率系数 n 值表示渠道表面的粗糙程度对水流的影响。设计时必须合理选定 n 值，尽量使选定的 n 值和实际值大致相近。

1. 渠道糙率分析

在设计计算渠道断面时，要慎重选取糙率值。如果边壁糙率值取值偏大，则按一定流量设计的过水断面面积或底坡就会偏大。设计的过水断面偏大，则会增大工程量和造价；底坡设计偏大，则渠道建成运行时，渠中实际流速大于设计流速，可能产生渠道冲刷，并造成实际水位降低，导致次级渠道进水困难，减小经济效益（如减小自流灌溉面积）。反之，如果糙率值取值偏小，则按设计流量确定的过水断面面积或渠道底坡就会偏小。过水断面面积偏小，则过水能力达不到设计要求，在通过设计流量时可能造成水流漫堤事故；若渠道底坡偏小，则实际流速小于设计流速，可能导致挟沙水流的淤积等。因而糙率系数值的确定非常重要，在渠道断面设计时，选择合适的糙率值，将直接影响到断面的大小和工程的造价。

影响 n 值的主要因素有：渠床状况、渠道流量、渠水含沙量、渠道弯道情况、施工质量、养护情况等。一般情况下，渠床糙率可根据渠道特性、渠道流量等参考表 9-3 选择糙率值。对于大型渠道的糙率值，则要进行试验测定。总之，明渠糙率的确定是断面设计中容易忽视，而又难以确定的问题。如韶山灌区总干渠在方案比较时，将糙率由 0.020 增加到 0.025 后，渠道断面扩大了 7%，总干渠增加的土石方量达 60 万 m^3，所以对糙率的选用要引起足够重视。

表 9-3 **渠 道 糙 率 值**

渠道类型及状况	糙率 n 值		
	最小值	正常值	最大值
1. 土渠			
(1) 渠线顺直断面			
均匀清洁，新近完成	0.016	0.018	0.020
清洁，经过风雨侵蚀	0.018	0.022	0.025
清洁，有卵石	0.022	0.025	0.030
有牧草和杂草	0.022	0.027	0.033
(2) 渠线弯曲，断面变化的土渠			
没有植物	0.023	0.025	0.030
有牧草和一些杂草	0.025	0.030	0.033
有茂密的杂草或在深槽中有水生植物	0.030	0.035	0.040
土底，碎石边壁	0.028	0.030	0.035
块石底，边壁为杂草	0.025	0.035	0.040
圆石底，边壁清洁	0.030	0.040	0.050
(3) 用挖土机开凿或挖掘的渠道			
没有植物	0.025	0.028	0.033
渠岸有稀疏的小树	0.035	0.050	0.060
2. 石渠			
光滑面均匀	0.025	0.035	0.040
参差不齐面不规则	0.035	0.040	0.050
3. 混凝土渠道			
抹灰的混凝土或钢筋混凝土护面	0.011	0.012	0.013
不抹灰的混凝土或钢筋混凝土护面	0.013	0.014	0.017
喷浆护面	0.016	0.018	0.021
4. 各种材料护面的渠道			
三合土护面	0.014	0.016	0.020
浆砌砖护面	0.012	0.015	0.017
条石护面	0.013	0.015	0.018
浆砌块石护面	0.017	0.025	0.030
干砌块石护面	0.023	0.032	0.035

大量实测资料表明，影响天然河道糙率的因素除河床本身因素外，还包括河床泥沙颗粒大小，河道的形态，河床两侧的植被种类、高低、茂密程度，河道中的水流情况等。其中河床泥沙颗粒按大小可分为淤泥、沙粒、卵石、石块；河道的形态包括断面的不规则性及其沿流程变化、河道的弯曲程度、床面凹凸情况及有无深潭、人工建筑物；河道中的水流情况包括水位高低、流量大小、洪水涨落等。在多泥沙的河道中，糙率还与含沙量的大

小有关。水利水电部门常用的天然河道糙率值 n 见表 9-4。

表 9-4　　河道糙率值

渠道类型及状况	糙率 n 值		
	最小值	正常值	最大值
第一类　小河（洪水期水面宽小于 30m）			
1. 平原河流			
（1）清洁，顺直，无沙滩，无深潭	0.025	0.030	0.033
（2）同（1），多石，多草	0.030	0.035	0.040
（3）清洁，弯曲，有深潭和浅滩	0.033	0.040	0.045
（4）同（3），有些杂草及乱石	0.035	0.045	0.050
（5）同（4），水深较浅，底坡多变，回流较多	0.040	0.048	0.055
（6）同（4），但较多乱石	0.045	0.050	0.060
（7）多滞流河段，多草，有深潭	0.050	0.070	0.080
（8）多丛草河段，多深潭，或林木滩地上的过洪	0.075	0.100	0.150
2. 山区河段（河槽无草树，河段较陡，岸坡树丛过洪时淹没）			
（1）河底：砾石、卵石及少许孤石	0.030	0.040	0.050
（2）河底：卵石和大孤石	0.040	0.050	0.070
第二类　大河（汛期水面宽度大于 30m）			
1. 断面比较规整，无孤石或丛木	0.025		0.060
2. 断面不规整，床面粗糙	0.035		0.100
第三类　洪水时期滩地漫流			
1. 草地，无丛木			
（1）短草	0.025	0.030	0.035
（2）长草	0.030	0.035	0.050
2. 耕种面积			
（1）未熟禾稼	0.020	0.030	0.040
（2）已熟成行禾稼	0.025	0.035	0.045
（3）已熟密植禾稼	0.030	0.040	0.050
3. 矮丛木			
（1）稀疏、多杂草	0.035	0.050	0.070
（2）不密，夏季情况	0.040	0.060	0.080
（3）茂密，夏季情况	0.070	0.100	0.160
4. 丛木			
（1）平整田地	0.030	0.040	0.050
（2）平整田地、干树多新枝	0.050	0.060	0.080
（3）密林，树下多植物，洪水位在枝下	0.080	0.100	0.120
（4）密林，树下多植物，洪水位淹没树枝	0.100	0.120	0.160

2. 渠道综合糙率的确定

在水利工程中，有时为满足特殊地形条件和地质条件的要求，渠底和边壁要采用不同的材料。这种在同一过水断面上各部分湿周糙率不同的渠道，称为非均质渠道，如图 9-5 所示，一些傍山渠道，常采用渠道一侧是混凝土衬砌，一侧是浆砌石衬砌，底部则为原天然土壤。非均质渠道的水力计算一般按均匀流公式计算，但为了反映同一断面各周界上不同糙率的影响，明渠均匀流公式式（9-12）中的糙率 n 应采用综合糙率 n_e 代替。n_e 与各部分湿周χ_1，χ_2，χ_3 及其相应的糙率 n_1，n_2，n_3 有关。

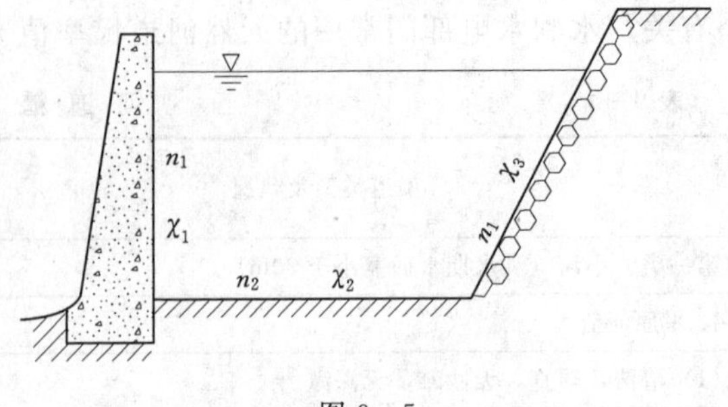

图 9-5

当渠道底部的糙率系数小于侧壁的糙率系数时按式（9-18）计算

$$n_e=\sqrt{\frac{n_1^2\ \chi_1+n_2^2\ \chi_2+n_3^2\ \chi_3}{\chi_1+\chi_2+\chi_3}} \tag{9-18}$$

在一般情况下，n_e 也可用以下加权法进行估算，即

$$n_e=\frac{n_1\ \chi_1+n_2\ \chi_2+n_3\ \chi_3}{\chi_1+\chi_2+\chi_3} \tag{9-19}$$

$$n_e=\left(\frac{n_1^{3/2}\ \chi_1+n_2^{3/2}\ \chi_2+n_3^{3/2}\ \chi_3}{\chi_1+\chi_2+\chi_3}\right)^{2/3} \tag{9-20}$$

五、复式断面渠道的水力计算

复式断面多用于流量变化比较大的渠道中。如图 9-6 所示。这种渠道在流量较小时，水流由主槽通过；在流量较大时，水流漫溢滩地。复式断面的各部分的糙率常是不同的，流速分布极不均匀，变化很大。

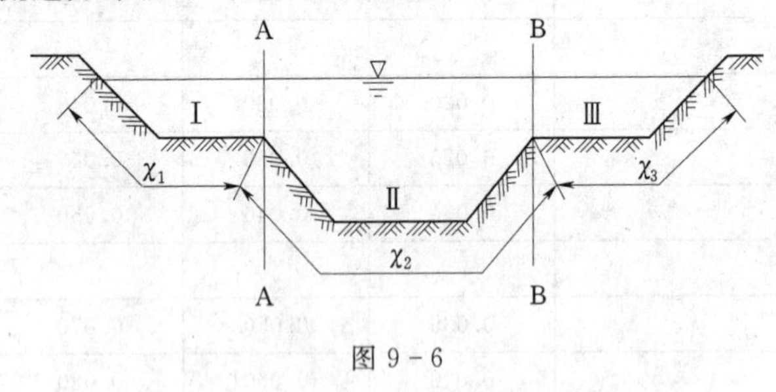

图 9-6

复式断面一般不规则，通常对其采用近似计算，从断面变化处用垂线将断面分为几个部分，分别按式（9-10）计算每部分的流速或流量，最后相加得到总的流量。

如图 9-6 所示，用铅垂线 A—A 及 B—B，将复式断面分成Ⅰ、Ⅱ、Ⅲ三个部分，然后再对每一部分计算流量为

$$Q_1=A_1C_1\ \sqrt{R_1 i}=K_1\sqrt{i}$$

$$Q_2=A_2C_2\ \sqrt{R_2 i}=K_2\sqrt{i}$$

$$Q_3=A_3C_3\ \sqrt{R_3 i}=K_3\sqrt{i}$$

总流的流量为

$$Q=Q_1+Q_2+Q_3=(K_1+K_2+K_3)\sqrt{i} \tag{9-21}$$

【例题 9-2】 如图 9-7 所示的复式断面渠道。已知 $b_1=b_3=6\text{m}$，$b_2=10\text{m}$；$h_2=4\text{m}$，$h_1=h_3=1.8\text{m}$；$m_1=m_3=1.5$，$m_2=2.0$；主槽部分糙率 $n_2=0.02$，边滩部分糙率 $n_1=n_3=0.025$，渠道底坡 $i=0.0002$，求该渠道能通过的流量 Q。

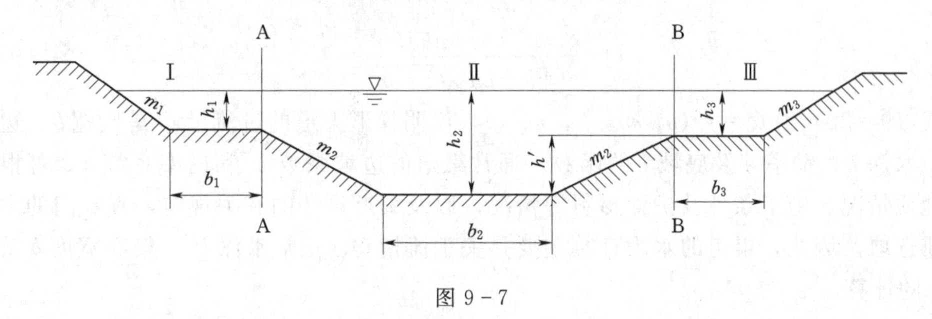

图 9-7

解：用铅垂线 A—A 及 B—B，将复式断面分成Ⅰ、Ⅱ、Ⅲ三个部分，各部分的面积分别为

$$A_1=A_3=\left(b_1+\frac{m_1h_1}{2}\right)h_1=\left(6+\frac{1.5\times1.8}{2}\right)\times1.8=13.2(\text{m}^2)$$

$$\begin{aligned}A_2&=(b_2+m_2h')h'+(b_2+2m_2h')h_1\\&=[10+2\times(4-1.8)]\times(4-1.8)+[10+2\times2\times(4-1.8)]\times1.8\\&=65.5(\text{m}^2)\end{aligned}$$

各部分的湿周分别为

$$\chi_1=\chi_3=b_1+h_1\sqrt{1+m_1^2}=6+1.8\times\sqrt{1+1.5^2}=9.25(\text{m})$$

$$\chi_2=b_2+2h_2'\sqrt{1+m_2^2}=10+2\times\sqrt{1+2^2}\times(4-1.8)=19.8(\text{m})$$

各部分的水力半径

$$R_1=R_3=\frac{A_1}{\chi_1}=\frac{13.2}{9.25}=1.43(\text{m})$$

$$R_2=\frac{A_2}{\chi_2}=\frac{65.6}{19.8}=3.31(\text{m})$$

各部分的流量模数分别为

$$K_1=K_3=A_1C_1\sqrt{R_1}=\frac{1}{n}A_1R_1^{2/3}=\frac{1}{0.025}\times13.2\times1.43^{2/3}=670.18(\text{m}^3/\text{s})$$

$$K_2=A_2C_2\sqrt{R_2}=\frac{1}{n}A_2R_2^{2/3}=\frac{1}{0.02}\times65.5\times3.13^{2/3}=7007.68(\text{m}^3/\text{s})$$

则复式断面的流量为

$$\begin{aligned}Q&=Q_1+Q_2+Q_3=(K_1+K_2+K_3)\sqrt{i}\\&=(670.18+7007.68+670.18)\times\sqrt{0.0002}=118.06(\text{m}^3/\text{s})\end{aligned}$$

知识点四　渠道水力计算的类型

在水利工程中，梯形渠道应用最为广泛，因而后面以梯形断面为代表，讨论渠道的水

力计算方法。

将梯形的面积 $A=(b+mh)h$，湿周 $\chi=b+2h\sqrt{1+m^2}$ 代入明渠流量计算公式式（9－13）得

$$Q=\frac{\sqrt{i}}{n}\frac{[(b+mh)h]^{5/3}}{[b+2h\sqrt{1+m^2}]^{2/3}} \tag{9-22}$$

式（9－22）中 $Q=f(b, m, h, n, i)$，说明梯形渠道的过流量 Q 是底宽 b、边坡系数 m、水深 h、糙率 n 及底坡 i 的函数。通常渠道的边坡系数 m 和糙率系数 n，可根据渠道的地质情况、施工条件及护面材料等情况，以及渠道设计的有关规定，查专门的水力计算手册选取。因此，渠道的水力计算主要是关于流量 Q、正常水深 h_0、渠底宽度 b 及渠底坡度 i 的计算。

明渠均匀流的水力计算问题可分为两大类：一类是对已建成的渠道进行计算，如校核流速、流量、底坡或求糙率；另一类是按要求设计新渠道，如确定底宽、水深、底坡、边坡系数或超高等。

一、已建成渠道的水力计算

已建成渠道的水力计算任务是校核过水能力及流速，或由实测过水断面的流量反推粗糙系数和底坡。下面以例题形式来说明。

1. 流量和流速的校核

【例题 9－3】 某灌溉工程黏土渠道，总干渠全长 70km，糙率 $n=0.028$，断面为梯形，底宽 $b=8$m，边坡系数 $m=1.5$，底坡 $i=1/8000$，设计流量 $Q=40\text{m}^3/\text{s}$。试校核当水深为 4m 时，能否满足通过设计流量的要求，并校核渠中流速。

解：(1) 校核流量。由于渠道较长，断面规则，底坡和糙率固定，故可按明渠均匀流计算。

$$A=(b+mh)h=(8+1.5\times4)\times4=56(\text{m}^2)$$

$$\chi=b+2h\sqrt{1+m^2}=8+2\times4\times\sqrt{1+1.5^2}=22.42(\text{m})$$

水力半径 $$R=\frac{A}{\chi}=\frac{56}{22.42}=2.498(\text{m})$$

谢才系数 $$C=\frac{1}{n}R^{1/6}=\frac{1}{0.028}\times2.498^{1/6}=41.6(\text{m}^{1/2}/\text{s})$$

流量

$$Q=AC\sqrt{Ri}=56\times41.6\times\sqrt{2.498\times(1/8000)}=41.17\ (\text{m}^3/\text{s})>Q_{设计}$$

渠道能通过设计流量 $40\text{m}^3/\text{s}$，所以该渠道能满足设计流量的要求。

(2) 校核流速。

$$v=\frac{Q}{A}=\frac{41.17}{56}=0.74(\text{m/s})$$

根据已知条件，不淤容许流速 $v_{不淤}=0.5\text{m/s}$。

查表 9－2 黏土渠道，在 $R=1$ 时对应的 $v_{不冲}$ 为 0.75～0.95m/s，该渠道 $R=2.498$m，取 $\alpha=\frac{1}{4}$，则 $v_{不冲}$ 为

$$v_{不冲}=(0.75\sim0.95)\times(2.498)^{1/4}=0.94\sim1.19(\text{m/s})$$

$v_{不淤}<v<v_{不冲}$，则所设计断面满足容许流速要求。

2. 确定糙率 n 值计算

对于已建成渠道，为了检验采用的糙率系数是否符合实际，或当渠道运行一段时间后，为了检验糙率是否发生变化，选择一段长度适中的明渠均匀流段，根据实际 A、Q、i，反推糙率 n 值。

【例题 9-4】 某矩形有机玻璃水槽，底宽 $b=15\text{cm}$，水深 $h=6.5\text{cm}$，底坡 $i=0.02$，槽内水流系均匀流，实测该槽通过的流量 $Q=0.0173\text{m}^3/\text{s}$，求糙率为多少？

解：根据明渠均匀流公式 $Q=AC\sqrt{Ri}$

推导得
$$n=\frac{A}{Q}R^{2/3}i^{1/2}$$

$$A=bh=0.15\times0.065=0.00975(\text{m}^2)$$

$$\chi=b+2h=0.15+2\times0.065=0.28(\text{m})$$

$$R=\frac{A}{\chi}=\frac{0.00975}{0.28}=0.0348(\text{m})$$

则
$$n=\frac{A}{Q}R^{2/3}i^{1/2}=\frac{0.00975}{0.0173}\times0.0348^{2/3}\times0.02^{1/2}=0.0085$$

所以，该有机玻璃槽的糙率为 0.0085。

3. 计算底坡

【例题 9-5】 根据某渡槽中部水流为明渠均匀流，$n=0.017$，$l=200\text{m}$，矩形断面，底宽 $b=2\text{m}$，当水深 $h=1.0\text{m}$ 时，通过的流量 $Q=3.30\text{m}^3/\text{s}$。问该渡槽底坡是多少？两断面的水面落差为多少？

分析：根据明渠均匀流特性可知，底坡 $i=J_z=\Delta z/l$，则水面落差等于渠底高差。

解：根据明渠均匀流公式，$Q=AC\sqrt{Ri}$ 推得如下公式

$$i=\frac{Q^2}{A^2C^2R}$$

$$A=bh=2\times1=2(\text{m}^2)$$

$$\chi=b+2h=2+2\times1.0=4(\text{m})$$

$$R=\frac{A}{\chi}=\frac{2}{4}=0.5(\text{m})$$

$$C=\frac{1}{n}R^{1/6}=\frac{1}{0.017}\times0.5^{1/6}=52.4(\text{m}^{1/2}/\text{s})$$

则
$$i=\frac{Q^2}{A^2C^2R}=\frac{3.3^2}{2^2\times52.4^2\times0.5}=0.002$$

$$\Delta z=il=0.002\times200=0.4(\text{m})$$

得出该渡槽底坡为 0.002，水面落差为 0.4m。

二、设计新渠道的水力计算

设计新渠道的水力计算，其任务主要是根据具体土质、地形、渠道设计流量和使用要求等选择断面形式，设计过水断面尺寸。

对梯形和矩形断面主要计算渠底宽 b、正常水深 h_0，也就是说已知：Q、m、n、i 求 h_0 和 b。工程中一般是根据具体要求确定一个值，求出另一个值，或确定宽深比 β 求 b 和 h_0。过水断面的大小确定方法很多，工程上常用经济比较来确定选用哪一种 b、h_0 组合。下面介绍各种计算方法。

1. 一般断面试算法求 h_0

对于梯形断面即为已知 Q、m、n、i、b，求 h_0。

根据

$$Q=AC\sqrt{Ri}=K\sqrt{i}$$

令式 $Q/\sqrt{i}=K_0$，则明渠水流应满足 $K=K_0$。

因 K_0 已知，设 h，求出 K。当假设 h 后求出的 K 与 K_0 相等时，则说明假设成立，假设 h 即为所求，试算结束。如果 $K\neq K_0$ 时，则要继续假设 h，求出 K 值，直到 $K\approx K_0$ 为止。

2. 梯形断面的迭代试算法

(1) 已知 Q、m、n、i、b，求 h_0。将式（9-22）整理得

$$h_{(j+1)}=\left(\frac{nQ}{\sqrt{i}}\right)^{3/5}\frac{\left(b+2h_j\sqrt{1+m^2}\right)^{2/5}}{b+mh_j} \tag{9-23}$$

迭代水深时可取初值为

$$h_{(0)}=\left(\frac{nQ}{\sqrt{i}}\right)^{0.6}$$

将式（9-23）中的边坡系数 m 取为零，可得矩形断面正常水深的迭代计算公式

$$h_{(j+1)}=\left(\frac{nQ}{\sqrt{i}}\right)^{0.6}\frac{(b+2h_j)^{0.4}}{b} \tag{9-24}$$

(2) 当已知 Q、m、n、i、h，求 b。由面积公式直接导出迭代公式

$$b_{(j+1)}=\left(\frac{nQ}{\sqrt{i}}\right)^{0.6}\frac{(b_j+2h\sqrt{1+m^2})^{0.4}}{h}-mh \tag{9-25}$$

以上各式中 j 代表迭代次数。具体的迭代过程为：先计算出式中的常数项，然后设一初值 $h_{(0)}$（或 $b_{(0)}$），代入迭代式的右边，解出 $h_{(1)}$（或 $b_{(1)}$）；如 $h_{(1)}=h_{(0)}$（或 $b_{(1)}=b_{(0)}$），则停止计算；若不等，则将 $h_{(1)}$（或 $b_{(1)}$）代回到公式右边的未知项中，解出 $h_{(2)}$（或 $b_{(2)}$），如 $h_{(2)}=h_{(1)}$（或 $b_{(2)}=b_{(1)}$），即完成了一个迭代过程。如此重复迭代，直到代入的值与计算出的值十分接近，差值小于 0.01 即可，则最后计算得到的水深即为正常水深（底宽即为该渠底宽）。

3. 图解法求 h_0

由于传统的计算方法比较麻烦，计算工作量大，为简化计算，可利用图解法。当已知 b 求 h_0，可利用附录Ⅰ的正常水深求解图；当已知 h_0 求 b 时，则用附录Ⅱ的均匀流底宽求解图。图解法的步骤以已知 b 求 h_0 为例，方法步骤如下。

(1) 计算设计流量所对应的流量模数 $K_0=Q/\sqrt{i}$，将其代入式（9-22），化简后得

$$\frac{b^{2.67}}{nK_0}=\frac{\left(\frac{b}{h}+2\sqrt{1+m^2}\right)^{\frac{2}{3}}}{\left(\frac{b}{h}+m\right)^{\frac{5}{3}}\left(\frac{h}{b}\right)^{\frac{8}{3}}}$$

（2）计算$\frac{b^{2.67}}{nK_0}$。

（3）查附录Ⅰ。以边坡系数 m 为参数，在横坐标上找出$\frac{b^{2.67}}{nK_0}$，过该点作铅垂线，与图中对应于边坡系数 m 的曲线相交于一点，则此点的纵坐标大小即为$\frac{h_0}{b}$，由此可算出正常水深 h_0。

【例题 9-6】 设梯形断面尺寸渠道，已知 $Q=0.80\text{m}^3/\text{s}$，$i=1/1000$，$n=0.025$，$m=1.0$（重壤土），$b=0.8\text{m}$，试求正常水深 h_0。

解：（1）试算法。

1）求出

$$K_0=\frac{Q}{\sqrt{i}}=\frac{0.8}{\sqrt{0.001}}=25.3(\text{m}^3/\text{s})$$

2）设水深 $h=0.6\text{m}$，求出相应的 K 值，并与 K_0 值进行比较。

$$A=(b+mh)h=(0.8+1.0\times0.6)\times0.6=0.84(\text{m})$$

$$\chi=b+2h\sqrt{1+m^2}=0.8+2\times0.6\sqrt{1+1.0^2}=2.5(\text{m})$$

$$R=\frac{A}{\chi}=\frac{0.84}{2.5}=0.336(\text{m})$$

$$C=\frac{1}{n}R^{1/6}=\frac{1}{0.025}\times0.336^{1/6}=33.352(\text{m}^{1/2}/\text{s})$$

$$K=AC\sqrt{R}=0.84\times33.352\times\sqrt{0.336}=16.25\neq25.3(\text{m}^3/\text{s})$$

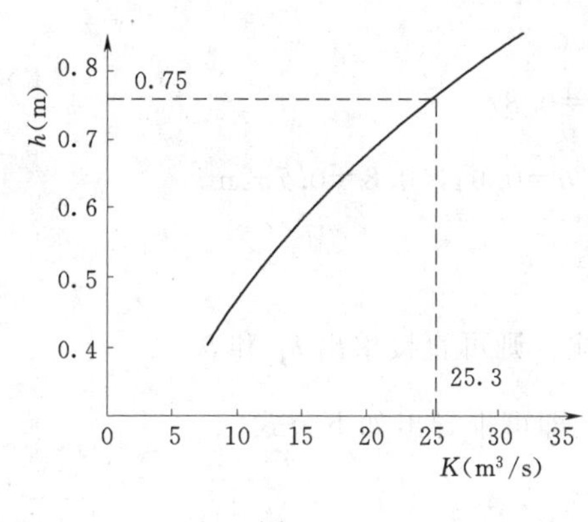

图 9-8

重新假设水深，进行试算，列表 9-5，并绘制 K—h 曲线（见图 9-8），查曲线得 $h_0=0.75\text{m}$。

表 9-5　　**正常水深试算表**

假设水深 H (m)	面积 A (m^2)	湿周 χ (m)	水力半径 R (m)	谢才系数 C ($\text{m}^{1/2}/\text{s}$)	流量模数 K (m^3/s)
0.4	0.48	1.931	0.249	31.717	7.602
0.5	90.65	2.214	0.294	32.610	11.485
0.6	0.84	2.497	0.336	33.358	16.25
0.7	1.05	2.790	0.378	34.008	21.947
0.8	1.28	3.062	0.418	34.587	28.62

(2) 迭代试算法。

将已知数代入式 (9-22)，整理得

$$h=0.759\times\frac{(0.8+2.828h)^{0.4}}{0.8+h}$$

首先设水深 h 趋近于零，代入上式则得 $h_1=0.868$，再将 $h_1=0.868$ 代入上式得 $h_2=0.730$，如此迭代见表 9-6，最后得 h_0 为 0.752m，取正常水深 $h_0=0.75$m。

表 9-6 正常水深迭代试算表

迭代次数	0	1	2	3	4	5
水深 h_j	→0	0.868	0.730	0.756	0.751	0.752
水深 h_{j+1}	0.868	0.730	0.756	0.751	0.752	0.752

(3) 图解法。

1) 计算设计流量所对应的流量模数 K_0。

$$K_0=\frac{Q}{\sqrt{i}}=\frac{0.8}{\sqrt{0.001}}=25.3(\mathrm{m^3/s})$$

2) 计算$\frac{b^{2.67}}{nK}$。

$$\frac{b^{2.67}}{nK_0}=\frac{0.8^{2.67}}{0.025\times25.3}=0.87$$

3) 查附录Ⅰ，得 $h_0/b=0.94$，则 $h_0=(h_0/b)\times b=0.94\times0.8=0.752$m。

最后取正常水深为 0.75m。

4. 根据选定宽深比确定 h_0 和 b

根据工程经验，查相关资料，选择合适的宽深比，则可直接求出 h_0 和 b_0。

因 $\beta=\frac{b}{h}$，则 $b=\beta h$，将其代入式 (9-23) 中，即可推导出如下公式

$$h=\left(\frac{nQ}{\sqrt{i}}\right)^{3/8}\frac{(\beta+2\sqrt{1+m^2})^{1/4}}{(\beta+m)^{5/8}} \tag{9-26}$$

由水力最佳断面 $\beta_m=\frac{b}{h}=2\left(\sqrt{1+m^2}-m\right)$ 代入上式整理得

$$h_0=1.189\times\left[\frac{nQ}{\sqrt{i}(2\sqrt{1+m^2}-m)}\right]^{3/8} \tag{9-27}$$

$$b=\beta_m h_0$$

$$A_0=(b+mh_0)h_0$$

式中 β_m——水力最佳断面宽深比。

【例题 9-7】 已知某渠道过流量 $Q=3.2\mathrm{m^3/s}$，$m=1.5$，$i=0.0005$，$n=0.025$，$v_{不冲}=0.8$m/s，$v_{不淤}=0.4$m/s，试按水力最佳断面计算过水断面的大小。

解： (1) 根据 $m=1.5$，$\beta_m=\frac{b}{h}=2\left(\sqrt{1+m^2}-m\right)$ 计算得 $\beta_m=0.61$。

(2) 按式 (9-27) 计算水深。

$$h_0=1.189\times\left[\frac{nQ}{\sqrt{i}(2\sqrt{1+m^2}-m)}\right]^{3/8}$$

$$=1.189\times\left[\frac{0.025\times3.2}{\sqrt{0.0005}\times(2\times\sqrt{1+1.5^2}-1.5)}\right]^{3/8}=1.45(\mathrm{m})$$

(3) 计算底宽。

$$b=\beta_m h_0=0.61\times1.45=0.88(\mathrm{m})$$

所以，水力最佳断面的尺寸为：正常水深为1.45m，底宽为0.88m。

三、渠道边坡系数和超高的确定

1. 渠道边坡系数的确定

梯形渠道边坡系数 m 的取值，影响因素很多，通常可根据边坡的岩土性质、侧壁的衬砌情况，以及渠道设计的有关规定，查专门的水力计算手册选取。表9-7所给出的 m 值可供参考。

表9-7　　无衬砌渠道的边坡系数 m

岩土种类	边坡系数 m	岩土种类	边坡系数 m
未风化的岩石	0～0.25	黏土、黄土	1.0～1.5
风化的岩石	0.25～0.5	黏壤土、砂壤土	1.25～2.0
半岩性耐水土壤	0.5～1.0	细砂	1.5～2.5
卵石和砂砾	1.25～1.5	粉砂	3.0～3.5

2. 渠道超高的确定

为了保证不使风浪引起渠水漫溢，保证渠道安全运行，渠道堤顶应高于渠道的最高水位，要求高出的数值称为渠道的安全超高。

超高的确定是根据不同渠道的用途和工程要求来确定的。初步确定时可参考表9-8。

表9-8　　渠道安全加高值

最大流量（m^3/s）	>50	50～10	<10
超高（m）	1.0以上	1.0～0.6	0.4

专题小结

1. 明渠均匀流发生的特性。

(1) 过水断面形状、面积、水深沿程不变。

(2) 过水断面流速和流速分布沿程不变。

(3) 总水头线、测压管水头线、渠底线三者平行，即 $J=J_z=i$。

2. 明渠均匀流产生的条件：

(1) 明渠水流为恒定流，且流量沿程保持不变。

(2) 明渠必须是顺坡（$i>0$）的棱柱体渠道。

(3) 明渠糙率沿程不变。

(4) 渠道上不应有闸、坝、桥墩等建筑物对水流造成干扰。

3. 明渠均匀流的计算公式：$Q=AC\sqrt{Ri}$。

4. 明渠均匀流的水力最佳断面：

(1) A、i、n 一定，通过 Q 最大的断面。

(2) Q、i、n 一定，过水断面 A 最小的断面。

(3) 梯形水力最佳断面的宽深比公式：$\beta_m=\dfrac{b}{h}=2(\sqrt{1+m^2}-m)$。

5. 渠道的容许流速：$v_{不淤}<v<v_{不冲}$，及糙率值的正确选取。

6. 渠道水力计算的类型：

(1) 建成渠道计算 Q、n、i 等。

(2) 设计新渠道计算 b、h、m 等。

习　题

一、选择题

1. 水力最佳断面是（　　）。

A. 湿周一定，面积最小的断面　　B. 面积一定，通过流量最大的断面

C. 最低造价的断面　　D. 最小糙率的断面

2. 正常水深只能发生在（　　）上。

A. 平坡　　B. 顺坡　　C. 逆坡　　D. 平坡、顺坡、逆坡

3. 矩形水力最佳断面的宽深比为（　　）。

A. 2　　B. 1/2　　C. 1　　D. 不能确定

4. 一过水断面面积为 $64m^2$ 的正方形管道，在某一流量下为有压流，则对应的水力半径 R 为（　　）。

A. 2　　B. 8/3　　C. 4　　D. 不能确定

二、简答题

1. 明渠均匀流的渠底坡度 i、水面坡度 J_z、水力坡度 J 有什么关系？

2. 产生明渠均匀流，渠道必须满足哪些条件？

3. 为什么平坡和逆坡上不能产生均匀流？

4. 糙率选得大了，设计出来的渠道断面是大还是小，会产生什么后果？

5. 渠道的断面设计是否都应按水力最佳断面设计？

三、计算题

1. 一梯形断面渠道，底坡 $i=0.005$，糙率 $n=0.025$，边坡系数 $m=1.0$，底宽 $b=2.0m$，水深 $h=1.5m$，求此渠道的流速和流量。

2. 某渠道为梯形土渠，通过流量 $Q=35m^3/s$，边坡系数 $m=1.5$，底坡 $i=1/5000$，糙率 $n=0.02$。试按水力最佳断面原理设计渠道断面。

3. 已知矩形渠道底宽 $b=8m$，底坡 $i=1/2000$，测得渠道为均匀流时的流量 $Q=20m^3/s$，水深 $h_0=1.5m$，试计算渠道糙率 n 值。

4. 一条黏土渠，需要输送的流量为 $3.0m^3/s$，初步确定渠道底坡 i 取 0.007，$m=1.5$，$n=0.025$，$b=2.0m$，试用试算法和图解法求渠道中的正常水深，并校核渠中流速。

专题十　明渠恒定非均匀流

学习要求

1. 熟练掌握明渠的三种流态及其判定方法。

2. 掌握断面比能及临界水深的概念；熟练掌握底坡的分类及判定。

3. 掌握水跌与水跃的概念及其判别；熟悉矩形棱柱体明渠中共轭水深的计算。

由于产生明渠均匀流的条件非常严格，自然界中的水流条件很难满足，故实际中的人工渠道或天然河道中的水流绝大多数是非均匀流。明渠非均匀流的特点是底坡线、水面线、总水头线彼此互不平行（见图 10-1）。产生明渠非均匀流的原因很多，例如明渠横断面的几何形状或尺寸沿流程改变，粗糙度或底坡沿流程改变，在明渠中修建水工建筑物（闸、桥梁、涵洞等），都能使明渠水流发生非均匀流。明渠非均匀流中也存在渐变流和急变流，若流线是接近于相互平行的直线，或流线间夹角很小、流线的曲率半径很大，这种水流称为明渠非均匀渐变流。反之，则为明渠非均匀急变流。

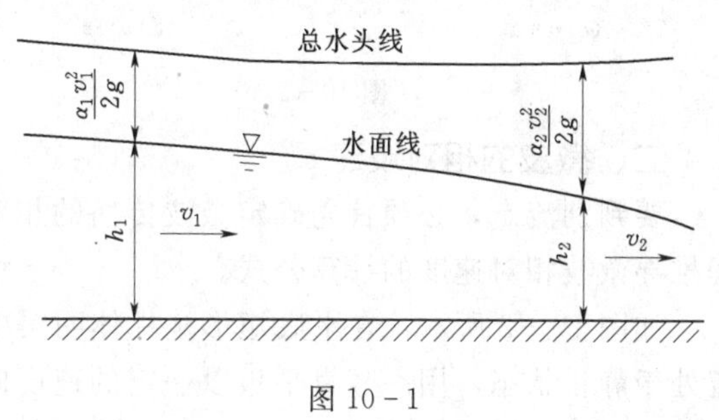

图 10-1

本专题的重点是明渠非均匀流的一些基本概念，明渠恒定流中三种流态的判定，水跃与水跌现象及其相关计算，并为专题十一中水面曲线的计算作铺垫。

因明渠非均匀流的水深沿程变化，即 $h=f(l)$，为了不致引起混乱，将明渠均匀流的水深称为正常水深，以 h_0 表示。

知识点一　明渠水流的三种流态及微波的相对波速

一、明渠水流中的三种流态

为了研究明渠水流的流态，先来了解干扰波传播的特点，可以观察一个简单的实验。

若在静水中沿铅垂方向丢下一块石子，水面将产生一个微小波动，称为微波，这个波动以石子着落点为中心，以一定的速度 c 向四周传播，平面上的波形将是一连串的同心圆，如图 10-2（a）所示。这种在静水中传播的微波速度 c 为相对波速。

若把石子投入明渠均匀流中，则微波的传播速度应是水流的流速与相对波速的向量和。当水流断面平均流速 v 小于相对波速 c 时，微波将以绝对速度 $v'=c-v$ 向上游传播，同时又以绝对速度 $v'=c+v$ 向下游传播［见图 10-2（b）］，这种水流称为缓流。

当水流断面平均流速 v 等于相对流速 c 时，微波向上游传播的绝对速度 $v'=0$，而向下游传播的绝对速度 $v'=2c$ [见图 10-2 (c)]，这种水流称为临界流。

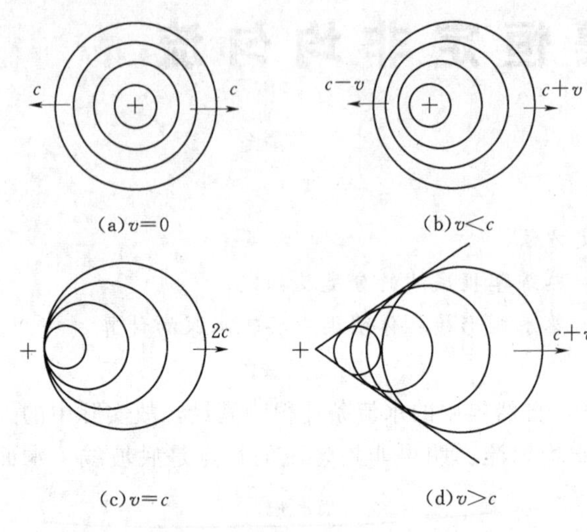

图 10-2

当水流断面平均流速 v 大于相对波速 c 时，微波只以绝对速度 $v'=v+c$ 向下游传播，而对上游水流不发生任何影响 [见图 10-2 (d)]，这种水流称为急流。

由此可知，只要比较水流的断面平均流速 v 和微波相对速度 c 的大小，就可判断干扰微波是否会往上游传播，也可判别水流是属于哪一种流态。

(1) 当 $v<c$ 时，水流为缓流。

(2) 当 $v=c$ 时，水流为临界流。

(3) 当 $v>c$ 时，水流为急流。

二、微波的相对波速 *c*

要判别流态，必须首先确定微波传播的相对速度 c，现在用水流能量方程和连续性方程推导微波相对速度的计算公式。

如图 10-3 所示，在平底矩形棱柱体明渠中，假设渠中水深为 h，设开始时，渠中水流处于静止状态，用一竖直平板以一定的速度向左推动一下，在平板的左侧将激起一个干扰微波。

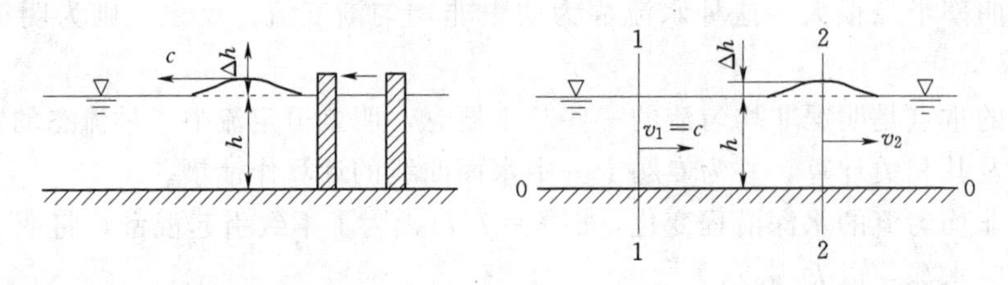

图 10-3

微波波高为 Δh，微波以波速 c 向左移动。某观察者若以波速 c 随波前进，他将看到微波是静止不动的，而水流则以波速 c 向右移动。这正如人们站在船头所观察到的船行波是不动的，而河道的静水和两岸的景观则以船的速度向后运动一样。

对上述移动坐标系来说，水流是作恒定非均匀流动。根据伽利略相对运动原理，假若忽略摩擦阻力不计，以水平渠底为基准面，对两个相距很近的断面 1—1 和断面 2—2 建立连续性方程式和能量方程式，即

连续性方程
$$hc=(h+\Delta h)v_2$$

得
$$v_2=\frac{hc}{h+\Delta h}$$

能量方程
$$h+\frac{c^2}{2g}=h+\Delta h+\frac{v_2^2}{2g}$$

将 $v_2=\dfrac{hc}{h+\Delta h}$代入能量方程得

$$c=\sqrt{\frac{2g(h+\Delta h)^2}{2h+\Delta h}}$$

对波高很小的微波，由于 $\Delta h \ll h$，可令 $\Delta h \approx 0$，则上式可简化为

$$c=\sqrt{gh} \tag{10-1}$$

式（10-1）就是矩形断面明渠静水中微波传播的相对波速公式。

当明渠断面为任意形状时，其相对波速 c 为

$$c=\sqrt{g\overline{h}} \tag{10-2}$$

其中
$$\overline{h}=A/B$$

式中　$\overline{h}$——断面平均水深；

A——断面面积；

B——水面宽度。

由式（10-2）可以看出，微波的相对波速 c 与断面平均水深 $\overline{h}$ 的平方根成正比，水深 $\overline{h}$ 越大，相对波速 c 也越大。

因此，明渠水流的判别式可写为：

(1) 当 $v<\sqrt{g\overline{h}}$时，水流为缓流。

(2) 当 $v=\sqrt{g\overline{h}}$时，水流为临界流。

(3) 当 $v>\sqrt{g\overline{h}}$时，水流为急流。

三、流态判别数——弗劳德数 *Fr*

对临界流来说，断面平均流速恰好等于微波相对波速，即 $v=c=\sqrt{g\overline{h}}$，则此式可改写为

$$\frac{v}{\sqrt{g\overline{h}}}=1 \tag{10-3}$$

$\dfrac{v}{\sqrt{g\overline{h}}}$是一个无量纲数，称为弗劳德数，用符号 Fr 表示。显然，对临界流来说，弗劳德数恰好等于 1，因此也可用弗劳德数 Fr 来判别明渠水流的流态。

当 $Fr=\dfrac{v}{\sqrt{g\overline{h}}}<1$ 时，水流为缓流。

当 $Fr=\dfrac{v}{\sqrt{g\overline{h}}}=1$ 时，水流为临界流。

当 $Fr=\dfrac{v}{\sqrt{g\overline{h}}}>1$ 时，水流为急流。

弗劳德数 Fr 在水力学中是一个极为重要的判别数，为了加深理解，下面将对它的物理意义进行讨论，可把弗劳德数 Fr 的表达式改写为

$$Fr=\frac{v}{\sqrt{g\,\overline{h}}}=\sqrt{\frac{2\,\frac{v^2}{2g}}{\overline{h}}} \tag{10-4}$$

由式（10-4）可以看出，弗劳德数 Fr 反映了过水断面单位重量液体平均动能$\frac{v^2}{2g}$与平均势能$\overline{h}$之比。当水流的平均势能$\overline{h}$等于平均动能$\frac{v^2}{2g}$的 2 倍时，即 $Fr=1$，水流是临界流。水流为急流时，其平均势能小于 2 倍的平均动能；水流为缓流时，其平均势能大于 2 倍的平均动能。

弗劳德数 Fr 的物理意义，还可以从量纲式来认识。

惯性力 F 的量纲式为

$$[F]=[m][a]=[\rho L^3][LT^{-2}]=[\rho L^2 v^2]$$

重力 G 的量纲式为

$$[G]=[M][g]=[\rho L^3][g]=[\rho L^3 g]$$

惯性力和重力之比开平方的量纲式为

$$\left[\frac{F}{G}\right]^{1/2}=\left[\frac{\rho L^2 v^2}{\rho L^3 g}\right]^{1/2}=\left[\frac{v}{\sqrt{gL}}\right]$$

所以，上面的量纲式表达了弗劳德数 Fr 的力学意义，即它反映了水流惯性力与重力大小的对比关系。当这个比值等于 1 时，恰好说明惯性力作用与重力作用相等，水流是临界流。当 $Fr>1$ 时，说明惯性力作用大于重力的作用，惯性力对水流起主导作用，这时水流处于急流状态。当 $Fr<1$ 时，惯性力作用小于重力作用，这时重力对水流起主导作用，水流处于缓流状态。

知识点二 断面比能与临界水深

知识点一主要从运动学的角度分析了明渠水流的三种流态，而这三种流态所表现出来的能量特性也是不同的，下面从能量的角度来进行分析。

一、断面比能与断面比能曲线

在一底坡较小的明渠渐变流中，任取一过水断面，如图 10-4 所示。以 0—0 为基准面，其断面最低点的位置高度为 z_0，断面水深为 h，断面平均流速为 v，则过水断面上单位重量液体所具有的总能量 E 为

$$E=z_0+h+\frac{\alpha v^2}{2g} \tag{10-5}$$

如果我们把基准面选在渠底这一特殊位置，则此时以渠底水平面 $0'—0'$为基准面计算得到的断面单位重量液体所具有的总机械能称为断面单位能量，简称断面比能，用 E_s 来表示。即

$$E_s=h+\frac{\alpha v^2}{2g} \tag{10-6}$$

不难看出，断面比能 E_s 是过水断面上单位重量液体总能量 E 的一部分，两者相差的

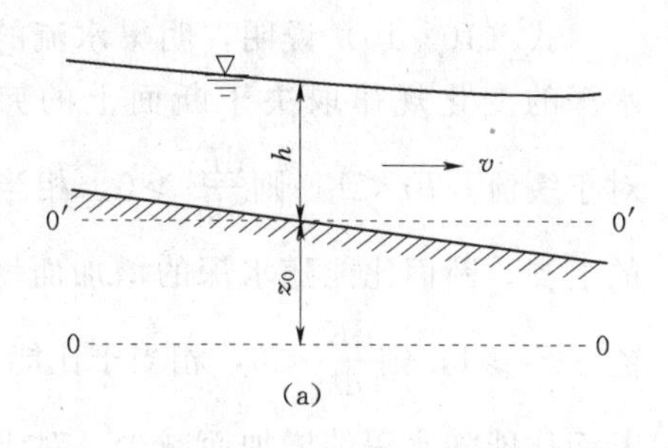

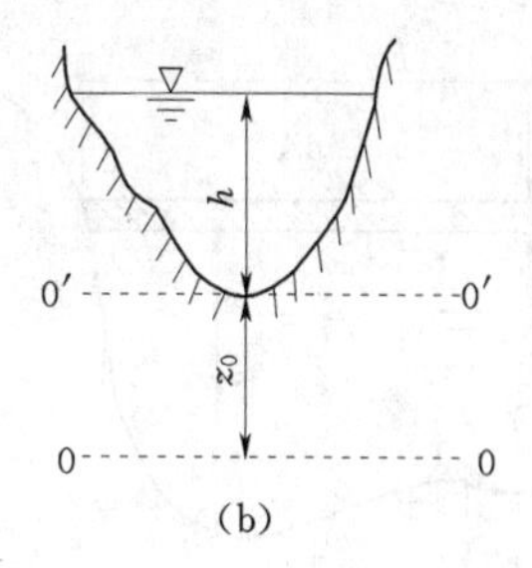

图 10-4

数值乃是两个基准面之间的高差 z_0。

由式（10-6）可知，当流量 Q 和过水断面的形状及尺寸一定时，断面比能仅仅是水深的函数，即 $E_s=f(h)$，按照此函数可以绘出断面比能随水深变化的关系曲线，该曲线称为断面比能曲线。下面定性分析断面比能曲线随水深的变化情况。

流量 Q 一定，当水深 $h\to 0$ 时，断面面积 $A\to 0$，则流速水头 $\frac{\alpha Q^2}{2gA^2}\to\infty$，故 $E_s=h+\frac{\alpha Q^2}{2gA^2}\to\infty$；当水深 $h\to\infty$时，$A\to\infty$，则 $\frac{\alpha Q^2}{2gA^2}\to 0$，因而 $E_s=h+\frac{\alpha Q^2}{2gA^2}\to\infty$。若以 h 为纵坐标，以 E_s 为横坐标，根据上述讨论，绘出的断面比能曲线见图 10-5。曲线的下支以横坐标轴为渐近线，上支以与坐标轴成 45°夹角并通过原点的直线（直线 $y=x$）为渐近线。断面比能在 K 点处获得最小值 $E_{s,\min}$。K 点把曲线分成上下两支。在上支，断面比能随水深的增加而增加；在下支，断面比能随水深的增加而减小。

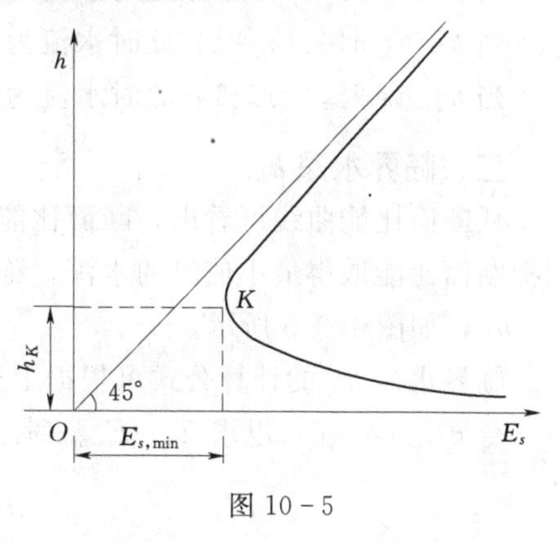

图 10-5

若将式（10-6）对水深 h 求导，可以进一步了解断面比能曲线的变化规律

$$\frac{\mathrm{d}E_s}{\mathrm{d}h}=\frac{\mathrm{d}}{\mathrm{d}h}\left(h+\frac{\alpha Q^2}{2gA^2}\right)=1-\frac{\alpha Q^2}{gA^3}\frac{\mathrm{d}A}{\mathrm{d}h} \tag{10-7}$$

如图 10-6 所示，当过水断面水深 h 增加一个微量 $\mathrm{d}h$ 时，为过水断面面积 A 也要增加一微量 $\mathrm{d}A$，由图可得，$\mathrm{d}A=B\mathrm{d}h$，即

$$\frac{\mathrm{d}A}{\mathrm{d}h}=B \tag{10-8}$$

代入式（10-7），得

$$\frac{\mathrm{d}E_s}{\mathrm{d}h}=1-\frac{\alpha Q^2 B}{gA^3}=1-\frac{\alpha v^2}{g\dfrac{A}{B}} \tag{10-9}$$

若取 $\alpha=1.0$，则式（10-9）可写作

$$\frac{\mathrm{d}E_s}{\mathrm{d}h}=1-Fr^2 \tag{10-10}$$

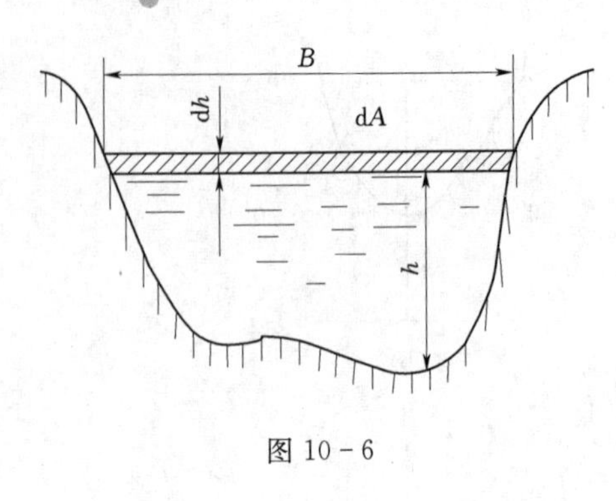

图 10-6

式（10-10）说明，明渠水流的断面比能随水深的变化规律取决于断面上的弗劳德数 Fr。对于缓流，$Fr<1$，则 $\frac{dE_s}{dh}>0$，相当于比能曲线的上支，断面比能随水深的增加而增加；对于急流，$Fr>1$，则 $\frac{dE_s}{dh}<0$，相当于比能曲线的下支，断面比能随水深的增加而减少；对于临界流，$Fr=1$，则 $\frac{dE_s}{dh}=0$，相当于断面比能曲线上下两支的分界点，断面比能取得最小值。

因此，可用临界水深 h_K 和实际水深 h 的相对大小，来判别明渠水流的流态，即

当 $h>h_K$ 时，$Fr<1$，此时水流为缓流。

当 $h=h_K$ 时，$Fr=1$，此时水流为临界流。

当 $h<h_K$ 时，$Fr>1$，此时水流为急流。

二、临界水深 h_K

从断面比能曲线可看出，断面比能随水深的变化而变化，其中能达到一个最小值。我们把断面比能取得最小值时的水深，称为临界水深，用 h_K 表示。即 $E_s=E_{s,\min}$时，得水深 $h=h_K$，如图 10-5 所示。

临界水深 h_K 的计算公式可根据上述定义得出。

令 $dE_s/dh=0$，以求 $E_s=E_{s,\min}$时之水深 h_K，由式（10-9）得

$$1-\frac{\alpha Q^2 B_K}{gA_K^3}=0$$

或

$$\frac{\alpha Q^2}{g}=\frac{A_K^3}{B_K} \tag{10-11}$$

式（10-11）便是求解临界水深 h_K 的一般表达式，任意形状断面渠道临界水深的计算都可采用此式。式（10-11）中，等号的左边是已知值，等号右边 B_K 及 A_K 为相应于临界水深的水力要素，均是 h_K 的函数，故求解此式可得 h_K。由于 A^3/B 一般是水深 h 的隐函数形式，故常采用试算法来求解。

试算法：对于给定的断面，设各种 h 值，依次算出相应的 A、B 和 A^3/B 值。以 A^3/B 为横坐标，以 h 为纵坐标作图（见图 10-7）。

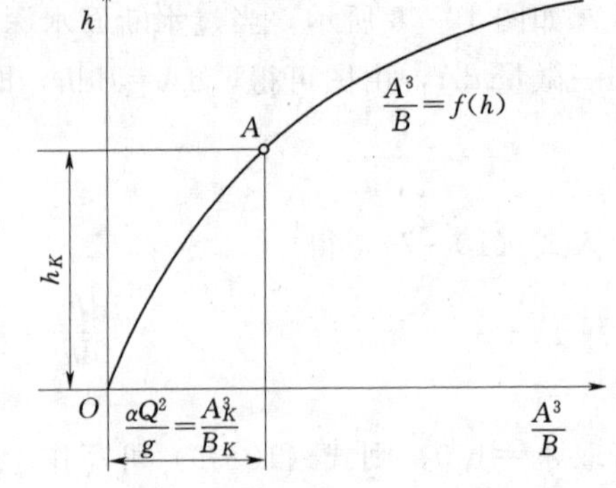

图 10-7

由式（10-11）知，图 10-7 中对应于 $A^3/B=\alpha Q^2/g$ 的水深便是 h_K。

对于矩形断面的明渠水流，其临界水深 h_K 可用以下关系式求得。

矩形断面的水面宽度 B 等于底宽 b，代入式（10-11），即

$$\frac{\alpha Q^2}{g}=\frac{b^3 h_K{}^3}{b}=b^2 h_K^3$$

则

$$h_K=\sqrt[3]{\frac{\alpha Q^2}{gb^2}}=\sqrt[3]{\frac{\alpha q^2}{g}} \tag{10-12}$$

式中　q——单宽流量，$q=Q/b$，$m^3/(s\cdot m)$。

可见，在底宽 b 一定的矩形断面明渠中，水流在临界水深状态下，$Q=f(h_K)$。利用这种水力性质，工程上出现了有关的测量流量的简便设施。

在实际工程中，对于梯形断面或圆形断面渠道的临界水深 h_K 的确定，常可在有关的水力计算图表中查得，或编程求解，从而避免了上述复杂的计算。

知识点三　临界底坡、缓坡与陡坡

在流量、断面形状、尺寸及糙率一定的棱柱体顺坡渠道中，水流作均匀流动，若只改变明渠的底坡 i，则相应的均匀流正常水深 h_0 亦随之而改变，将此关系曲线绘出，如图 10-8 所示。如果变至某一底坡，其均匀流的正常水深 h_0 恰好与临界水深 h_K 相等，此坡度定义为临界底坡，用 i_K 来表示。

不难理解，当底坡 i 增大时，正常水深 h_0 将减小；反之，当 i 减小时，正常水深 h_0 将增大。从该曲线上必能找出一个正常水深恰好与临界水深相等的 K 点。曲线上 K 点所对应的底坡即为临界底坡 i_K。

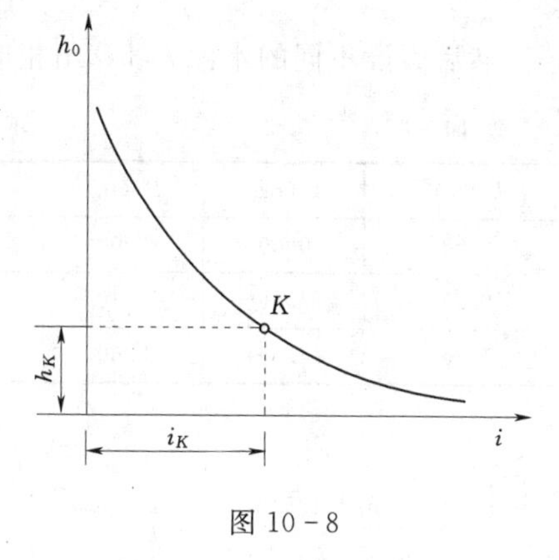

图 10-8

在临界底坡上作均匀流时，一方面它要满足临界流方程式

$$\frac{\alpha Q^2}{g}=\frac{A_K^3}{B_K}$$

另一方面又要同时满足均匀流的基本方程式

$$Q=A_K C_K\sqrt{R_K i_K}$$

联解上列两式可得临界底坡 i_K 的计算式为

$$i_K=\frac{gA_K}{\alpha C_K^2 R_K B_K}=\frac{g\chi_K}{\alpha C_K^2 B_K} \tag{10-13}$$

式中　R_K、χ_K、C_K——渠中水深为临界水深时所对应的水力半径、湿周、谢才系数。

由式（10-13）不难看出，明渠的临界底坡 i_K 与断面形状、尺寸、糙率和流量有关，而与渠道的实际底坡 i 无关。

一个坡度为 i 的明渠，与其相应（即同流量、同断面尺寸、同糙率）的临界底坡相比较可能有三种情况，即：当 $i<i_K$ 时，实际底坡称为缓坡；当 $i=i_K$ 时，实际底坡为临界底坡；当 $i>i_K$ 时，实际底坡为陡坡。

此外，由图 10-8 可以看出，明渠水流为均匀流时，若 $i<i_K$，则正常水深 $h_0>h_K$，说明缓坡上的均匀流为缓流；若 $i>i_K$，则正常水深 $h_0<h_K$，说明陡坡上的均匀流为急流；若 $i=i_K$，则正常水深 $h_0=h_K$，说明临界坡上的均匀流为临界流。

所以在明渠均匀流的情况下，用底坡的类型就可以判别均匀流流态。

$i<i_K$，底坡为缓坡，且 $h_0>h_K$，说明缓坡上的均匀流一定为缓流。

$i=i_K$，底坡为临界坡，且 $h_0=h_K$，说明临界坡上的均匀流一定为临界流。

$i>i_K$，底坡为陡坡，且 $h_0<h_K$，说明陡坡上的均匀流一定为急流。

但一定要强调，这种判别只适用于均匀流的情况，非均匀流就不一定了。

必须指出，上述关于渠底坡度的缓、急之称，是对应于一定流量来讲的。对于某一渠道，底坡已经确定，但当流量改变时，所对应的 h_K（或 i_K）也发生变化，从而该渠道是缓坡或陡坡也可能随之改变。

【例题 10-1】 某长直梯形断面渠道，渠道底宽 $b=2.0$m，边坡系数 $m=1.5$，糙率 $n=0.02$，渠道中实际水深 $h=1.3$m 时通过的流量为 $Q=20\text{m}^3/\text{s}$。试分别用 h_K、i_K、Fr 及 c 来判别该明渠水流的流态。

解：(1) 临界水深 h_K。用试算法求解临界水深 h_K，计算公式为

$$\frac{\alpha Q^2}{g}=\frac{A_K^3}{B_K},\ A=(b+mh)h,\ B=b+2mh$$

首先计算出已知值

$$\frac{\alpha Q^2}{g}=\frac{1\times 20^2}{9.8}=40.8$$

然后假设不同的水深 h，算出相应的比值 A^3/B，计算结果列于表 10-1 中。

表 10-1 **不同水深 A^3/B 计算值**

h（m）	A（m^2）	B（m）	A^3/B	h（m）	A（m^2）	B（m）	A^3/B
0.00	0.00	2.00	0.00	1.50	6.38	6.50	39.86
0.80	2.56	4.40	3.81	1.55	6.70	6.65	45.30
1.20	4.56	5.60	16.93	1.60	7.04	6.80	51.31

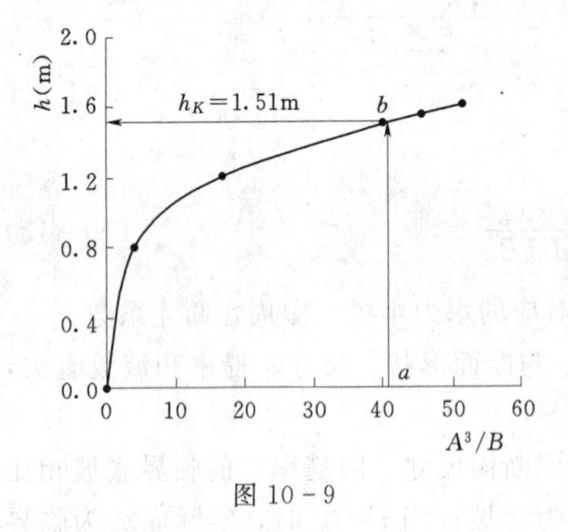

图 10-9

根据表中的数据，绘制 A^3/B—h 关系曲线，如图 10-9 所示。

由已知量 $\frac{\alpha Q^2}{g}=40.8$，在图 10-9 横坐标上找到 a 点，过 a 点作垂线交曲线于 b 点，则 b 点的纵坐标即为所求值，得 $h_K=1.51$m。

可见 $h=1.3\text{m}<h_K=1.51\text{m}$，此明渠水流为急流。

(2) 临界坡度 i_K。

$$i_K=\frac{g\chi_K}{\alpha C_K^2 B_K}$$

其中
$$\chi_K=b+2h_K\sqrt{1+m^2}=2+2\times 1.51\times\sqrt{1+1.5^2}=7.444(\text{m})$$
$$B_K=b+2mh_K=2+2\times 1.5\times 1.51=6.530(\text{m})$$
$$A_K=(b+mh_K)h_K=(2+1.5\times 1.51)\times 1.51=6.440(\text{m}^2)$$

$$R_K=\frac{A_K}{\chi_K}=\frac{6.440}{7.444}=0.865(\text{m})$$

$$C_K=\frac{1}{n}R_K^{1/6}=\frac{1}{0.02}\times 0.865^{1/6}=48.807(\text{m}^{1/2}/\text{s})$$

则临界底坡为

$$i_K=\frac{g\chi_K}{\alpha C_K^2 B_K}=\frac{9.8\times 7.444}{1\times 48.807^2\times 6.530}=0.00469$$

另外 $$i=\frac{Q^2}{A^2C^2R}$$

其中 $A=(b+mh)h=(2+1.5\times 1.3)\times 1.3=5.135(\text{m}^2)$

$$\chi=b+2h\sqrt{1+m^2}=2+2\times 1.3\times\sqrt{1+1.5^2}=6.687(\text{m})$$

$$R=\frac{A}{\chi}=\frac{5.135}{6.687}=0.768(\text{m})$$

$$C=\frac{1}{n}R^{1/6}=\frac{1}{0.02}\times 0.768^{1/6}=47.847(\text{m}^{1/2}/\text{s})$$

则实际底坡为

$$i=\frac{Q^2}{A^2C^2R}=\frac{20^2}{5.135^2\times 47.847^2\times 0.768}=0.00863$$

可见 $i=0.00863>i_K=0.00469$，此明渠水流为急流。

(3) 弗劳德数 Fr。

$$Fr=\frac{v}{\sqrt{g\bar{h}}}$$

其中 $$\bar{h}=\frac{A}{B}=0.870(\text{m})$$

$$v=\frac{Q}{A}=\frac{20}{5.135}=3.895(\text{m/s})$$

得 $$Fr=\frac{v}{\sqrt{g\bar{h}}}=\frac{3.895}{\sqrt{9.8\times 0.870}}=1.334>1$$

可见 $Fr>1$，此明渠水流为急流。

(4) 临界速度 c。

$$c=\sqrt{g\bar{h}}=\sqrt{9.8\times 0.870}=2.92(\text{m/s})$$

$$v=\frac{Q}{A}=\frac{20}{5.135}=3.895(\text{m/s})$$

可见 $v>c$，此明渠水流为急流。

由此可见，利用 h_K、i_K、Fr 及 c 来判别明渠水流状态是等价的。

知识点四　水 跌 与 水 跃

由于在水面曲线分析和计算中，经常遇到流态的过渡问题，下面来讨论两种水力现象。缓流和急流是明渠水流的两种不同流态。当水流从一种流态向另一种流态过渡时，会产生局部水力现象——水跌和水跃。

一、水跌

当明渠水流由缓流过渡到急流的时候，水面会在短距离产生连续而急剧的降落，这种水流现象称为水跌。水跌一般发生在明渠纵向边界突然降低的地段（底坡突变或有跌坎处），如图 10-10、图 10-11 所示。由于边界的突变，水流底部和下游的受力条件显著改变，使重力占主导地位，它力图将水流的势能转变成动能，从而使水面急剧下降，形成局部的急变流流段，水面也急剧地从临界水深线之上降落到临界水深线之下。

如图 10-10 所示，棱柱体缓坡明渠末端有一垂直跌坎，在上游较远处，缓坡渠道上的均匀流为缓流，其水深大于临界水深。渠道末端存在的跌坎使阻力减小，水流在重力作用下加速运动，水深沿流程减小，水面沿流程下降，并在跌坎附近产生一连续而急剧的降落。水流在跌坎处以临界流状态通过，又以水舌形式自由泻落。跌坎附近产生的这种局部水力现象称为水跌。

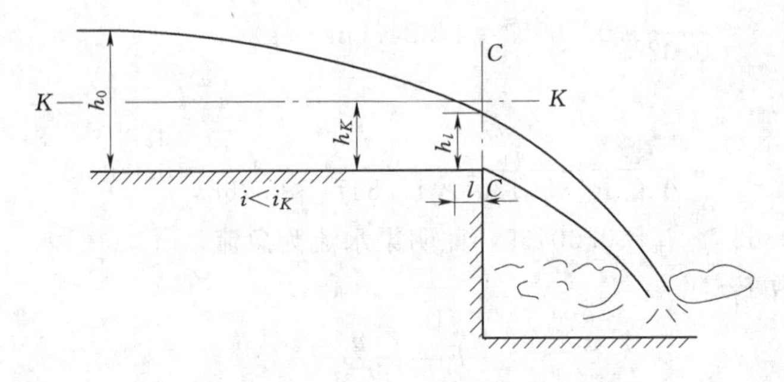

图 10-10

如图 10-11 所示，当渠道底坡由缓坡变为陡坡时，缓坡上游的均匀流为缓流，水深大于临界水深；陡坡上的均匀流为急流，水深小于临界水深。当水流从上游缓坡流向下游陡坡的过程中，水面下降，同样以临界流状态在断面突变处附近通过，形成水跌。

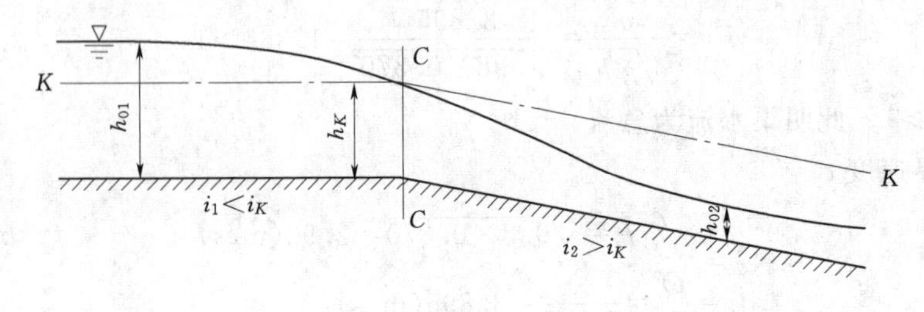

图 10-11

上述的例子说明，水流由缓流过渡到急流时，一定要经过临界流断面。水跌上游为缓流，水深大于临界水深，水跌下游的水深小于临界水深，因此转折断面附近水深应等于临界水深。根据实验观察，由于急变流的水面变化规律与渐变流有所不同，水流流线很弯曲，实际跌坎断面的水深约为 $0.7h_K$，而水深等于 h_K 的断面约出现在渠底突变处偏上游 $l=(3\sim4)h_K$ 处，如图 10-10 所示。

但在进行水面曲线分析时，实际通常将渠底突变处断面 $C—C$ 近似当做发生临界流的断面，如图 10－10、图 10－11 所示。由于渠道长度一般很长，这样简化处理，并不影响水面曲线计算的精度。

二、水跃

水跃是明渠水流从急流过渡到缓流时水面突然跃起的局部水力现象。例如，水流由陡坡流向缓坡，由陡坡下泄的急流过渡到缓坡上的缓流时，水流一定产生水跃现象，如图 10－12 所示。同样，由闸、坝下泄的急流过渡到下游河渠中的缓流时，也一定会形成水跃，如图 10－13 所示。

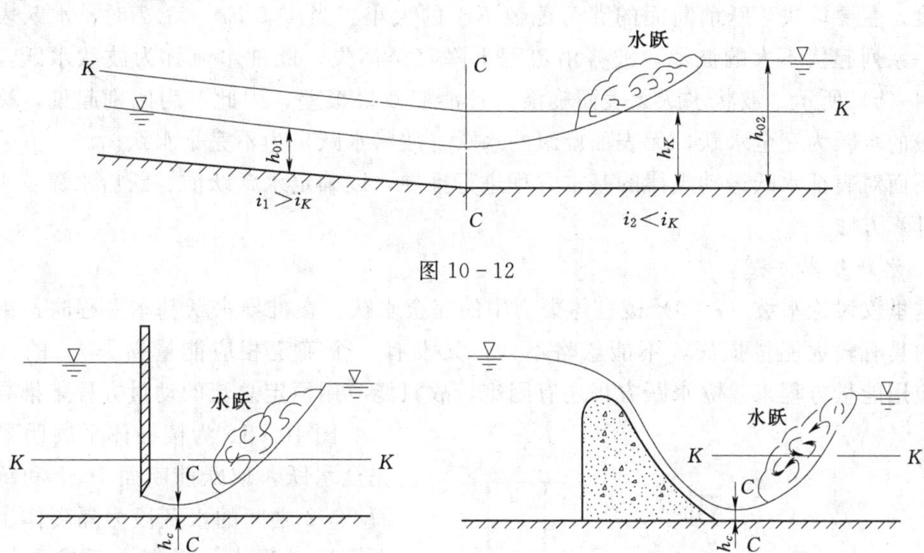

图 10－12

图 10－13

水跃内部结构大体上可分为两部分。水跃的上部称为表面旋滚区，该区域充满着剧烈翻滚的旋涡，回转剧烈，并掺入大量气泡；水跃的下部称为主流区，上游下泄的流量全部经过此区流向下游，此区域流速很大，在短距离内水深迅速增加，主流急剧扩散，流态从急流转变为缓流［见图 10－14（a）］。在水跃段内，表面旋滚区和主流扩散区之间存在大量的质量、动量交换，不能截然分开，水流内部发生强烈的摩擦和撞击，从而使水跃段内产生较大的能量损失。

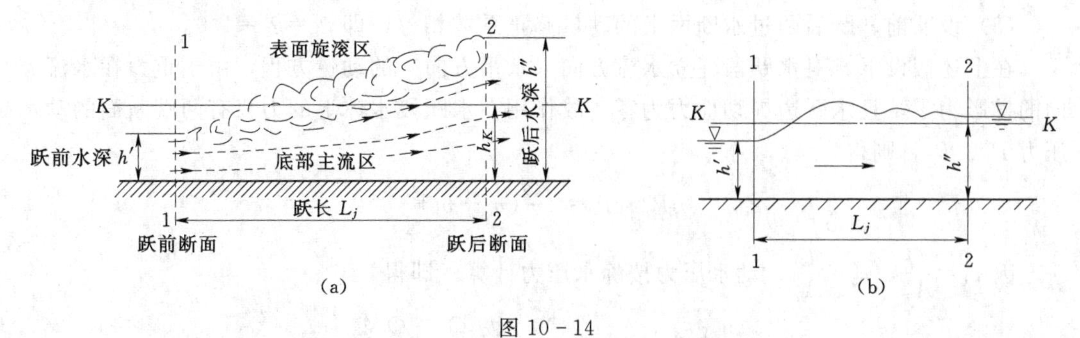

图 10－14

水跃是明渠急变流的重要水流现象，它的发生不仅增加上、下游水流衔接的复杂性，还引起大量的能量损失，是实际工程中有效的消能方式。

如图 10-14（a）所示为棱柱体平底明渠中发生的水跃。表面旋滚起点的过水断面1—1为跃前断面，相应断面的水深 h' 为跃前水深；表面旋滚末端的过水断面 2—2 为跃后断面，相应断面的水深 h'' 为跃后水深。水跃前、后两断面的水深差 $h''-h'=a$ 称为水跃高度，水跃前后两断面之间的水平距离称为水跃长度，用 L_j 表示。

水跃上部并非任何情况下都有表面旋滚存在。试验观测得知，表面旋滚是否存在与强烈程度，主要取决于跃前断面的弗劳德数 Fr_1 的大小。当 $1< Fr_1<1.7$ 时，水跃表面只形成一系列起伏不大的波浪，波峰沿流程下降直至消失，此种水流称为波状水跃，如图 10-14（b）所示。波状水跃无表面旋滚，且消能效果很差。因此，为区别起见，称有表面旋滚的水跃为完全水跃，无表面旋滚的水跃（波状水跃）为不完全水跃。

下面对表征水跃运动规律的基本方程进行推导，以确定水跃跃前、跃后水深及水跃长度的计算方法。

1. 水跃基本方程

这里仅讨论平坡（$i=0$）棱柱体渠道中的完全水跃。在推导水跃基本方程时，由于水跃区内具有较大能量损失，不能忽略不计，又没有一个确定相应能量损失 h_w 的计算公式，应用能量方程来建立水跃方程还有困难，故只能应用恒定总流的动量方程来推导。

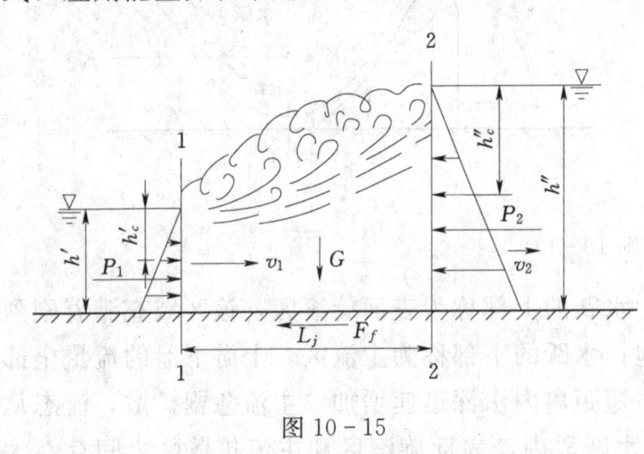

图 10-15

图 10-15 为棱柱体平底明渠中的完全水跃，取跃前断面 1—1 和跃后断面 2—2 之间的水跃段为隔离体。并且在推导过程中，根据水跃发生的实际情况，作了下列一些假设。

（1）水跃段长度较短，水跃与边界之间的切应力又不大，水流与渠底的摩擦阻力较小，可以忽略不计。

（2）跃前、跃后两过水断面上水流近似为渐变流，作用在该两断面上动水压强的分布可以按静水压强的分布规律计算，因而有

$$P_1=\gamma h'_c A_1,\ P_2=\gamma h''_c A_2$$

（3）设跃前、跃后两过水断面上的动量修正系数相等，即 $\beta_1=\beta_2=1.0$。

在上述假设下，对水跃段建立水流方向（水平方向）的动量方程，由于重力在水流方向的投影为零，且水跃边界切应力为零，故作用在水跃段水体上的力只有两端断面的动水压力 P_1、P_2，则得

$$P_1-P_2=\frac{\gamma Q}{g}(v_2-v_1)$$

因 $v_1=\dfrac{Q}{A_1}$，$v_2=\dfrac{Q}{A_2}$，动水压力按静水压力计算，即得

$$\gamma h'_c A_1-\gamma h''_c A_2=\frac{\gamma Q}{g}\left(\frac{Q}{A_2}-\frac{Q}{A_1}\right)$$

将上式各项除以 γ，整理后得

$$\frac{Q^2}{gA_1}+h_c'A_1=\frac{Q^2}{gA_2}+h_c''A_2 \tag{10-14}$$

式中　A_1——跃前断面 1—1 的面积；

A_2——跃后断面 2—2 的面积；

h_c'——跃前断面 1—1 形心处水深；

h_c''——跃后断面 2—2 形心处水深。

式（10-14）即为棱柱形平坡渠道中完全水跃的基本方程。该式表明，单位时间内由跃前断面流入的水流动量和该断面上的动水压力之和，等于单位时间内由跃后断面流出的动量和跃后断面的动水压力之和。

水跃方程是在一些假设条件下推导得出的，多年来对矩形断面平底明渠中的水跃进行了广泛试验，研究结果表明，试验值和理论公式计算值基本吻合，式（10-14）是可信的。

2. 水跃函数

由水跃基本方程可知，等式两边都是一样的表示形式。当明渠的断面形状、尺寸及流量一定时，水跃函数便是水深 h 的函数，则称此函数为水跃函数，用 $J(h)$ 表示，即

$$J(h)=\frac{Q^2}{gA}+h_cA \tag{10-15}$$

于是水跃的基本方程式（10-14）又可写成如下形式

$$J(h')=J(h'') \tag{10-16}$$

式中　h'、h''——跃前、跃后水深。

对于某一流量 Q，两水深具有相同的水跃函数 $J(h)$，因此，h'和 h''又称为水跃的共轭水深。

由式（10-15）可知，水跃函数 $J(h)$ 是水深 h 的连续函数，设一系列 h 值，可算出相应的水跃函数 $J(h)$ 值，用 $J(h)$—h 水跃函数关系曲线表示，如图 10-16 所示。从图中曲线关系可以看出，在流量 Q 和断面形式不变的条件下，当 $h\to 0$ 时，$A\to 0$，则水跃函数 $J(h)\to\infty$；当 $h\to\infty$时，$A\to\infty$，则 $J(h)\to\infty$。可得出水跃函数的一些特性。

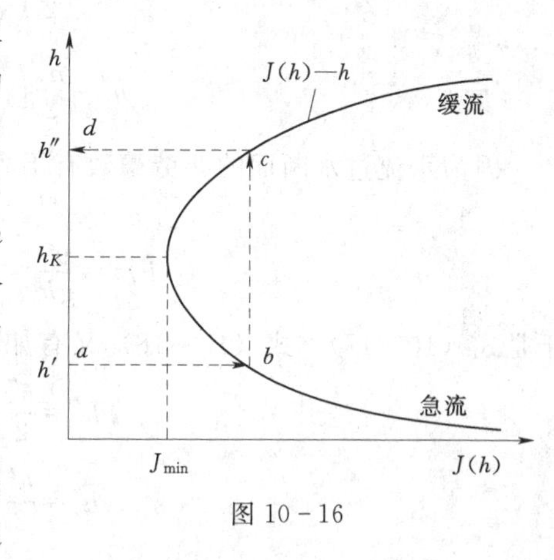

图 10-16

（1）水跃函数 $J(h)$ 和断面单位能量 $E_s=f(h)$的函数曲线一样，具有上、下两支。水跃函数曲线的上支，$J(h)$ 随水深 h 的增加而增加，$h>h_K$，水流为缓流；水跃函数曲线的下支，$J(h)$ 随水深 h 的增加而减小，$h<h_K$，水流为急流。

（2）水跃函数 $J(h)$ 值存在一个最小值 $J_{\min}$。可以证明，水跃函数 $J(h)$ 最小值时对应的水深就是临界水深 h_K。

（3）除最小值点以外，一个水跃函数值对应两个水深（跃前水深 h'和跃后水深 h''），它代表了一种条件下产生的水跃。h'越小，h''越大。

对于非矩形断面平底明渠的水跃，可利用水跃函数曲线来求共轭水深。如已知h'求h''时，可设一系列的h值，分别求出相应的$J(h)=\frac{Q^2}{gA}+h_cA$值，作$J(h)$—h关系曲线。可由h'值在纵坐标上找到一点a，过a点作水平线交水跃函数曲线下支于b点，过b点作垂线交曲线上支于c点，则c点的纵坐标d点的数值即为与h'相对应的跃后水深h''，如图10-16中画箭头和虚线所示。

3. 矩形断面棱柱体平底明渠中共轭水深的计算

对于矩形断面的棱柱形渠道，有

$$A=bh,\ h_c=\frac{h}{2},\ q=\frac{Q}{b}$$

则其水跃基本方程式（10-14）为

$$\frac{(bq)^2}{gbh'}+\frac{h'}{2}bh'=\frac{(bq)^2}{gbh''}+\frac{h''}{2}bh''$$

上式两端分别除以b得

$$\frac{q^2}{gh'}+\frac{(h')^2}{2}=\frac{q^2}{gh''}+\frac{(h'')^2}{2}$$

将上式整理简化为

$$(h')^2h''+h'(h'')^2-\frac{2q^2}{g}=0$$

将h'看做未知量，h''为已知量；或将h''看作未知量，h'为已知量。上式都为二次方程，用求根公式得

$$h'=\frac{h''}{2}\left(\sqrt{1+8\frac{q^2}{g(h'')^3}}-1\right) \tag{10-17}$$

$$h''=\frac{h'}{2}\left(\sqrt{1+8\frac{q^2}{g(h')^3}}-1\right) \tag{10-18}$$

因为水流过水断面的弗劳德数有下列关系：

$$Fr^2=\frac{v^2}{gh}=\frac{\left(\frac{Q}{A}\right)^2}{gh}=\frac{\left(\frac{bq}{bh}\right)^2}{gh}=\frac{q^2}{gh^3}$$

于是式（10-17）、式（10-18）又有如下形式

$$h'=\frac{h''}{2}(\sqrt{1+8Fr_2^2}-1) \tag{10-19}$$

$$h''=\frac{h'}{2}(\sqrt{1+8Fr_1^2}-1) \tag{10-20}$$

$$h'=\frac{h''}{2}\left(\sqrt{1+8\frac{v_2^2}{gh''}}-1\right) \tag{10-21}$$

$$h''=\frac{h'}{2}\left(\sqrt{1+8\frac{v_1^2}{gh'}}-1\right) \tag{10-22}$$

式（10-17）～式（10-22）即为平底矩形断面棱柱体渠道中水跃的共轭水深关系式。对于底坡不大的矩形棱柱体明渠中的水跃，也可近似应用上式；对于渠底坡度较大的

矩形明渠，其水跃的基本方程，则要考虑重力的影响，也就是说，重力在水流方向上的分力不能略去不计，其推演过程此处从略。

4. 水跃长度 L_j

水跃长度是水工建筑物下游消能段（尤其是建筑物下游加固保护段）尺寸设计的主要依据之一，但由于水跃运动非常复杂，至今仍没有成熟的计算水跃长度的理论公式。一方面由于水跃位置是不断摆动的，不易测准；另一方面是因为不同的研究者选择跃后断面的标准不一致，因而虽然各种经验公式很多，但对同一种水跃，各种公式算出的水跃长度值也相差较大。

实际工程中，仍采用经验公式计算水跃长度，下面介绍几个常用的计算平底矩形断面明渠水跃长度 L_j 的经验公式。

(1) 以跃后水深 h''表示的，如：

美国垦务局公式 $$L_j=6.1h'' \tag{10-23}$$

该式适用范围为 $4.5<Fr_1<10$。

(2) 以水跃高度 a 表示的，如：

1) 欧拉—佛托斯基公式 $$L_j=6.9(h''-h')=6.9a \tag{10-24}$$

2) 长科院根据资料将系数取为 4.4～6.7。

(3) 以 Fr_1 表示的，如：

1) 成都科技大学公式 $$L_j=10.8h'(Fr_1-1)^{0.93} \tag{10-25}$$

该式系根据宽度为 0.3～1.5m 的水槽上 $Fr_1=1.72$～19.55 的实验资料总结而来的。

2) 陈椿庭公式 $$L_j=9.4h'(Fr_1-1) \tag{10-26}$$

3) 切尔托乌索夫公式 $$L_j=10.3h'(Fr_1-1)^{0.81} \tag{10-27}$$

在公式的适用范围内，式（10-23）～式（10-26）计算结果比较接近。式（10-27）适用于 Fr_1 值较小的情况，在 Fr_1 值较大时计算结果与其他公式相比偏小。

5. 水跃的消能量

水跃会产生巨大的能量损失，这是由于水跃内部流速分布极度不均，同时存在强烈的紊动。紊动动能可达水流平均动能的 30%。

水跃总的消能量，应包括水跃段 L_j 以及跃后流段 L_{jj} 的消能量。为简便起见，工程中一般只计算水跃段消除的能量，并以跃前断面与跃后断面的能量差作为水跃的消能量，即

$$\Delta H_j=H_1-H_2 \tag{10-28}$$

式中 ΔH_j——水跃段的消能量；

H_1、H_2——跃前与跃后断面的总水头。

水跃消能量与跃前断面水流的总能量的比值，称为水跃消能率，以 K_j 表示，其计算公式为

$$K_j=\frac{\Delta H_j}{H_1} \tag{10-29}$$

经分析证明，水跃消能率仅是跃前断面弗劳德数 Fr_1 的函数。Fr_1 越大，消能率越高。所以，Fr_1 不同，水跃形式、流态和消能率也不同，如图 10-17 所示。

(1) 当 $1<Fr_1<1.7$ 时，为波状水跃。因跃前断面的动能小，水跃段表面不能形成旋

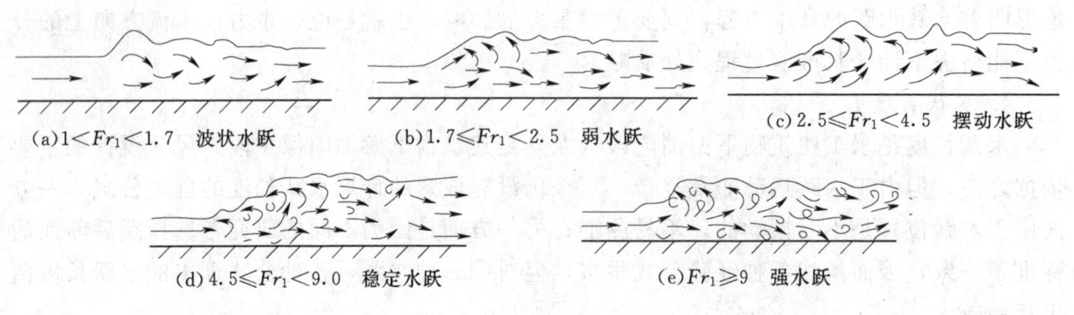

图 10-17

滚，只有部分动能转变为波动能量，消能率很小。

(2) 当 $1.7 \leqslant Fr_1 < 2.5$ 时，为弱水跃。水面产生小旋滚，但紊动微弱，消能率 $K_j < 20\%$，跃后水面较平稳。

(3) 当 $2.5 \leqslant Fr_1 < 4.5$ 时，为摆动水跃。水跃不稳定，水跃段中的底部高速流水间歇向上蹿升，跃后水面波动较大，消能率 $K_j < 45\%$。

(4) 当 $4.5 \leqslant Fr_1 < 9.0$ 时，为稳定水跃。水跃的消能率较高，$K_j = 45\% \sim 70\%$，跃后水面平稳。若建筑下游采用水跃消能时，最好使 Fr_1 位于此范围。

(5) 当 $Fr_1 \geqslant 9.0$ 时，为强水跃。水跃消能率 $K_j > 70\%$，但跃后段会产生较强水面波动，并向下游传播较远距离，通常需要采取措施稳定水流。

【例题 10-2】 某矩形断面泄水建筑物，在其下游的平底渠道中产生了水跃。已知，泄流量 $Q = 30\text{m}^3/\text{s}$，渠宽 $b = 2\text{m}$，已知跃前水深 $h' = 0.80\text{m}$，(1) 求跃后水深 h''；(2) 计算水跃长度 L_j；(3) 计算水跃段单位宽度上的水跃消能率。

解：(1) 已知 $q = \dfrac{Q}{b} = \dfrac{30}{2} = 15\text{m}^2/\text{s}$，$h' = 0.80\text{m}$，求 h''。则跃后水深为

$$h'' = \frac{h'}{2}\left(\sqrt{1 + 8\,\frac{q^2}{g(h')^3}} - 1\right)$$

$$= \frac{0.8}{2}\left(\sqrt{1 + 8 \times \frac{15^2}{9.8 \times 0.8^3}} - 1\right)$$

$$= 7.187(\text{m})$$

(2) 水跃长度计算，计算跃前断面弗劳德数为

$$Fr_1 = \sqrt{\frac{q^2}{gh'^3}} = 6.696$$

用各家公式计算比较，按式 (10-23) ～式 (10-26) 进行计算：

$$L_j = 6.1h'' = 43.86(\text{m})$$

$$L_j = 6.9(h'' - h') = 44.09(\text{m})$$

$$L_j = 10.8h'(Fr_1 - 1)^{0.93} = 43.57(\text{m})$$

$$L_j = 9.4h'(Fr_1 - 1) = 42.83(\text{m})$$

彼此相差不到3%。若按式（10-27）计算，则

$$L_j = 10.3h'(Fr_1 - 1)^{0.81} = 33.72(\text{m})$$

与前几式结果比较，可相差近24%。

（3）水跃消能率。

1）跃前、跃后断面按渐变流进行处理。

2）计算基准面取在渠底。

3）计算点取在水面上。

则水跃的消能量为

$$\begin{aligned}\Delta H_j = H_1 - H_2 &= \left(z_1 + \frac{p_1}{\gamma} + \frac{v_1^2}{2g}\right) - \left(z_2 + \frac{p_2}{\gamma} + \frac{v_2^2}{2g}\right) \\ &= \left[h' + 0 + \frac{\left(\frac{Q}{A_1}\right)^2}{2g}\right] - \left[h'' + 0 + \frac{\left(\frac{Q}{A_2}\right)^2}{2g}\right] \\ &= \left[h' + \frac{\left(\frac{bq}{bh'}\right)^2}{2g}\right] - \left[h'' + \frac{\left(\frac{bq}{bh''}\right)^2}{2g}\right] \\ &= \left[0.8 + \frac{\left(\frac{15}{0.8}\right)^2}{2\times 9.8}\right] - \left[7.187 + \frac{\left(\frac{15}{7.187}\right)^2}{2\times 9.8}\right] \\ &= 11.328(\text{m})\end{aligned}$$

水跃消能率为

$$K_j = \frac{\Delta H_j}{H_1} = \frac{\Delta H_j}{h' + 0 + \frac{\left(\frac{bq}{bh'}\right)^2}{2g}} = \frac{11.328}{0.8 + \frac{\left(\frac{15}{0.8}\right)^2}{2\times 9.8}} = 60.46\%$$

专 题 小 结

1. 弗劳德数 $Fr = \frac{v}{\sqrt{g\bar{h}}}$，是水力学中一个极为重要的判别数。一方面反映了过水断面上单位重量液体所具有的平均动能 $\frac{v^2}{2g}$ 和平均势能 $\bar{h}$ 之比；另一方面反映了惯性力和重力相对大小的比值。

2. 临界水深 h_K，利用公式 $\frac{\alpha Q^2}{g} = \frac{A_K^3}{B_K}$ 进行试算、迭代或图解法求解。

3. 临界底坡 i_K 的计算公式：$i_K = \frac{g\chi_K}{\alpha C_K^2 B_K}$。

$i < i_K$，为缓坡，且 $h_0 > h_K$，说明缓坡上的均匀流一定为缓流。

$i = i_K$，为临界坡，且 $h_0 = h_K$，说明临界坡上的均匀流一定为临界流。

$i > i_K$，为陡坡，且 $h_0 < h_K$，说明陡坡上的均匀流一定为急流。

4. 明渠水流的三种流态（缓流、临界流和急流）的判别见表10-2。

表 10-2 流态判别小结

流态	明渠非均匀流			明渠均匀流	
	临界水深 h_K	弗劳德数 Fr	临界流速 v_K	临界水深 h_K	临界底坡 i_K
缓流	$h>h_K$	$Fr<1$	$v<v_K$	$h_0>h_K$	$i<i_K$
临界流	$h=h_K$	$Fr=1$	$v=v_K$	$h_0=h_K$	$i=i_K$
急流	$h<h_K$	$Fr>1$	$v>v_K$	$h_0<h_K$	$i>i_K$

5. 水跌与水跃。

水流由缓流过渡到急流时发生水跌。水跌必然经过临界水深，临界水深发生在水流条件改变的断面上。

水流从急流过渡到缓流时发生水跃。水跃是在较短距离内完成水深由小到大、流速由快变慢的衔接，并伴随大量的能量损失，因而可以作为一种有效的消能措施——底流消能。

习　　题

一、选择题

1. 有一长直的矩形断面渠道，底宽 $b=3\text{m}$，流量 $Q=60\text{m}^3/\text{s}$，水深 $h=2\text{m}$。则该渠道水流流态为（　　）。

A. 急流　　B. 缓流　　C. 临界流　　D. 不可判断

2. 共轭水深是指（　　）。

A. 水跃的跃前水深与跃后水深　　B. 溢流坝下游水流收缩断面水深

C. 均匀流水深　　D. 临界水深

3. 明渠水流从急流过渡到缓流的局部水力现象称为（　　）。

A. 水跃　　B. 水跌　　C. 均匀流　　D. 层流

4. 水跌产生时，跌坎处的水深为（　　）。

A. 正常水深　　B. 实际水深　　C. 临界水深　　D. 任意水深

5. 平底棱柱形明渠发生水跃，其水跃函数 $J(h_1)$ 与 $J(h_2)$ 的关系是（　　）。

A. $J(h_1)=J(h_2)$　　B. $J(h_1)>J(h_2)$　　C. $J(h_1)<J(h_2)$　　D. 不能确定

6. 在临界坡上发生明渠均匀流时，正常水深 h_0 和临界水深 h_K 的关系是（　　）。

A. $h_0>h_K$　　B. $h_0<h_K$　　C. $h_0=h_K$　　D. $h_0\neq h_K$

7. 下列关于明渠的各种情况，有可能出现的是（　　）。

A. 平坡上均匀流　　B. 缓坡上均匀急流

C. 平坡上均匀急流　　D. 陡坡上均匀急流

二、简答题

1. 明渠水流有哪三种流态？它们是用什么定义的？

2. 断面比能与水流比能有何不同？

3. 缓流或急流为均匀流时，只能分别在缓坡或陡坡上发生，对不对，为什么？在非均匀流时，缓坡上能否有急流，陡坡上能否有缓流？试各举一例说明。

4. “底坡一定的渠道，就可以肯定它是陡坡或缓坡”，这个说法对吗？为什么？

5. 缓流和急流的判别数是什么？如何用它判别？

6. 在一矩形断面平坡明渠中，有一水跃发生，当跃前断面的 $Fr_1=3$，问跃后水深 h'' 为跃前水深 h' 的几倍？

三、计算题

1. 某矩形断面长渠，底宽 $b=2$m，糙率 $n=0.017$，底坡 $i=0.0007$，通过的流量 $Q=6.9\text{m}^3/\text{s}$，试判断渠道的底坡属于陡坡还是缓坡，渠道中产生的均匀流是急流还是缓流？

2. 有一梯形土渠，底宽 $b=12$m，断面边坡系数 $m=1.5$，粗糙系数 $n=0.025$，通过流量 $Q=18\text{m}^3/\text{s}$，求临界水深及临界坡度。

3. 一矩形渠道，断面宽度 $b=5$m，通过流量 $Q=17.25\text{m}^3/\text{s}$，求此渠道水流的临界水深 h_K。

4. 某山区河流，在一跌坎处形成瀑布（跌水），过流断面近似矩形，今测得跌坎顶上的水深 $h=1.2$m（认为 $h_K=1.25h$），断面宽度 $b=11.0$m，要求估算此时所通过的流量 Q。

5. 闸门下游矩形渠道中发生水跃，已知 $b=6$m，$Q=12.5\text{m}^3/\text{s}$，跃前断面流速 $v_1=7\text{m/s}$，求跃后水深、水跃长度。

专题十一　水面曲线分析及计算

学习要求

1. 了解明渠恒定非均匀渐变流基本方程。
2. 掌握棱柱体渠道中非均匀渐变流的水面曲线类型的分析。
3. 熟悉渠道水面曲线的计算与绘制。

明渠恒定非均匀流，是通过明渠的流量一定，而流速和水深沿程变化的水流。人工渠道和天然河道中的水流多为明渠非均匀流。例如，为开发水资源，常在河道上修建拦河坝，于是，在坝的上、下游水流均为非均匀流。如图 11－1 所示为建坝后，在其上游形成水库的示意图。非均匀流的水面与明渠纵剖面的交线为曲线，称为水面曲线，简称水面线。

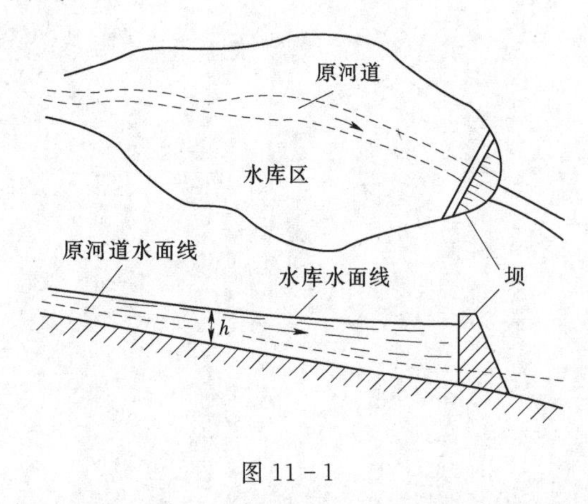

图 11－1

本专题的重点是明渠非均匀流中水面曲线变化的规律及其计算方法。在实际工程中，例如，在河渠上筑坝后，坝上游水位将河道抬高，导致河道两岸农田、村庄及城镇可能被淹没，必须依靠水力计算确定筑坝后由于水位抬高所造成的水库淹没范围，为解决库区移民和水库综合效益评估提供必要依据；又如，为宣泄水库中多余洪水，需在水库下游修建溢洪道，为此，必须计算溢洪道中泄水时的水面曲线，以便确定溢洪道边墙高度，以及计算溢洪道出口处的水深和流速，为下游消能计算提供依据。此外，在桥渡勘测设计时，为了预计建桥后墩台对河流的影响，也需算出桥址附近的水位高程。

明渠恒定非均匀流水面曲线的分析和计算，须建立在明渠恒定非均匀渐变流基本微分方程的基础上，下面就来讨论相关的基本方程式。

知识点一　明渠恒定非均匀渐变流的方程式

一、明渠恒定非均匀渐变流的基本方程

在底坡较小的明渠渐变流中［见图 11－2（a）］，沿水流方向任取一微分流段 ds，其上游断面 1—1 的水位为 z，水深为 h，渠底高程为 z_0，断面平均流速为 v；下游断面 2—2

的水位为 $z+\mathrm{d}z$，水深为 $h+\mathrm{d}h$，渠底高程为 $z_0+\mathrm{d}z_0$，断面平均流速为 $v+\mathrm{d}v$。对断面 1—1 和断面 2—2 列能量方程得

$$z_0+h+\frac{\alpha v^2}{2g}=(z_0+\mathrm{d}z_0)+(h+\mathrm{d}h)+\frac{\alpha(v+\mathrm{d}v)^2}{2g}+\mathrm{d}h_f+\mathrm{d}h_j \tag{11-1}$$

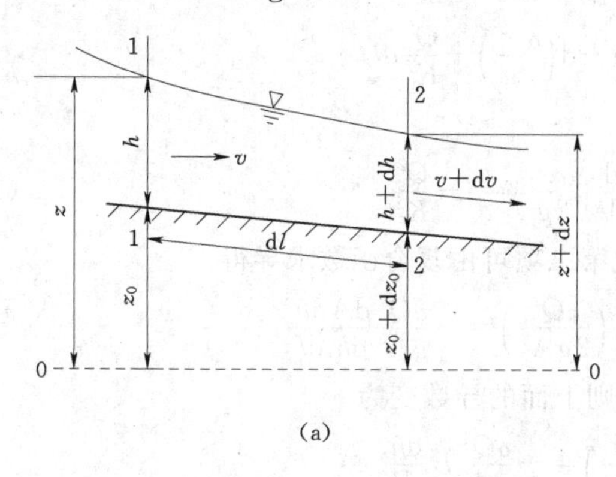

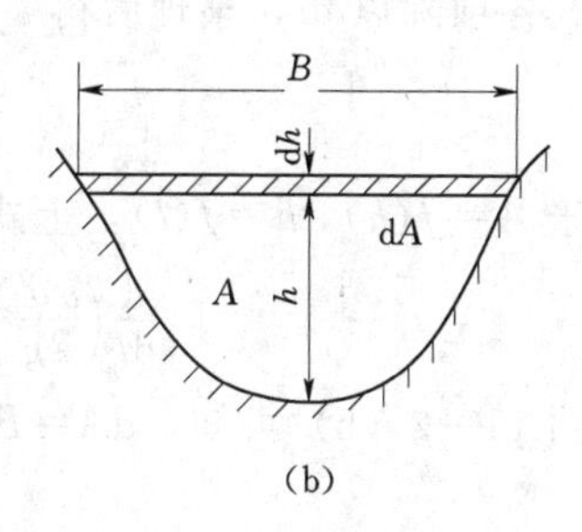

图 11-2

$(v+\mathrm{d}v)^2$ 按二项式展开，则等式右边第三项可改写为

$$\frac{\alpha(v+\mathrm{d}v)^2}{2g}=\frac{\alpha v^2}{2g}+\frac{2\alpha v\mathrm{d}v}{2g}+\frac{\alpha(\mathrm{d}v)^2}{2g}$$

忽略高阶微量 $(\mathrm{d}v)^2$ 后得

$$\frac{\alpha(v+\mathrm{d}v)^2}{2g}=\frac{\alpha v^2}{2g}+\mathrm{d}\left(\frac{\alpha v^2}{2g}\right)$$

将上式代入式（11-1），整理后得

$$\mathrm{d}z_0+\mathrm{d}h+\mathrm{d}\left(\frac{\alpha v^2}{2g}\right)+\mathrm{d}h_f+\mathrm{d}h_j=0 \tag{11-2}$$

由底坡定义知，单位长度上的渠底下降量即为坡度 i

$$i=\frac{z_0-(z_0+\mathrm{d}z_0)}{\mathrm{d}l}=-\frac{\mathrm{d}z_0}{\mathrm{d}l}$$

将上式代入式（11-2）得

$$i\mathrm{d}l=\mathrm{d}h+\mathrm{d}\left(\frac{\alpha v^2}{2g}\right)+\mathrm{d}h_f+\mathrm{d}h_j \tag{11-3}$$

式（11-3）即为底坡较小的明渠恒定非均匀渐变流基本方程的一般表达式。该式说明：底坡下降量所提供的能量，一部分使水流中的水深（势能）和流速水头（动能）增加，另一部分用于克服沿程和局部阻力而被消耗了。

二、棱柱体明渠中水深 *h* 沿流程变化的微分方程

对于棱柱体明渠中的恒定非均匀渐变流，流段内的局部水头损失很小，可以忽略不计，即 $\mathrm{d}h_j=0$；流段内的沿程水头损失目前尚无非均匀渐变流沿程水头损失的计算公式，只能近似用均匀流公式计算，即

$$\frac{\mathrm{d}h_w}{\mathrm{d}l}=\frac{\mathrm{d}h_f}{\mathrm{d}l}=J=\frac{Q^2}{K^2}$$

则
$$dh_f=\frac{Q^2}{K^2}dl$$

式中 K、J——微小流段的平均流量模数和平均水力坡降。

将上式代入式（11-3），可得

$$idl=dh+d\left(\frac{\alpha v^2}{2g}\right)+\frac{Q^2}{K^2}dl$$

上式各项除以 dl，整理后得

$$\frac{dh}{dl}+\frac{d}{dl}\left(\frac{\alpha v^2}{2g}\right)=i-\frac{Q^2}{K^2} \tag{11-4}$$

由于 $A=f(h)$，$h=f(l)$，上式左边第二项可由复合函数求导得

$$\frac{d}{dl}\left(\frac{\alpha v^2}{2g}\right)=\frac{d}{dl}\left(\frac{\alpha Q^2}{2gA^2}\right)=-\frac{\alpha Q^2}{gA^3}\frac{dA}{dh}\frac{dh}{dl}$$

由图 11-2（b）可知，$dA=Bdh$，则上面的导数变为

$$\frac{d}{dl}\left(\frac{\alpha v^2}{2g}\right)=-\frac{\alpha Q^2}{gA^3}B\frac{dh}{dl}$$

将上式代入式（11-4），整理后得

$$\frac{dh}{dl}=\frac{i-\dfrac{Q^2}{K^2}}{1-\dfrac{\alpha Q^2B}{gA^3}} \tag{11-5}$$

式中$\dfrac{\alpha Q^2B}{gA^3}$可用弗劳德数 Fr 代替。

$$\frac{\alpha Q^2B}{gA^3}=\frac{\alpha v^2}{gA/B}=\frac{\alpha v^2}{g\bar{h}}=Fr^2$$

Q^2/K^2 用 J 代替，则式（11-5）为

$$\frac{dh}{dl}=\frac{i-J}{1-Fr^2} \tag{11-6}$$

（1）分析式（11-6），分子 $i-J$ 有两种情况。

1）$i=J$，水流为均匀流。

2）$i\neq J$，水流为非均匀流，且 $|i-J|$ 越大，水流越不均匀。

所以，式中分子反映了水流的均匀度。

（2）分析上式，分母 $1-Fr^2$，有三种情况。

1）$1-Fr^2=0$，$Fr=1$，临界流。

2）$1-Fr^2>0$，$Fr<1$，缓流。

3）$1-Fr^2<0$，$Fr>1$，急流。

所以，分母反映了水流的急缓程度。

式（11-6）就是棱柱体明渠中恒定非均匀渐变流水深沿流程变化的微分方程。该方程式表明，非均匀渐变流水深沿流程的变化，与水流的急、缓程度和均匀程度有关，它是棱柱体明渠中非均匀渐变流水面曲线分析及水力指数法计算水面线的理论依据。

三、明渠中恒定非均匀渐变流断面比能沿流程变化的微分方程

对于人工渠道，不管是否是棱柱体渠道，只要其水流为恒定非均匀渐变流，其局部水

头损失 dh_j 都很小，可以忽略不计，沿程水头损失仍近似用均匀流关系式 $dh_f=\frac{Q^2}{K^2}dl=Jdl$ 来计算。

于是非均匀渐变流的一般方程式（11-3）又可改写成下面形式：

$$idl=dh+d\left(\frac{\alpha v^2}{2g}\right)+Jdl=d\left(h+\frac{\alpha v^2}{2g}\right)+Jdl \tag{11-7}$$

式（11-7）右边第一项就是断面比能 $E_s=h+\frac{\alpha v^2}{2g}$ 的微小增量。因此，方程式（11-3）又可用断面比能 E_s 沿流程的变化来表示：

$$idl=dE_s+Jdl$$

将上式两边同除以 dl，整理后得

$$\frac{dE_s}{dl}=i-J \tag{11-8}$$

式（11-8）就是人工渠道中恒定非均匀渐变流断面比能沿流程变化的微分方程。该方程式表明，断面单位能量沿程的变化与水流的均匀程度有关，它是一般明渠中的恒定非均匀渐变流水面曲线计算的基本公式。

知识点二　棱柱体渠道中非均匀渐变流的水面曲线分析

明渠恒定渐变流水面线定性分析的主要任务，是根据渠道的槽身条件、来流的流量和控制断面条件来确定水面线的沿程变化趋势和变化范围，定性地绘出水面线。下面对棱柱体渠道水面曲线进行定性分析。

定性分析恒定非均匀渐变流水面线形状和性质的理论依据，是恒定非均匀渐变流水深沿流程变化的微分方程，即

$$\frac{dh}{dl}=\frac{i-\frac{Q^2}{K^2}}{1-Fr^2}$$

对于顺坡明渠，能发生均匀流，上式中的流量可用均匀流公式 $Q=K_0\sqrt{i}$，则上式变为

$$\frac{dh}{dl}=i\,\frac{1-\left(\frac{K_0}{K}\right)^2}{1-Fr^2} \tag{11-9}$$

式中　K_0——对应于 h_0 的流量模数；

K——对应于实际非均匀流水深 h 的流量模数。

式（11-9）就是棱柱体正坡明渠中水面线分析的基本方程。它说明，水深 h 沿流程 l 变化的大小，与底坡 i、弗劳德数 Fr 和流量模数比值 K_0/K 三个因素有关。

一、水面线的分类

由式（11-6）可以看出，分子反映水流的不均匀程度，分母反映水流的缓急程度。因为，水流不均匀程度需要与正常水深 h_0 作对比，水流缓急程度需要与临界水深 h_K 作对

比，由此可见：在棱柱形渠道中其水深沿程变化的规律与上述两方面的因素有关。水面曲线形式必然与底坡 i 以及实际水深 h 与正常水深 h_0、临界水深 h_K 之间的相对位置有关。为此，可将水面线根据底坡的情况和实际水深变化的范围加以区分。

(1) 顺坡渠道 $i>0$，有三种情况。

第 1 种情况：缓坡，$i<i_K$。

第 2 种情况：陡坡，$i>i_K$。

第 3 种情况：临界坡，$i=i_K$。

(2) 平坡渠道，$i=0$。

(3) 逆坡渠道，$i<0$。

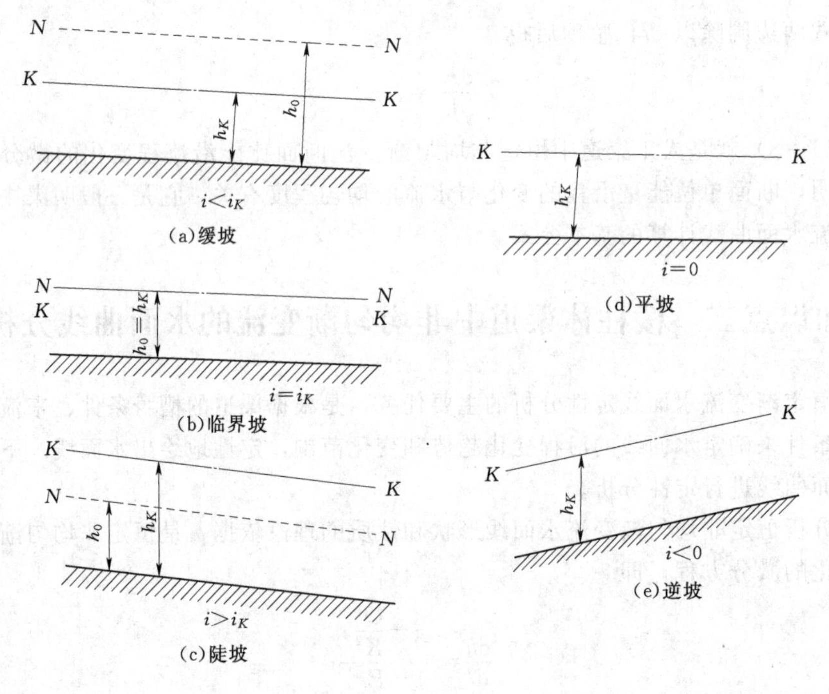

图 11 - 3

将上述五种底坡绘出，如图 11 - 3 所示。当棱柱体正坡渠道中通过某一流量而发生非均匀渐变流时，可通过均匀流公式和临界流公式确定对应的正常水深 h_0 和临界水深 h_K。正常水深就是均匀流时的水深，而正常水深线为均匀流水面线，用 $N—N$ 线表示。棱柱体渠道中临界水深 h_K 也是沿流程不变的，用 $K—K$ 线表示渠道中各断面的临界水深 h_K 的大小。$N—N$ 线、$K—K$ 线和渠底线是三条相互平行的直线。

如图 11 - 3 所示为各种底坡时的正常水深 $N—N$ 线和临界水深 $K—K$ 线的相对关系。由图可知，$N—N$ 线、$K—K$ 线将底坡以上空间分成了三个区。

为了区分各区中的水面曲线，规定：$N—N$ 线和 $K—K$ 线以上的流区，即 $h>h_0$，$h>h_K$，称为 a 区，a 区中产生的水面曲线称为 a 型水面曲线；$N—N$ 线和 $K—K$ 线之间的流区，即 $h_K>h>h_0$ 或 $h_0>h>h_K$，称为 b 区，b 区中产生的水面曲线称为 b 型水面曲线；$N—N$ 线和 $K—K$ 线以下的流区，即 $h<h_0$，$h<h_K$，称为 c 区，c 区中产生的水面

曲线称为c型水面曲线。因此，正坡渠道中的缓坡和陡坡渠道里，存在有a、b、c三区。正坡中的临界坡渠道，因为$h_0=h_K$，$N—N$线和$K—K$线重合，没有b区，而只有a区和c区。在平坡和逆坡渠道中，也不可能发生均匀流，或者说要发生均匀流，须使正常水深变为无穷大，因而没有a区，而只有b区和c区。

由于不同底坡中同流区的水面曲线也不相同，因而又规定：缓坡渠道中的水面线用右下角标“1”表示，即a_1、b_1、c_1；陡坡渠道的水面线用右下角标“2”表示，即a_2、b_2、c_2；临界坡渠道中的水面线用右下角标“3”表示，即a_3、c_3；平坡渠道中的水面曲线用右下角标“0”表示，即b_0、c_0；逆坡渠道中的水面线用右上角标“′”表示，即b'、c'。可见，棱柱体渠道中可能发生的水面曲线共有a_1、b_1、c_1、a_2、b_2、c_2、a_3、c_3、b_0、c_0、b'、c'12种。

二、棱柱体渠道中水面曲线的定性分析

现着重对顺坡（$i>0$）棱柱形渠道中水面曲线变化规律进行讨论。由图11-3可见，在顺坡渠道中有缓坡三个区，陡坡三个区，临界坡两个区，这八个区共有八种水面曲线。通过对水面曲线基本微分方程式（11-9）进行分析，可得如下规律：

（1）在a、c区内的水面曲线，水深沿程增加，即$\mathrm{d}h/\mathrm{d}l>0$，而$b$区的水面曲线，水深沿程减小，即$\mathrm{d}h/\mathrm{d}l<0$。

分析如下：a区中的水面曲线，其水深h均大于正常水深h_0和临界水深h_K。由$h>h_0$得$K=AC\sqrt{R}>K_0=A_0C_0\sqrt{R_0}$，式（11-9）的分子$1-(K_0/K)^2>0$。当$h>h_K$，则$Fr<1$，该式的分母$(1-Fr^2)>0$。由此得$\mathrm{d}h/\mathrm{d}l>0$，说明$a$区的水面曲线的水深沿程增加，即为壅水曲线；$c$区中的水面曲线，其水深$h$均小于$h_0$和$h_K$，式（11-9）中的分子与分母均为负值，由此可得$\mathrm{d}h/\mathrm{d}l>0$，这说明$c$区水面曲线的水深沿程增加，亦为壅水曲线；$b$区中的水面曲线，其水深介于$h_0$和$h_K$之间，引用基本微分方程式（11-9），可证得$\mathrm{d}h/\mathrm{d}l<0$，说明$b$区水面曲线的水深沿程减小，即为降水曲线。

（2）水面曲线与正常水深线$N—N$渐近相切。

分析如下：当$h\to h_0$时，$K\to K_0$，式（11-9）的分子$1-(K_0/K)^2\to 0$，则$\mathrm{d}h/\mathrm{d}l\to 0$，说明在非均匀流动中，当$h\to h_0$时，水深沿程不再变化，水流成为均匀流动。

（3）水面曲线与临界水深线$K—K$呈正交。

分析如下：当$h\to h_K$时，$Fr\to 1$，式（11-9）的分母$(1-Fr^2)\to 0$，由此可得$\mathrm{d}h/\mathrm{d}l\to\pm\infty$。这说明在非均匀流动中，当$h\to h_K$时，水面线将与$K—K$线垂直，即渐变流水面曲线的连续性在此中断。但是实际水流仍要向下游流动，因而水流便越出渐变流的范围而形成了急变流的水跃或水跌现象。

（4）水面曲线在向上、下游无限抬升时将趋于水平线。

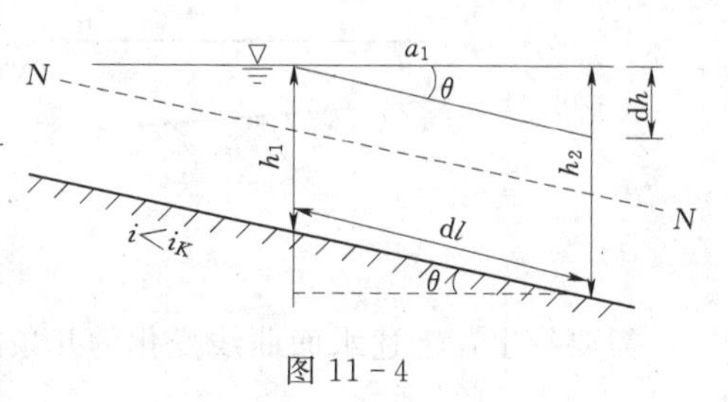

图11-4

分析如下：当$h\to\infty$时，$K\to\infty$，式（11-9）中的分子$1-(K_0/K)^2\to 1$；又当$h\to\infty$时，$A=f(h)\to\infty$，$Fr^2=\dfrac{\alpha Q^2B}{gA^3}\to 0$，该式分母$1-Fr^2\to 1$，$\mathrm{d}h/\mathrm{d}l\to i$。从图11-4看出，这一关系

只有当水面曲线趋近于水平线时才合适。因为这时 $dh=h_2-h_1=\sin\theta dl=idl$，故 $dh/dl=i$。

(5) 在临界坡渠道（$i=i_K$）的情况下，$N—N$ 线与 $K—K$ 线重合，上述 (2) 与 (3) 结论在此出现相互矛盾。

从式（11-9）可见，当 $h\rightarrow h_0=h_K$ 时，$dh/dl=0/0$，因此要另行分析。

将式（11-5）的分母改写为

$$1-\frac{\alpha Q^2B}{gA^3}=1-\frac{\alpha K_0^2\ i_KB}{gA^3}\ \frac{C^2R}{C^2R}=1-\frac{\alpha K_0^2\ i_K}{g}\ \frac{BC^2}{A^2C^2R}\ \frac{R}{A}$$

$$=1-\frac{\alpha i_K\ C^2}{g}\ \frac{B}{\chi}\ \frac{K_0^2}{K^2}=1-j\ \frac{K_0^2}{K^2}$$

式中，$j=\dfrac{\alpha i_KC^2B}{g\chi}$，为几个水力要素的组合数。

在水深变化较小的范围内，近似地认为 j 为一常数，则

$$\lim_{h\rightarrow h_0=h_K}\left(\frac{dh}{dl}\right)=\lim_{h\rightarrow h_0=h_K} i\ \frac{\dfrac{d}{dh}\left(1-\dfrac{K_0^2}{K^2}\right)}{\dfrac{d}{dh}\left(1-j\ \dfrac{K_0^2}{K^2}\right)}=\frac{i}{j}$$

再考虑到式（11-13），即 $i_K=\dfrac{g\chi_K}{\alpha C_K^2B_K}$，当 $h\rightarrow h_K$ 时，$j\approx1$，故有

$$\lim_{h\rightarrow h_0=h_K}\left(\frac{dh}{dl}\right)\approx i$$

这说明，a_3 与 c_3 型水面曲线在接近 $N—N$ 线或 $K—K$ 线时都近乎水平（见图 11-5）。

根据上述水面曲线变化的规律，便可勾画出顺直渠道中可能有的八种水面曲线的形状，如图 11-5 所示。

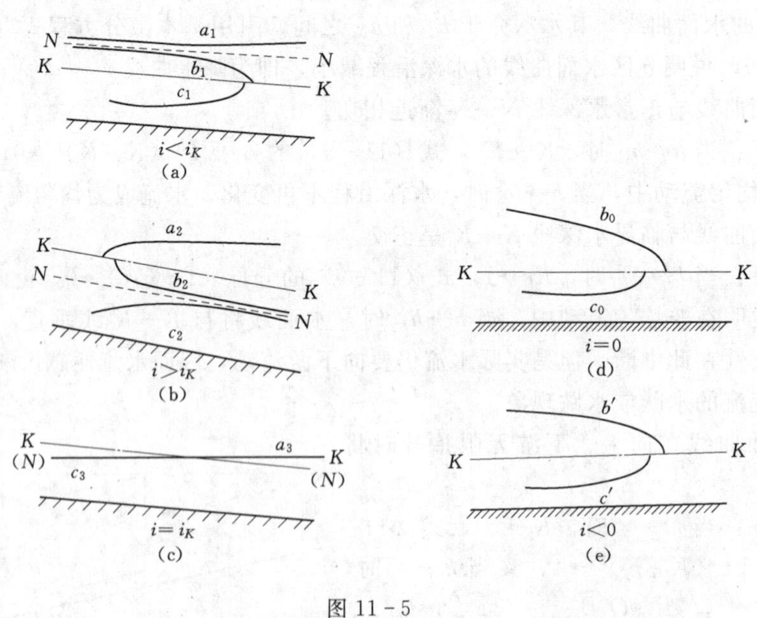

图 11-5

需要指出，上述水面曲线变化的几条规律，对于平坡渠道及逆坡渠道一般也能适用。

对于平坡渠道（$i=0$）的水面曲线形式和逆坡渠道（$i<0$）的水面曲线形式，如图 11-6 所示，可采用上述类似方法分析，在此不再一一讨论。

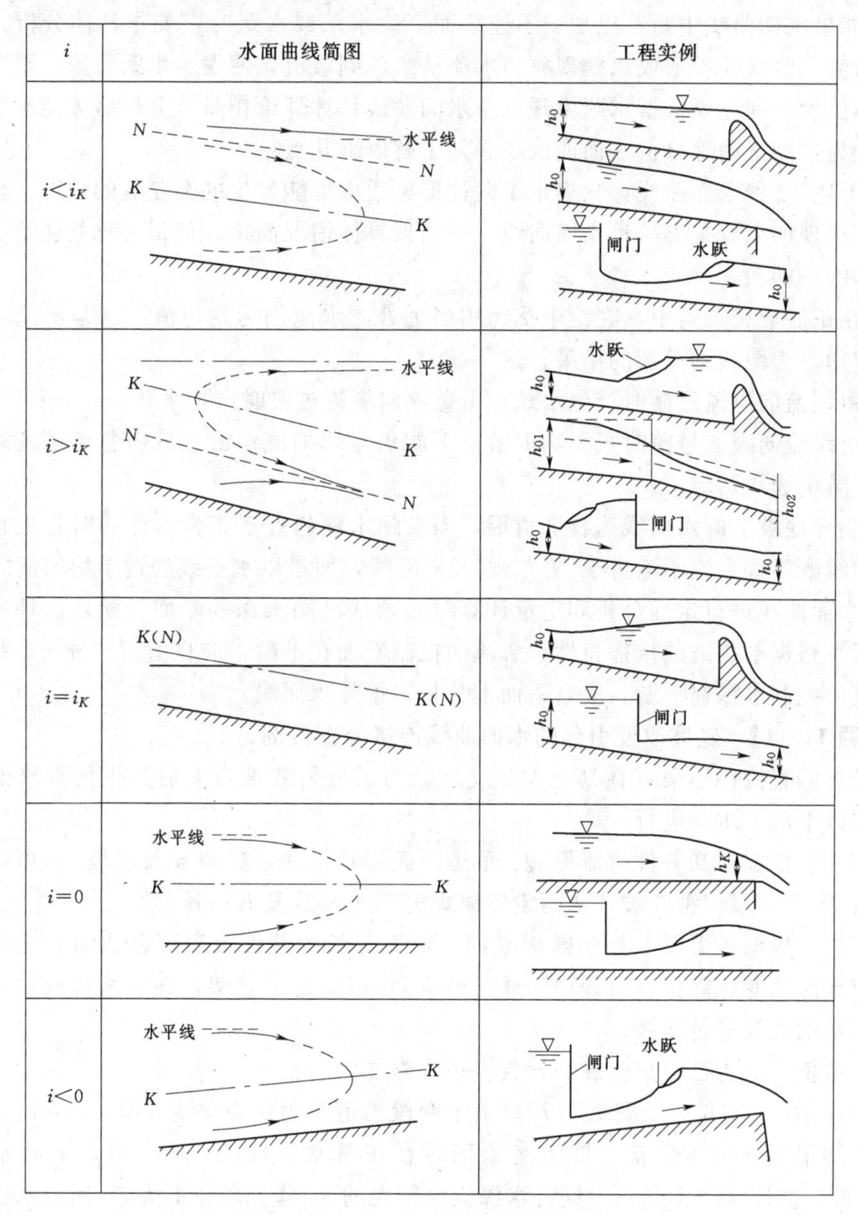

图 11-6

综上所述，在棱柱形渠道的恒定非均匀渐变流中，共有 12 种水面曲线，即顺坡渠道八种，平坡与逆坡渠道各两种，现将这 12 条水面曲线的简图和工程实例归结为如图 11-6 所示。

（1）在具体进行水面曲线分析时，可参照以下步骤进行。

1）根据已知条件，给出 $N—N$ 线和 $K—K$ 线（平坡和逆坡渠道无 $N—N$ 线）。

2）从水流边界条件出发，即从实际存在的或经水力计算确定的，已知水深的断面

（即控制断面）出发（急流从上游往下游分析，缓流从下游往上游分析），确定水面曲线的类型，并参照其壅水、降水的性质和边界情形，进行描绘。

3）如果水面曲线中断，出现了不连续而产生水跌或水跃时，要作具体分析。一般情况下，水流至跌坎处便形成水跌现象。水流从急流到缓流，便发生水跃现象。至于形成水跃的具体位置，则还要根据水跃原理以及水面曲线计算理论作具体分析后才能确定。

（2）为了能正确地分析水面曲线还必须了解以下几点：

1）上述12种水面曲线，只表示了棱柱形渠道中可能发生的渐变流的情况，至于在某一底坡上出现的究竟是哪一种水面曲线，则根据具体情况而定，但每一种具体情况的水面曲线都是唯一的。

2）在正底坡长渠道中，在距干扰物相当远处，水流仍为均匀流。这是水流重力与阻力相互作用，力图达到平衡的结果。

3）由缓流向急流过渡时产生水跌；由急流向缓流过渡时产生水跃。

4）由缓流向缓流过渡时只影响上游，下游仍为均匀流；由急流向急流过渡时只影响下游，上游仍为均匀流。

5）临界底坡上的水面线为特殊情形，当实际水深趋近于正常水深同时趋近临界水深时，水面线既不垂直也不渐进于 $N—N$，$K—K$ 线，而是以水平线趋近于均匀流。

6）水面曲线进行定性分析和定量计算时必须从已知水深的断面开始，这种断面称为控制断面。根据干扰波的传播特性，急流的控制断面在上游，应自上而下分析、推算水面线；缓流的控制水深在下游，应自下而上分析，推算水面线。

【例题11-1】 底坡改变引起的水面曲线连接分析实例。

现设有顺直棱柱形渠道在某处发生变坡，为了分析变坡点前后产生何种水面曲线连接，需按以下两个步骤进行。

步骤一：根据已知条件（流量 Q、渠道断面形状尺寸、糙率 n 及底坡 i）可以判别两个底坡 i_1 及 i_2 各属何种底坡，从而定性地画出 $N—N$ 线及 $K—K$ 线。

步骤二：根据各渠段上控制断面水深（对充分长的顺坡渠道可以认为有均匀流段存在）判定水深的变化趋势（沿程增加或是减少）；根据这个趋势，在这两种底坡上选择符合要求的水面曲线进行连接。

以下举例均认为已完成步骤一；仅讲述步骤二。

（1）$0<i_1<i_2<i_K$（见图11-7）。由于两段渠道均为缓坡渠道，且 $h_{01}>h_{02}$，两段渠道的上下游很远处为均匀流，即上游水面应在正常水深线 $N_1—N_1$ 处，下游水面则在 $N_2—N_2$ 处，如图11-7所示。这时水深应由较大的 h_{01} 降到较小的 h_{02}，所以水面曲线应为降水曲线。在缓坡上只有 b_1 型降水曲线。即水深从 h_{01} 通过 b_1 曲线逐渐减小，到交界处恰等于 h_{02}，而下游段渠道上仅有均匀流。

（2）$0<i_2<i_1<i_K$（见图11-8）。由于两段渠道均为缓坡渠道，且 $h_{01}<h_{02}$，两段渠道的上下游很远处为均匀流，即上游水面应在正常水深线 $N_1—N_1$ 处，下游水面则在 $N_2—N_2$ 处，如图11-8所示。这时水深应由较小的 h_{01} 壅高到较大的 h_{02}，所以水面曲线应为壅水曲线。水深从 $N_1—N_1$ 处上升到 $N_2—N_2$ 处，必须是上游段为 a_1 型壅水曲线和下游段 $N_2—N_2$ 处水面线衔接才有可能，如图11-8所示。

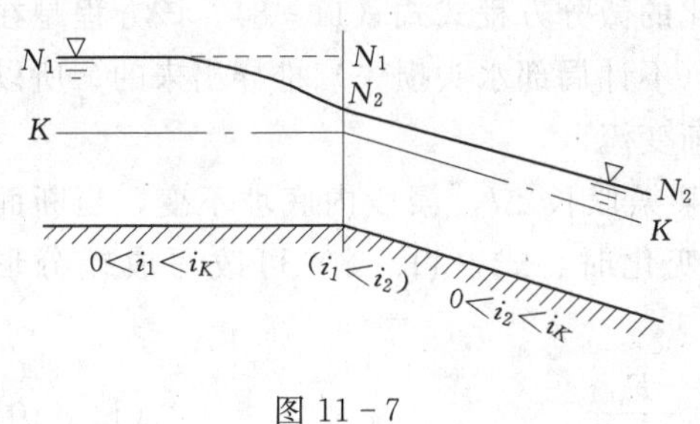

图 11-7

图 11-8

(3) $0<i_1<i_K<i_2$（见图 11-9）。此时 $h_{01}>h_K>h_{02}$。正常水深线 $N_1—N_1$、$N_2—N_2$ 与临界水深线 $K—K$ 如图 11-9 所示。水深将由较大的 h_{01} 逐渐下降到较小的 h_{02}，水面必须采取降水曲线的形式。在这两种底坡上只有 b_1 及 b_2 型降水曲线可以满足这一要求，因此在上游渠道发生 b_1 型降水曲线，在下游渠道发生 b_2 型降水曲线。它们在变坡处水深为 h_K，如图 11-9 所示。

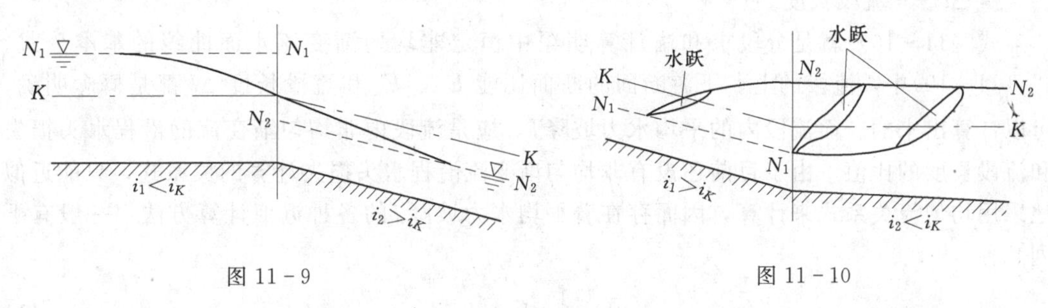

图 11-9　　　　图 11-10

(4) $0<i_2<i_K<i_1$（见图 11-10）。由于 $h_{01}<h_K$ 是急流，而 $h_{02}<h_K$ 是缓流，所以从 h_{01} 过渡到 h_{02} 乃是急流过渡为缓流。此时必然发生水跃。这种连接又有三种可能，如图 11-10所示。究竟发生哪一种，在何处发生，应根据 h_{01} 和 h_{02} 的大小作具体分析。

求出与 h_{01} 共轭的跃后水深 h''_{01}，并与 h_{02} 比较，有以下三种可能：

1）当 $h_{02}<h''_{01}$ 时，水跃发生在 i_2 渠道上，称为远驱式水跃。这说明下游段的水深 h_{02}，挡不住上游段的急流而被冲向下游。水面连接由 c_1 型壅水曲线及其后面的水跃组成，为远离式水跃连接。

2）当 $h_{02}=h''_{01}$ 时，水跃发生在底坡交界断面处，称为临界水跃。

3）当 $h_{02}>h''_{01}$ 时，水跃发生在 i_1 渠道上，即发生在上游渠段，称为淹没水跃。

知识点三　非均匀渐变流水面曲线的计算与绘制

在实际工程中，仅对水面曲线作定性分析是不够的，还需要知道非均匀流断面的水力要素，如水深和平均流速等的具体数值，这就必须对水面曲线进行具体计算和绘制，以预测水位变化对堤岸及两岸各进水口的影响，确定淹没区的淹没范围，估算淹没损失等。

一、棱柱体渠道中非均匀渐变流水面曲线的计算与绘制

棱柱体渠道中水面曲线计算的方法很多，有分段求和法、数值积分法、水力指数法等，这里只介绍最基本、最常用的方法——分段求和法。

分段求和法的理论依据是断面比能沿流程变化的微分方程式式（11－8）。该方程是在底坡较小的棱柱体明渠中作恒定非均匀渐变流时（不计局部水头损失）推导出来的，所以它只适合于底坡较小的人工渠道中的恒定非均匀渐变流。

计算时先将整段渠道分成许多较小流段。设某渠段长 Δl，渠段内底坡不变，当断面比能和平均水力坡降在较小流段内可看成线性变化时，式（11－8）可改写成差分形式，即

$$\Delta l=\frac{\Delta E_s}{i-\overline{J}}=\frac{E_{s2}-E_{s1}}{i-\overline{J}} \tag{11-10}$$

式中 E_{s2}——流段下游断面的断面比能；

E_{s1}——流段上游断面的断面比能；

$\overline{J}$——流段内的平均水力坡降；

i——渠道的底坡；

Δl——流段长度。

式（11－10）就是分段求和法计算明渠中恒定非均匀渐变流水面曲线的基本公式。式（11－10）中，流段的上、下游断面的断面比能 E_{s1}、E_{s2} 和流段长度 Δl 都是概念明确、可以计算出来的。而流段内的平均水力坡降 $\overline{J}$，应是流段内非均匀渐变流的沿程水头损失和流段长度的比值。由于目前还没有非均匀渐变流沿程水头损失计算的关系式，只能近似地采用均匀流关系式来计算，因而存在着平均水力坡降 $\overline{J}$ 的各种近似计算方法，一般有下列几种：

(1) $$\overline{J}=\frac{1}{2}(J_1+J_2) \tag{11-11}$$

(2) $$\overline{J}=\frac{Q^2}{\overline{K}^2},\frac{1}{\overline{K}^2}=\frac{1}{2}\left(\frac{1}{K_1^2}+\frac{1}{K_2^2}\right) \tag{11-12}$$

(3) $$\overline{J}=\frac{Q^2}{\overline{K}^2},\overline{K}^2=\frac{1}{2}(K_1^2+K_2^2) \tag{11-13}$$

(4) $$\overline{J}=\frac{Q^2}{\overline{K}^2},\overline{K}^2=K_1K_2 \tag{11-14}$$

(5) $$\overline{J}=\frac{Q^2}{\overline{K}^2},\overline{K}^2=\overline{A}^2\ \overline{C}^2\ \overline{R} \tag{11-15}$$

(6) $$\overline{J}=\frac{\overline{v}^2}{\overline{C}^2\ \overline{R}} \tag{11-16}$$

式中 v、R、C、A、K——过水断面的断面平均流速、水力半径、谢才系数、过水断面面积、流量模数。各物理量符号的右下角标注“1”表示上游断面，“2”表示下游断面，物理量符号上面的“－”表示流段上下游相应物理量的平均值。

根据对分段求和法的理论分析和大量实例计算后认为，渠道中两已知水深之间的水面长度，通常随分段数的增加而缩短，当分段数增加到很大时，用各种平均水力坡降 $\overline{J}$ 的近似计算方法所算出的水面线长度都趋于一共同的确定值——真值。但对各种水面线，采用不同的 $\overline{J}$ 的近似方法计算，其计算结果有所差别，其趋近真值的速度也不尽相同。

用分段求和法计算棱柱体渠道中的非均匀渐变流水面线时，一般都采用按水深分段的计算方法，即已知微段的两断面水深求微段长度 Δl。当已知水面线总长，求末端水深时，其最后的一个微段微段长度 Δl 和其中一个断面水深却是已知的，只需求另一断面水深的问题。这种问题必须用试算法求解，或者用内插法求解，具体解法参见［例题 11－2］。

分段求和法也适用于非棱柱体渠道，对于每一分段都是已知分段长度求另一端水深的试算，故此时分段法又称为分段试算法。此方法的优点是简单，计算量少，不必解方程，可以用手算，但要求先判断水面线的变化趋势和水深的变化范围。不足之处是不便用于计算非棱柱体渠道的水面线。

水面曲线计算的具体步骤可由下列实例来进行说明。

【例题 11－2】 某水利工程利用灌溉用水发电，在灌区总干渠的末端建一电站，渠道长 $l=40\text{km}$，底坡 $i=0.0001$，渠道为梯形断面，底宽 $b=20\text{m}$，边坡系数 $m=2.5$，糙率 $n=0.0225$。渠道末端修一水闸，当通过流量 $Q=160\text{m}^3/\text{s}$ 时，闸前水深 $h=6\text{m}$，试绘制渠道的水面曲线并计算渠首水深。

解：（1）判断渠道底坡性质和水面曲线形式。

1）用图解法求正常水深 h_0。

$$K_0=\frac{Q}{\sqrt{i}}=\frac{160}{\sqrt{0.0001}}=16000(\text{m}^3/\text{s})$$

$$\frac{b^{2.67}}{nK_0}=\frac{20^{2.67}}{0.0225\times16000}=8.27$$

查附录Ⅰ的正常水深求解图，由 $\frac{b^{2.67}}{nK_0}=8.27$，$m=2.5$，在图上查得 $\frac{h_0}{b}=0.246$，则 $h_0=0.246\times20=4.92\text{m}$。

2）用图解法求临界水深 h_K。

$$\frac{Q}{b^{2.5}}=\frac{160}{20^{2.5}}=0.089$$

查附录Ⅲ的临界水深求解图，由 $\frac{Q}{b^{2.5}}=0.089$，$m=2.5$，在图上查得 $\frac{h_K}{b}=0.086$，则 $h_K=0.086\times20=1.72\text{m}$。

3）判别水面线类型。因 $h_0>h_K$，则渠道中的水流为缓流。又因为渠道末端水深 $h=6\text{m}$，满足 $h>h_0>h_K$，所以水面线为 a_1 型壅水曲线。

（2）选控制断面，确定末端水深，用分段求和法计算水面曲线。已知渠道末端水深 $h=6\text{m}$，以此断面作为控制断面；对棱柱体渠道，为避免试算，常按水深分段，又因为渠道中的水流为缓流，水面线全长的起始水深 $h>h_0>h_K$，与 $N—N$ 线渐进，故取计算的终止水深为

$$h=1.01h_0=1.01\times4.92=4.97(\text{m})$$

分段后各流段的上游断面水深为 5.8m、5.6m、5.4m、5.2m、5.1m、5.03m、4.97m，共七段。

（3）第一流段的流段长计算。已知第一流段断面 1 和断面 2 的水深分别为 $h_1=5.8\text{m}$，$h_2=6.0\text{m}$。

1）计算 E_{s1}、E_{s2}、ΔE_s。

下游断面 $A_2=(b+mh_2)h_2=(20+2.5\times6.0)\times6.0=210.0(\mathrm{m}^2)$

$$v_2=\frac{Q}{A_2}=\frac{160}{210}=0.762(\mathrm{m/s})$$

$$E_{s2}=h_2+\frac{\alpha_2 v_2^2}{2g}=6+\frac{1\times0.762^2}{2\times9.8}=6.030(\mathrm{m})$$

上游断面 $A_1=(b+mh_1)h_1=(20+2.5\times5.8)\times5.8=200.1(\mathrm{m}^2)$

$$v_1=\frac{Q}{A_1}=\frac{160}{200.1}=0.800(\mathrm{m/s})$$

$$E_{s1}=h_1+\frac{\alpha_1 v_1^2}{2g}=5.8+\frac{1\times0.800^2}{2\times9.8}=5.833(\mathrm{m})$$

则两断面的断面比能之差为

$$\Delta E_s=E_{s2}-E_{s1}=6.030-5.833=0.197(\mathrm{m})$$

2）计算平均水力坡降 $\overline{J}$。a_1 型水面线计算时，其平均水力坡降 $\overline{J}$ 采用 $\overline{J}=\frac{J_1+J_2}{2}$，$J=\frac{v^2}{C^2R}$计算。

下游断面 $\chi_2=b+2h_2\sqrt{1+m^2}=20+2\times6.0\times\sqrt{1+2.5^2}=52.31(\mathrm{m})$

$$R_2=\frac{A_2}{\chi_2}=\frac{210.0}{52.31}=4.015(\mathrm{m})$$

$$C_2=\frac{1}{n}R_2^{1/6}=\frac{1}{0.0225}\times4.015^{1/6}=56.03(\mathrm{m}^{1/2}/\mathrm{s})$$

$$J_2=\frac{v_2^2}{C_2^2R_2}=\frac{0.762^2}{56.03^2\times4.015}=4.607\times10^{-5}$$

上游断面 $\chi_1=b+2h_1\sqrt{1+m^2}=20+2\times5.8\times\sqrt{1+2.5^2}=51.23(\mathrm{m})$

$$R_1=\frac{A_1}{\chi_1}=\frac{200.1}{51.23}=3.906(\mathrm{m})$$

$$C_1=\frac{1}{n}R_1^{1/6}=\frac{1}{0.0225}\times3.906^{1/6}=55.77(\mathrm{m}^{1/2}/\mathrm{s})$$

$$J_1=\frac{v_1^2}{C_1^2R_1}=\frac{0.800^2}{55.77^2\times3.906}=5.268\times10^{-5}$$

平均水力坡降 $\overline{J}=J_1+J_2=(5.268+4.607)\times10^{-5}=4.938\times10^{-5}$

3）流段长度 Δl_1。

将 ΔE_s、$\overline{J}$、i 代入式（11－10），得

$$\Delta l_1=\frac{\Delta E_s}{i-\overline{J}}=\frac{0.197}{0.0001-0.00004938}=3892(\mathrm{m})$$

（4）以第一流段长度 $\Delta l_1=3892\mathrm{m}$ 处的水深 $h_2=5.8\mathrm{m}$ 作为第二流段的控制断面水深，再假设 $h_1=5.6\mathrm{m}$，重复上述的计算过程，又可求得第二流段的长度 Δl_2。如此逐段计算，即可求得各相应流段的长度 Δl_3，Δl_4，…及累加长度 $\sum\Delta l$。计算结果见表 11－1。

表 11-1　　分段求和法计算棱柱体明渠水面曲线

断面序号	h (m)	A (m)	x (m)	R (m)	$C=\frac{1}{n}R^{1/6}$ ($m^{1/2}/s$)	v (m/s)	$J=\frac{v}{C^2R}$ ($\times10^{-5}$)	$\frac{\alpha v^2}{2g}$ (m)	$E=h+\frac{\alpha v^2}{2g}$ (m)	$\Delta E=E_2-E_1$ (m)	$\overline{J}=\frac{1}{2}(J+J)$ ($\times10^{-5}$)	$i-\overline{J}$ ($\times10^{-5}$)	$\Delta l=\frac{\Delta E}{i-\overline{J}}$ (m)	$\sum\Delta l$ (m)
(1)	(2)	(3)	(4)	(5)	(6)	(7)	(8)	(9)	(10)	(11)	(12)	(13)	(14)	(15)
1	6.00	210.0	52.31	4.015	56.03	0.7619	4.605	0.0296	6.0296					
										0.1970	4.934	5.066	3889	3889
2	5.80	200.1	51.23	3.906	55.77	0.7996	5.263	0.0326	5.8326					
										0.1966	5.650	4.350	4519	8408
3	5.60	190.6	50.16	3.796	55.51	0.8403	6.037	0.0360	5.6360					
										0.1961	6.496	3.504	5596	14004
4	5.40	180.9	49.08	3.686	55.24	0.8845	6.956	0.0399	5.4399					
										0.1955	7.504	2.496	7832	21836
5	5.20	171.6	48.00	3.575	54.96	0.9324	8.051	0.0444	5.2444					
										0.0976	8.366	1.634	5973	27809
6	5.10	167.0	47.46	3.518	54.81	0.9579	8.681	0.0468	5.1468					
										0.0681	8.916	1.084	6282	34091
7	5.03	163.9	47.09	3.481	54.71	0.9765	9.151	0.0487	5.0787					
										0.0584	9.367	0.633	9226	43317
8	4.97	161.2	46.76	3.447	53.63	0.9928	9.583	0.0503	5.0203					

（5）采用内插法列公式如下。

$$\frac{\Delta h}{\Delta l}=\frac{5.03-4.97}{9226}=\frac{5.03-h_{首}}{40000-34091}$$

求得 $l=40$km 处的渠首水深：$h_{首}=4.99$m。

（6）根据表中的 h 及 $\sum\Delta l$ 值，按一定的纵横比例绘出渠道的水面曲线，见图 11-11。

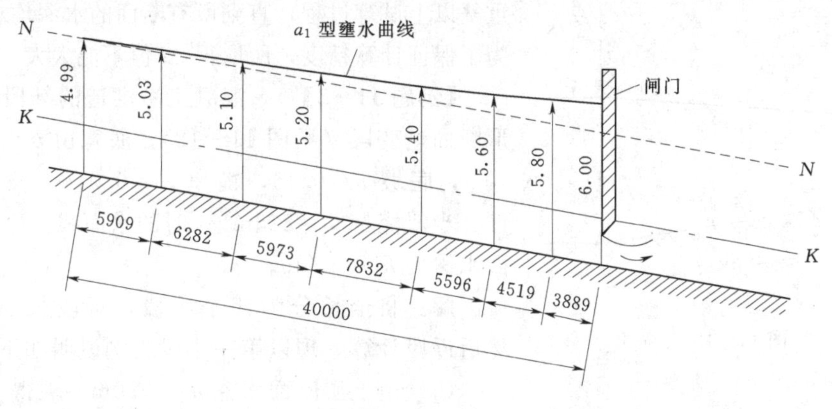

图 11-11

从以上水面线的计算过程可以看出，要能准确、快速地进行水面线计算，还应注意以下几点：

（1）按水深分段不能简单等分，而应结合水面曲线性质进行分段。如水深越接近正常水深 h_0，其流段的水深差应取得越小，而水深接近临界水深 h_K 时，其流段水深差可以取大一些。

（2）各计算项目的有效数字的位数不能取一个标准。如 $\Delta E_s=E_{s2}-E_{s1}$，当要求 ΔE_s 有三位有效数字时，则 E_{s1} 和 E_{s2} 就应取四位以上有效数字才能满足要求。

如采用计算机编程计算，则各流段分段越短，计算结果越精确。

二、非棱柱体渠道中非均匀渐变流水面曲线的计算与绘制

非棱柱体渠道的断面形状和尺寸是沿程变化的，过水断面面积 A 不仅取决于水深 h，

而且与距离 l 有关，即 $A=f(h,l)$。

非棱柱体明渠水面曲线仍应用式（11－10）进行计算。计算时，因 A 是 h 和 l 的函数，所以仅假设 h_2（或 h_1）不能求得过水断面 A_2（或 A_1）及其相应的 v_2（或 v_1），因此，无法计算 Δl。为此，必须同时假设 Δl 和 h_2（或 h_1），用试算法求解。计算步骤如下：

（1）先将明渠分成若干计算段，段长为 Δl。

（2）由已知的控制断面水深 h_1（或 h_2）求出该断面的 $\frac{\alpha_1 v_1^2}{2g}\left(或\frac{\alpha_2 v_2^2}{2g}\right)$ 及水力坡度 $J_1=\frac{v_1^2}{C_1^2 R_1}\left(或 J_2=\frac{v_2^2}{C_2^2 R_2}\right)$。

（3）由控制断面向下游（或上游）取给定的 Δl，便可定出断面 2（或断面 1）的形状和尺寸。再假设 h_2（或 h_1），由 h_2（或 h_1）值便可算得 A_2 和 v_2（或 A_1 和 v_1），因而可求得 $\frac{\alpha_2 v_2^2}{2g}$ ［或 $\frac{\alpha_1 v_1^2}{2g}$ 及 J_2（或 J_1）］，再由 J_1 和 J_2 求 $\overline{J}\left(也可用\overline{v}、C 及 R 求得，即\overline{J}=\frac{\overline{v}^2}{\overline{C}^2\,\overline{R}}\right)$。将 $E_{s1}=h_1+\frac{\alpha_1 v_1^2}{2g}$，$E_{s2}=h_2+\frac{\alpha_2 v_2^2}{2g}$，$\overline{J}$ 及 i 各值代入式（11－10），算出 Δl。如算出的 Δl 值与给定的 Δl 值相等（或很接近），则所设的 h_2（或 h_1）即为所求。否则重新设 h_2（或 h_1）值，再算 Δl，直至计算值与给定值相等（或很接近）为止。这样便算好了一个断面。

（4）将上面算好的断面作为已知断面，再向下游（或上游）取 Δl 得另一断面，并设水深 h_2（或 h_1），重复以上试算过程，直到所有断面的水深均求出为止。为了保证计算精度，所取得 Δl 值不能太大。

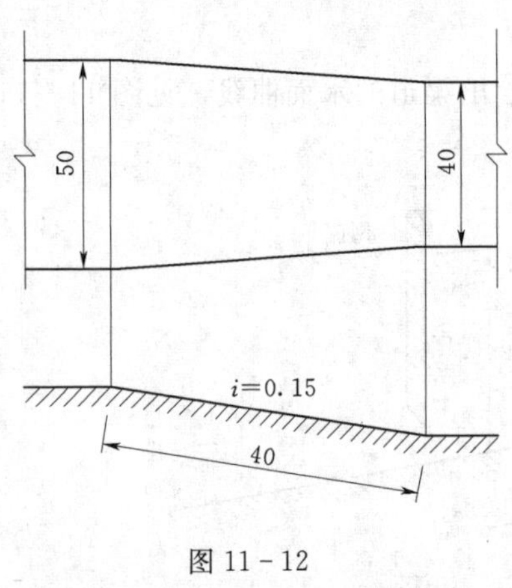

图 11－12

【例题 11－3】 一混凝土溢洪道的某段变底宽矩形断面渐变段（见图 11－12），底宽由 $b=50$m 减至 40m，底坡 $i=0.15$，糙率 $n=0.014$，长 $l=40$m，计算当泄流量 $Q=825\text{m}^3/\text{s}$ 时的水面线。已知上游断面水深为 $h_1=3.0$m。

解： 将全长分为四个小段，每段长 $\Delta l=10$m，然后逐段计算。现以第一小段为例说明如下：

（1）由上游断面水深 $h_1=3.0$m，求得

$$A_1=h_1 b=3.0\times 50.0=150.00(\text{m}^2)$$

$$v_1=\frac{Q}{A_1}=\frac{825}{150}=5.500(\text{m/s})$$

$$\frac{\alpha_1 v_1^2}{2g}=\frac{1.1\times 5.5^2}{2\times 9.8}=1.698(\text{m})$$

$$E_{s1}=h_1+\frac{\alpha_1 v_1^2}{2g}=3.0+1.698=4.698(\text{m})$$

$$\chi_1=b+2h_1=50+2\times 3.0=56.00(\text{m})$$

$$R_1=\frac{A_1}{\chi_1}=\frac{150.0}{56.0}=2.679(\text{m})$$

$$C_1=\frac{1}{n}R_1^{1/6}=\frac{1}{0.014}\times 2.679^{1/6}=84.18(\mathrm{m^{1/2}/s})$$

(2) 按分好的小段长 $\Delta l=10\mathrm{m}$，在距起始断面 10m 处，可算得该处槽宽为 $b=47.5\mathrm{m}$。然后假设水深 $h_2=2.021\mathrm{m}$，求得

$$A_2=h_2b=2.021\times 47.5=96.00(\mathrm{m^2})$$

$$v_2=\frac{Q}{A_2}=\frac{825}{96.0}=8.594(\mathrm{m/s})$$

$$\frac{\alpha_2 v_2^2}{2g}=\frac{1.1\times 8.594^2}{2\times 9.8}=4.145(\mathrm{m})$$

$$E_{s2}=h_2+\frac{\alpha_2 v_2^2}{2g}=2.021+4.145=6.166(\mathrm{m})$$

$$\chi_2=b+2h_2=47.5+2\times 2.021=51.54(\mathrm{m})$$

$$R_2=\frac{A_2}{\chi_2}=\frac{96.0}{51.54}=1.863(\mathrm{m})$$

$$C_2=\frac{1}{n}R_2^{1/6}=\frac{1}{0.014}\times 1.863^{1/6}=79.23(\mathrm{m^{1/2}/s})$$

计算各平均值如下：

$$\overline{v}=\frac{v_1+v_2}{2}=\frac{5.5+8.594}{2}=7.05(\mathrm{m/s})$$

$$\overline{R}=\frac{R_1+R_2}{2}=\frac{2.679+1.863}{2}=2.271(\mathrm{m})$$

$$\overline{C}=\frac{C_1+C_2}{2}=\frac{84.18+79.23}{2}=81.70(\mathrm{m^{1/2}/s})$$

$$\overline{J}=\frac{\overline{v}^2}{\overline{C}^2\,\overline{R}}=\frac{7.05^2}{81.70^2\times 2.271}=0.00328$$

(3) 将上面的计算值代入式 (11-10)，即得

$$\Delta l=\frac{E_{s2}-E_{s1}}{i-\overline{J}}=\frac{6.166-4.698}{0.15-0.00328}=10.01(\mathrm{m})$$

计算的 $\Delta l=10.01\mathrm{m}$，与给定的 $\Delta l=10\mathrm{m}$ 相接近，说明 $h_2=2.021\mathrm{m}$ 不需要再进行试算。

其他各段计算方法同上，先将计算结果列于表 11-2 中，陡槽中水面曲线绘于图 11-13 中。

表 11-2　　　分段求和法计算非棱柱体明渠水面曲线

断面序号	b (m)	Δl (m)	h (m)	A (m²)	v (m/s)	$\frac{\alpha v^2}{2g}$ (m)	χ (m)	R (m)	C (m^1/2/s)	$\overline{v}$ (m/s)	$\overline{R}$ (m)	$\overline{C}$ (m^1/2/s)	$\overline{J}$	$i-\overline{J}$	E_s (m)	ΔE_s (m)	Δl (m)
(1)	(2)	(3)	(4)	(5)	(6)	(7)	(8)	(9)	(10)	(11)	(12)	(13)	(14)	(15)	(16)	(17)	(18)
1	50.0		3.000	150.00	5.500	1.698	56.00	2.679	84.18						4.698		
		10.0								7.05	2.271	81.70	0.00328	0.1467		1.47	10.01
2	47.5		2.021	96.00	8.594	4.145	51.54	1.863	79.23						6.166		
		10.0								9.37	1.768	78.53	0.00805	0.1419		1.42	9.99
3	45.0		1.807	81.32	10.146	5.777	48.61	1.673	77.82						7.584		
		10.0								10.76	1.626	77.46	0.01186	0.1381		1.38	10.00
4	42.5		1.707	72.55	11.372	7.258	45.91	1.580	77.09						8.965		
		10.0								11.89	1.557	76.90	0.01537	0.1346		1.35	10.02
5	40.0		1.661	66.44	12.417	8.653	43.32	1.534	76.71						10.314		

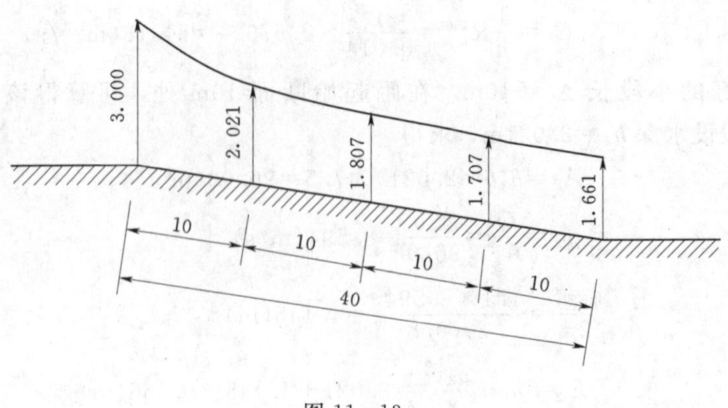

图 11－13

知识点四 明渠弯段水流简介

人工明渠或天然河道常有弯道存在，当水流从直段进入弯道后，由于惯性作用，水流将沿原流动方向流动，弯道的侧壁则阻碍并约束水流的流动，迫使水流在运动过程中不断改变流动方向而做曲线运动。因此，处于弯道水流中的水流质点，其所受的质量力除重力外，还有离心惯性力。水流在重力和惯性力的同时作用下，不但有沿河槽轴线方向的纵向流动，还有与轴向相垂直的水平方向及铅直方向的流动。几个方向流速的共同作用，使水流在沿轴线方向流动的同时，也产生了一种次生的环形流动，称为断面环流，如图 11－14 所示。这种断面环流是一种不能单独存在的次生水流，它是随着主流被迫转向流动而产生的横向水流运动，是从属于主流的水流。弯道中纵向水流与断面环流又叠加在一起，就构成了弯道中的螺旋流，如图 11－15 所示。做螺旋运动的水流，其表层水流从凸岸斜向流向凹岸，在凹岸受岸壁的阻挡之后，潜入河底，沿斜向流到凸岸；到达凸岸后，又翻至水流表层流向凹岸。所以，整个弯道的水流就成为沿着一条螺旋状路线流动的水流。

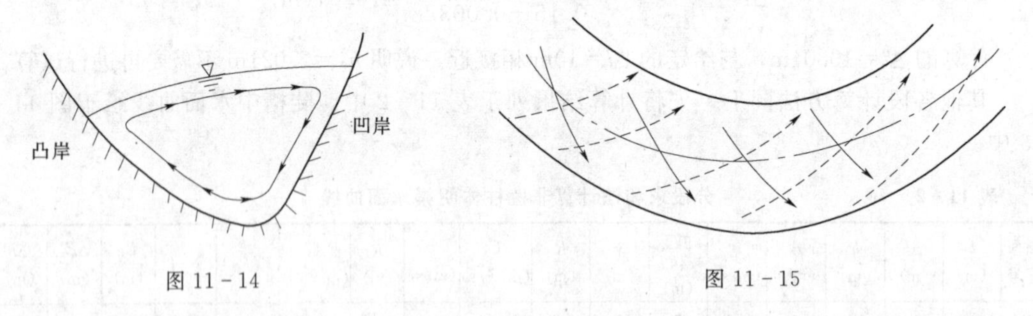

图 11－14　　　　图 11－15

由于弯道水流的螺旋状流动，使得水流在凹岸受阻而水位壅高，出现了凹岸附近的水面高于凸岸附近水面的情况，即产生了横向的水面坡度，又叫横比降，如图 11－16 所示。弯道水流横比降的大小与弯道的弯曲程度、弯道中的断面平均流速有关。一般来说，弯道的曲率半径越小，断面平均流速越大，则横向的水面坡度也就越大，两岸的水面高差也就越大。

在重力和离心惯性力的作用下，表层水流由凸岸流向凹岸，然后转入水底，由凹岸流回凸岸，形成断面环流。图 11－17 反映了整个弯道横断面上各垂线上的流速分布。

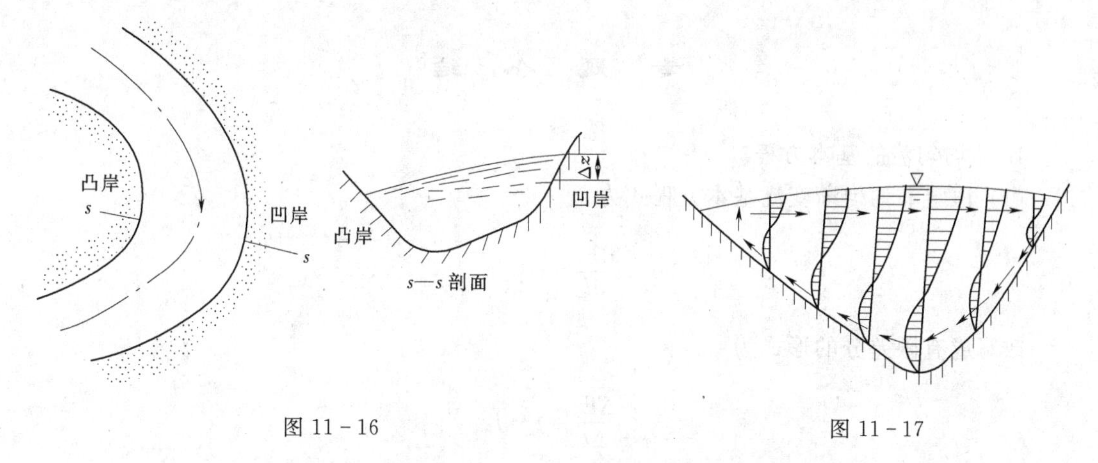

图 11－16　　　　图 11－17

弯道水流的螺旋式流动，就是由纵向水流与横向的断面环流组合而得的结果。水流在表层由凸岸流向凹岸，往往造成凹岸的冲刷，甚至造成岸壁的坍塌。冲刷和坍塌后的泥沙颗粒随后又被潜入河底的水流，从凹岸斜向带至凸岸，最后在凸岸的弯道回流漩涡区沉积下来。这种凹岸冲刷、凸岸沉积的长期作用，使得弯道的凹岸越来越凹，越冲越深，形成深槽，而凸岸的淤积越来越多，形成浅滩，因而使得弯道河床的横断面形成不对称形状，如图 11－18 中的 A—B 断面。

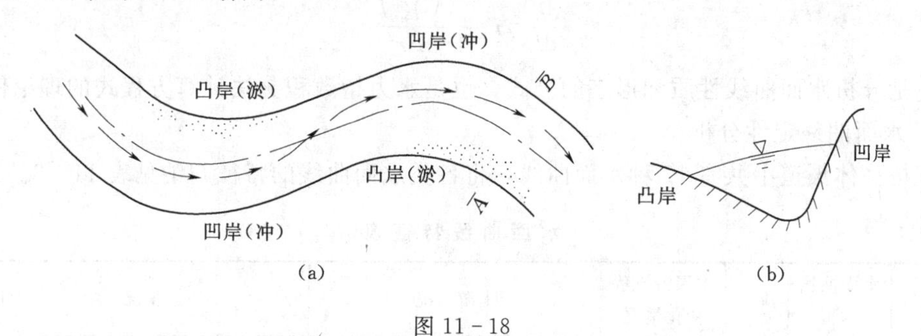

图 11－18

从图 11－18（a）的弯道冲淤平面图可以看出，由于凹岸的不断冲刷、塌方，凸岸的不断淤积，浅滩逐渐向河中心扩展，使整个河道弯段更加弯曲。如此发展，使凹岸的大片土地流失，岸边建筑物的安全受到威胁，堤防出现险段，甚至造成汛期的决口；凸岸浅滩的不断扩展，也会使码头淤积，船只无法靠岸，各种进水口堵塞，无法引水、提水。所有这些都说明，弯道水流对工、农业和人民生活有很大影响，有时甚至带来灾难性的破坏（如河道决堤）。因此，在弯道及其下游设置有关用水工程时，如农田灌溉工程，城市、工业、生活等各种引水、取水工程，航运的港口工程等，都必须考虑弯道水流的特性，尽可能设置在弯道的凹岸，并采取工程措施稳定弯道。这样做，不仅可以避免进口淤积，而且由于引进的是表层的清水，含沙量很小，可以使提灌机械减少磨损，延长了使用寿命。此外，在航道的整治工程中，在泥沙运动和河床演变的研究中，也都要考虑弯道水流的特点和影响。

在河汊、分水口附近及支流汇入的地方也会出现断面环流，并伴随有河岸的冲淤现象发生。因此，在这些地段布置建筑物时，也要特别注意河道冲、淤影响。

专　题　小　结

1. 非均匀流的基本方程。

(1) 恒定非均匀渐变流基本方程式为

$$\frac{dE_s}{dl}=i-J$$

改写成有限差分的形式为

$$\frac{\Delta E_s}{\Delta l}=i-\overline{J}$$

或
$$\Delta l=\frac{\Delta E_s}{i-\overline{J}}=\frac{E_{s2}-E_{s1}}{i-\overline{J}}$$

上式为棱柱体、非棱柱体渠道的水面曲线计算公式。

(2) 棱柱体渠道非均匀渐变流水面曲线微分方程为

$$\frac{dh}{dl}=i\frac{1-\left(\frac{K_0}{K}\right)^2}{1-Fr^2}$$

它是分析水面曲线性质和形态的公式，也是水力指数积分法计算方程式的理论依据。

2. 水面曲线定性分析。

在棱柱体渠道中共有 12 种水面曲线，将各类水面曲线的特征归纳见表 11-3。

表 11-3　　水面曲线特征表

底坡类型	水面曲线类型	流态	水深沿流程变化情况	上游情况	下游情况	曲线形状
缓坡 ($i<i_K$)	a_1	缓	增大	趋近于 $N—N$ 线	趋近于水平	凹形
	b_1		减小	趋近于 $N—N$ 线	与 $K—K$ 线相垂直（水跌）	凸形
	c_1	急	增大	由工程情况决定	与 $K—K$ 线相垂直（水跌）	凹形
陡坡 ($i>i_K$)	a_2	缓	增大	与 $K—K$ 线相垂直（水跃）	与 a_1 同	凸形
	b_2	急	减小	与 $K—K$ 线相垂直（水跃）	趋近于 $N—N$ 线	凹形
	c_2		增大	与 c_1 同	趋近于 $N—N$ 线	凸形
临界线 ($i=i_K$)	a_3	缓	增大	与 $N—N$ ($K—K$) 线相交	与 a_1 同	水平线
	c_3	急	增大	与 c_1 同	与 $N—N$ ($K—K$) 线相交	水平线
平坡 ($i=0$)	b_0	缓	减小	由工程情况决定	与 b_1 同	凸形
	c_0	急	增大	与 c_1 同	与 c_1 同	凹形
逆坡 ($i<0$)	b'	缓	减小	与 b_0 同	与 b_1 同	凸形
	c'	急	增大	与 c_1 同	与 c_1 同	凹形

习　　题

一、简答题

1. 用分段求和法推算水面曲线时，分段的原则是什么？计算公式是什么？写出简单的计算步骤来。

2. $\frac{dE_s}{dl}>0$，$\frac{dE_s}{dl}=0$，$\frac{dE_s}{dl}<0$ 各相应于什么流动型态？为什么？

3. 明渠恒定渐变流的方程式$\frac{dh}{dl}=\frac{(i-J)}{(1-Fr^2)}$的物理意义是什么？

4. 若某渠道中发生了 a_1 型水面曲线，问断面比能 E_s 沿流程是如何变化的？

5. 弯道水流有何特点？

二、计算题

1. 有一梯形断面小河，其底宽 $b=10$m，边坡系数 $m=1.5$，底坡 $i=0.0003$，糙率 $n=0.02$，流量 $Q=31.2\text{m}^3/\text{s}$，现下游筑一溢水低坝（见图 11－19），坝高 $H_1=2.73$m，坝上水头 $H=1.27$m，要求用分段求和法（分成四段以上）计算筑坝后水位抬高的影响范围（淹没范围）。注：水位抬高不超过原来水位的 1%处即可认为已无影响。

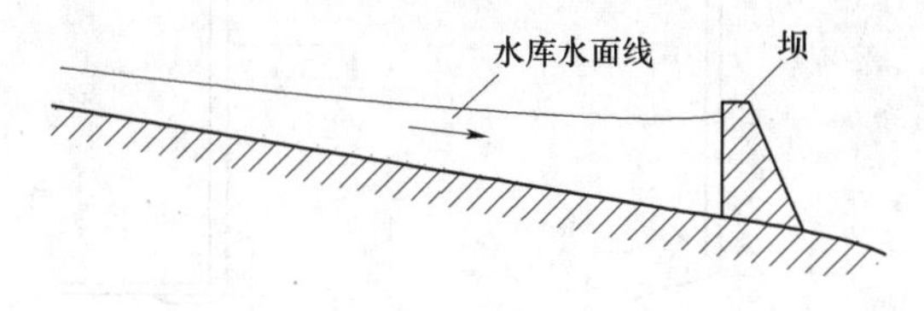

图 11－19

2. 一土质梯形明渠，底宽 $b=12$m，底坡 $i=0.0002$，边坡系数 $m=1.5$，糙率 $n=0.025$，渠长 $l=8$km，流量 $Q=47.7\text{m}^3/\text{s}$，渠末水深 $h_2=4$m。试用分段求和法（分成五段以上）计算并绘出该水面曲线；并要求上述计算给出渠首水深 h_1。

3. 试用分段求和法编写棱柱形渠道恒定渐变流水面曲线计算程序，并上机计算题 1。

专题十二　闸孔出流及堰流的设计计算

学习要求

1. 掌握闸孔出流、堰流的判别，闸孔出流的分类及闸孔出流计算的基本公式，堰流的分类及堰流计算的基本公式。

2. 了解流量系数、侧收缩系数、淹没系数等各种系数的含义及其计算。

知识点一　闸孔出流与堰流的概念

在容器壁上开孔，液体经孔口泄流的水力现象，称为孔口出流，如图 12-1（a）所示。若容器壁较厚或在孔口上加设短管，而且器壁厚度或短管长度是孔口尺寸的3～4倍，这段短管称为管嘴。液体经过管嘴的泄流，称为管嘴出流，如图 12-1（b）所示。

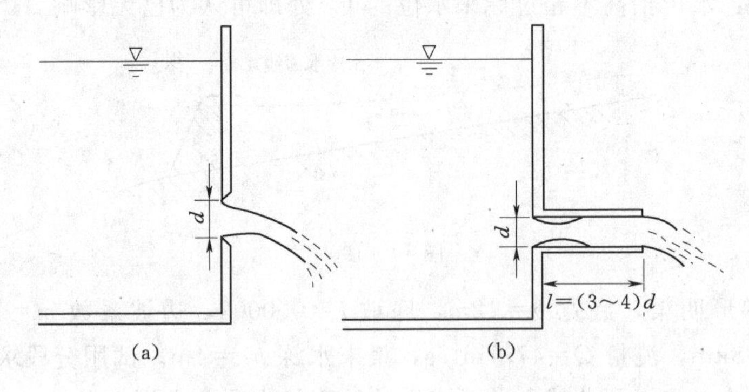

图 12-1

在水利工程中，为了泄放洪水、引水灌溉、发电、给水等目的，常修建水闸和溢洪道等泄水建筑物，以控制和调节河渠中的水位和流量。水流受到闸门和胸墙的控制，水流由闸门下缘的闸孔流出，其自由水面不连续，这种水流现象称为闸孔出流。闸孔出流实质上就是一种大的孔口出流，通常把孔口出流和闸孔出流统称为孔流。

当闸门（或胸墙）对水流不起控制作用或无闸泄流时，水流受到挡水部分建筑物或两侧边墙束窄的阻碍，上游水位壅高，水流经过建筑物顶部溢流，这种对水流有部分约束作用而顶部自由泄水的建筑物叫堰。过堰溢流水面为连续的自由降落水面，这种水流现象称为堰流。

根据堰顶水头 H 和堰顶厚度 δ 间比值的不同，可将堰流分为三种类型：

（1）薄壁堰流。堰顶很薄，$\delta/H\leqslant0.67$，此时水流沿流动方向几乎不受堰顶厚度的影响。堰顶常做成锐缘，水舌下缘与堰顶只有线的接触，水面呈单一的自由跌落，如图 12-2（a）所示。

（2）实用堰流。堰顶稍厚，$0.67<\delta/H\leqslant2.5$，此时水舌的下缘与堰顶呈面的接触，

水流受到堰顶的约束和顶托，但这种作用不大。水流通过堰顶时主要受重力作用，水流仍然是单一的自由跌落，如图 12-2（b）所示。

（3）宽顶堰流。堰顶厚度较大，$2.5<\delta/H\leqslant 10$。当 $2.5<\delta/H\leqslant 4$ 时，堰顶厚度对水流的顶托作用已经非常明显，在堰顶进口处，水面会发生明显跌落。$4<\delta/H\leqslant 10$ 时，水面线与堰顶成近似平行的流动，出口水面线还会发生第二次变化，如图 12-2（c）所示。

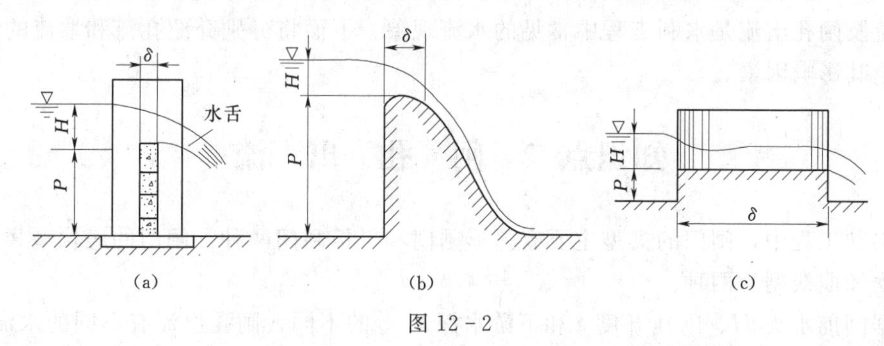

图 12-2

如果堰顶厚度继续增加，即 $\delta/H>10$ 时，堰顶水流的沿程水头损失不能忽略，此时的水流已属明渠水流了。

不同类型的堰流，它们虽然有各自不同的水流现象和水力特征，但也有共同点，那就是：水流流经堰顶时，流速增大，其自由水面连续降落；从受力分析来看，都是重力起主要作用；另外，考虑到水流经过堰顶的距离较短，流动变化急剧，它们的能量损失以局部水头损失为主，沿程水头损失均可忽略不计。

孔流与堰流是两种既相区别又有联系的水流现象，主要是从水面是否受闸门（或胸墙）的控制来区分。闸孔出流和堰流是可以相互转化的，如图 12-3 所示。随着闸门的开度 e 逐渐加大，其过闸水流受到闸门的约束愈来愈小；当闸门开度增大到一定值时，闸前水面下降并脱离闸门底缘，水流不再受闸门的约束，此时水流由闸孔出流转变为堰流。相

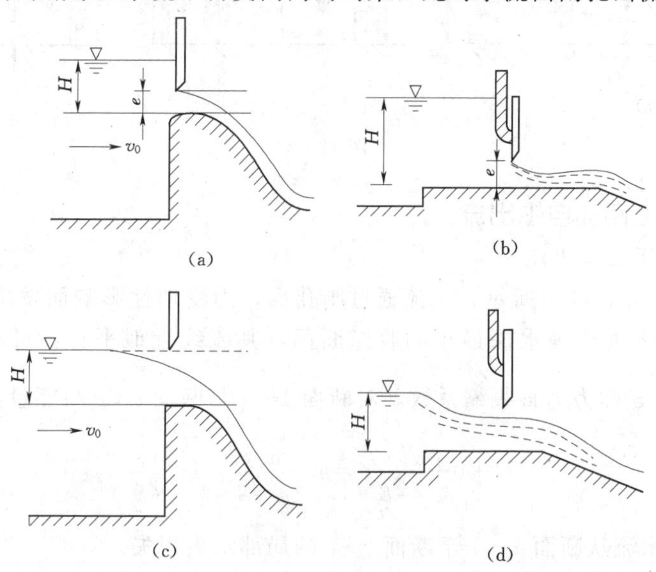

图 12-3

反，当闸门开度减小到一定数值后，水面将接触闸门的下缘，闸门又对水流起控制作用，此时水流由堰流转变为闸孔出流。工程上一般采用下列经验数值作为判别孔流与堰流的界限：闸底坎为平顶坎时，$e/H \leqslant 0.65$，为闸孔出流；$e/H > 0.65$，为堰流。闸底坎为曲线型坎时，$e/H \leqslant 0.75$，为闸孔出流；$e/H > 0.75$，为堰流。其中，e 为闸孔开度，H 为闸前水头，e/H 为闸门的相对开度。

堰流及闸孔出流是水利工程中常见的水流现象，下面将分别介绍孔流和堰流的计算公式并讨论其影响因素。

知识点二 闸 孔 出 流

在水利工程中，闸门的类型主要有弧形闸门和平板闸门两种。闸门的底坎型式主要有平顶型坎和曲线型坎两种。

根据闸前水头 H、闸孔开度 e 和下游水深 h_t 等的不同，闸孔出流有不同的水流流态。设收缩断面 h_c 的跃后共轭水深为 h_c''，h_t 为下游水深。当 $h_t < h_c''$时，在收缩断面后先形成一段壅水曲线，然后再在下游发生水跃，称为远驱式水跃，如图 12-4（a）所示；当 $h_t = h_c''$时，水跃发生在收缩断面处，称为临界式水跃，如图 12-4（b）所示。在这两种情况下，下游水位均不影响闸孔泄流量，称为闸孔自由出流。而当 $h_t > h_c''$时，水跃发生在收缩断面上游，且淹没了收缩断面，发生淹没水跃，此时的下游水位影响了闸孔泄流量，称为闸孔淹没出流，如图 12-4（c）所示。

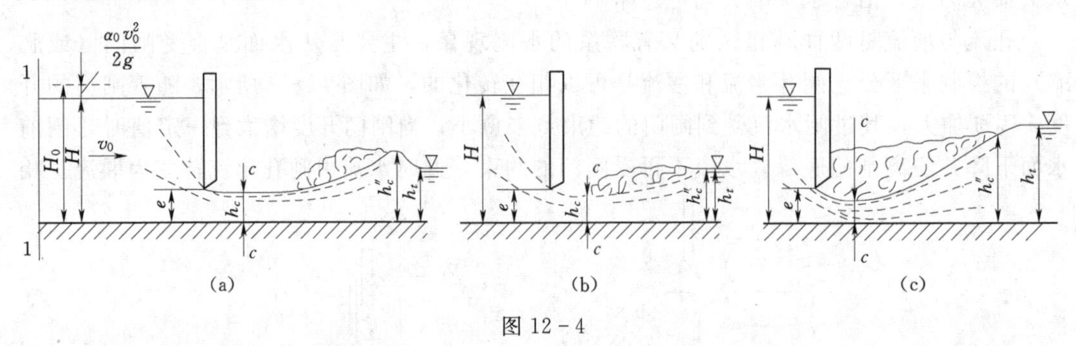

图 12-4

一、平顶坎上闸孔自由出流

1. 平板闸门下自由出流

如图 12-4（a）、（b）所示，水流通过闸孔后，因受惯性影响而发生垂向收缩，在距离闸门（0.5～1）e 处出现水深最小的收缩断面，其流线近似平行，可看做渐变流断面。此时，令 $\frac{h_c}{e} = \varepsilon'$，$\varepsilon'$称为垂直收缩系数。对断面 1—1 与断面 c—c 写能量方程

$$H + 0 + \frac{\alpha_0 v_0^2}{2g} = h_c + \frac{\alpha_c v_c^2}{2g} + \zeta \frac{v_c^2}{2g}$$

式中 $\zeta \frac{v_c^2}{2g}$——水流从断面 1—1 至断面 c—c 的局部水头损失。

经整理得

$$H_0=h_c+(1+\zeta)\frac{v_c^2}{2g}$$

故
$$v_c=\frac{1}{\sqrt{1+\zeta}}\sqrt{2g(H_0-h_c)}=\varphi\sqrt{2g(H_0-h_c)}$$

$$\varphi=\frac{1}{\sqrt{1+\zeta}}$$

式中　φ——闸孔的流速系数。

设闸孔宽度为 b，则收缩断面面积 $A_c=b\varepsilon' e$，通过闸孔的流量为

$$Q=\varphi\varepsilon' be\sqrt{2g(H_0-h_c)}=\mu_0 be\sqrt{2g(H_0-h_c)} \qquad (12-1)$$

$$\mu_0=\varphi\varepsilon'$$

式中　μ_0——闸孔出流的流量系数，它与过闸水流的收缩程度、收缩断面的流速分布和闸孔水头损失等因素有关。

底部为锐缘的平板闸门 ε' 值，可根据表 12-1 查得。

表 12-1　　平板闸门垂直收缩系数

e/H	0.10	0.15	0.20	0.25	0.30	0.35	0.40
ε'	0.615	0.618	0.620	0.622	0.625	0.628	0.630
e/H	0.45	0.50	0.55	0.60	0.65	0.70	0.75
ε'	0.638	0.645	0.650	0.660	0.675	0.690	0.705

平板闸门的流速系数 φ 与闸坎型式、闸门底缘形状和闸门的相对开度等因素有关，目前尚无准确的计算方法，一般计算可由表 12-2 查得。

表 12-2　　平板闸门的流速系数 φ 值

闸　坎　型　式	水　流　图　形	φ
闸孔出流的跌水		0.97～1.00
闸下底孔出流		0.95～1.00
堰顶有闸门的曲线型实用堰流		0.85～0.95
闸底坎高于渠底的闸孔出流		0.85～0.95

在实际工程中，为了实测流量系数，就需要先测 Q 和 h_c，然后再算出 μ_0 值。由于实测收缩水深 h_c 值比较困难，而且还不容易测准确，因此为便于应用，可将式（12-1）改写为

$$Q=\mu be\sqrt{2gH_0} \tag{12-2}$$

式中　μ——闸孔流量系数，$\mu=\mu_0\sqrt{1-h_c/H_0}$，其大小可按经验公式式（12-3）计算。

$$\mu=0.60-0.18\frac{e}{H} \tag{12-3}$$

应用范围为 $0.1<e/H<0.65$。

【例题 12-1】 某泄洪闸，如图 12-4（a）所示，闸门采用矩形平闸门，当闸孔开度 $e=2\text{m}$ 时，闸前水头 $H=8.0\text{m}$。已知闸前宽 $B=10\text{m}$，闸孔宽 $b=8\text{m}$，流速系数 φ 取 0.97，下游水深较小，为自由出流，求过闸流量。

解：（1）按式（12-1）计算流量。

由于 $\frac{e}{H}=\frac{2}{8}=0.25<0.65$，故为闸孔出流。

查表 12-1 得垂直收缩系数 $\varepsilon'=0.622$，流量系数 $\mu_0=\varphi\varepsilon'=0.97\times0.622=0.603$，$h_c=\varepsilon'e=0.622\times2=1.244\text{m}$。

初步计算取 $H_0=H=8\text{m}$，得

$$\begin{aligned}Q&=\mu_0 be\sqrt{2g(H_0-h_c)}\\&=0.603\times8\times2\times\sqrt{2\times9.8\times(8-1.244)}=111.02(\text{m}^3/\text{s})\end{aligned}$$

根据初步计算的流量，求行近流速 $v_0=\frac{Q}{BH}=\frac{111.02}{10\times8}=1.39(\text{m/s})$

则
$$H_0=H+\frac{v_0^2}{2g}=8+\frac{1.39^2}{2\times9.8}=8.10(\text{m})$$

$$Q=0.603\times8\times2\times\sqrt{2\times9.8\times(8.1-1.244)}=111.8(\text{m}^3/\text{s})$$

（2）按式（12-2）计算流量。

流量系数
$$\mu=0.60-0.18\frac{e}{H}=0.60-0.18\times0.25=0.555$$

初步计算取 $H_0=H=8\text{m}$，得

$$Q=\mu be\sqrt{2gH_0}=0.555\times8\times2\times\sqrt{2\times9.8\times8}=111.2(\text{m}^3/\text{s})$$

$$v_0=\frac{111.2}{10\times8}=1.39(\text{m/s})$$

则
$$H_0=H+\frac{v_0^2}{2g}=8+\frac{1.39^2}{2\times9.8}=8.1(\text{m})$$

$$Q=0.555\times8\times2\times\sqrt{2\times9.8\times8.1}=111.9(\text{m}^3/\text{s})$$

计算结果基本一致。

2. 弧形闸门下自由出流

如图 12-5 所示，弧形闸门闸孔出流的水流特性与平面闸门相似。其不同点在于，弧形闸门的挡水面板更接近于流线的形状，对水流的阻力影响小于平板闸门。弧形闸门的垂

直收缩系数 ε'，主要与闸门下缘切线与水平方向夹角 θ 的大小有关，一般可根据表 12-3 确定。表中 θ 值按下式计算

$$\cos\theta=\frac{c-e}{R}$$

式中符号如图 12-5 所示。

表 12-3　　弧形闸门垂直收缩系数 ε'

θ(°)	35	40	45	50	55	60	65	70	75	80	85	90
ε'	0.789	0.766	0.742	0.720	0.698	0.678	0.662	0.646	0.635	0.627	0.622	0.620

由于弧形闸门在出流时，收缩断面水深 h_c 更难测定，因而常采用流量系数 μ 来计算流量。弧形闸门的流量系数，可用下面给出的经验公式来确定

$$\mu=\left(0.97-0.81\times\frac{\theta}{180°}\right)-\left(0.56-0.18\times\frac{\theta}{180°}\right)\frac{e}{H} \tag{12-4}$$

适用条件是：$25°<\theta\leqslant 90°$，$0<e/H<0.65$。

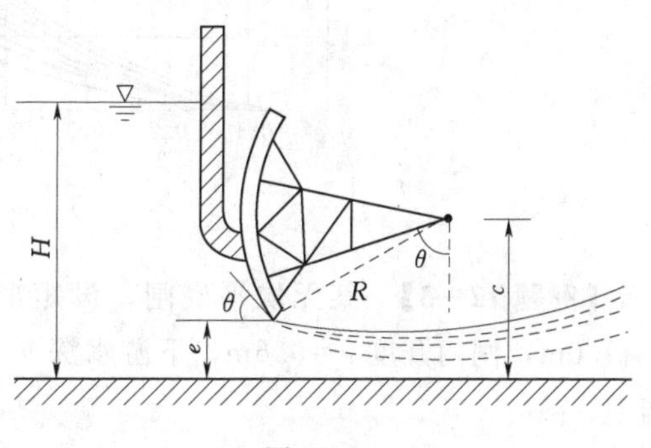

图 12-5

【例题 12-2】 如图 12-5 所示为单孔弧形闸门自由出流，闸门宽 $b=5$m，弧形闸门半径 $R=5$m，$c=3.5$m，闸门开度 $e=0.6$m，闸前水头 $H=3$m，不计行近流速，试计算过闸流量。

解：因 $e/H=0.6/3=0.2<0.65$，故为闸孔出流。

$$\cos\theta=\frac{c-e}{R}=\frac{3.5-0.6}{5}=0.58$$

所以 $\theta=54.6°$，则流量系数为

$$\begin{aligned}\mu&=\left(0.97-0.81\times\frac{\theta}{180°}\right)-\left(0.56-0.81\times\frac{\theta}{180°}\right)\frac{e}{H}\\&=\left(0.97-0.81\times\frac{54.6°}{180°}\right)-\left(0.56-0.81\times\frac{54.6°}{180°}\right)\times 0.2\\&=0.66\end{aligned}$$

过闸流量为

$$Q=\mu be\sqrt{2gH_0}=0.66\times 5\times 0.6\times\sqrt{2\times 9.8\times 3}=15.18(\mathrm{m^3/s})$$

二、平顶坎上闸孔淹没出流

闸孔淹没出流的判别标准是下游水深大于收缩水深的共轭水深，即 $h_t>h_c''$。当闸孔为淹没出流时，其泄流能力比同样情况下自由出流的泄流能力要小，可用小于 1.0 的淹没系数 σ_s 反映淹没对闸孔出流的影响，即

$$Q=\sigma_s\mu be\sqrt{2gH_0} \tag{12-5}$$

式中　μ——闸孔自由出流的流量系数；

σ_s——淹没系数，可由 e/H 及 $\Delta z/H$ 查图 12-6 得到，Δz 为闸上、下游水位差。

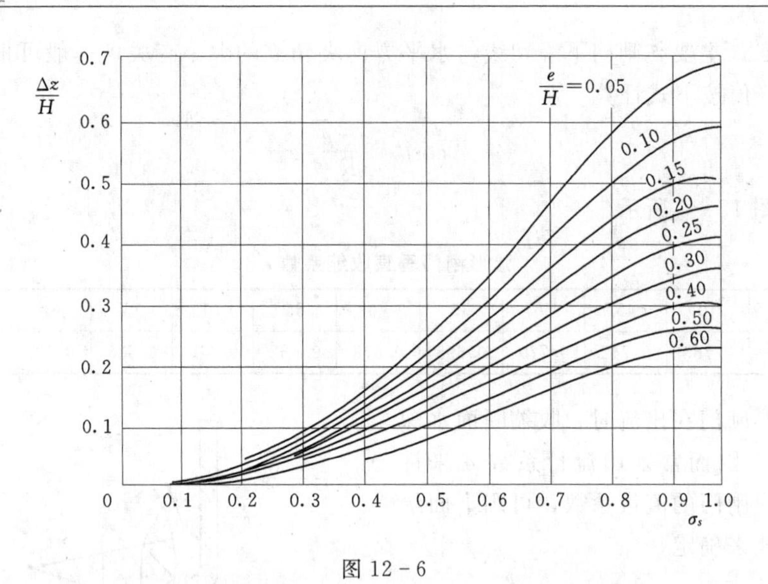

图 12-6

【例题 12-3】 某无坎平底闸，设矩形平面闸门。闸前水头 $H=5.04$m，闸孔净宽 $b=7.0$m，闸门开度 $e=0.6$m，下游水深 $h_t=3.92$m，流速系数 $\varphi=0.97$，$v_0=0$，求过闸流量。

解：先判断出流性质：$\frac{e}{H}=\frac{0.6}{5.04}=0.119<0.65$，为闸孔出流。

查表 12-1 得 $\varepsilon'=0.616$，$h_c=\varepsilon' e=0.616\times0.6=0.37$m，取 $v_0\approx0$，则收缩断面的流速为

$$v_c=\varphi\sqrt{2g(H_0-h_c)}=0.97\times\sqrt{2\times9.8\times(5.04-0.37)}=9.28(\mathrm{m/s})$$

$$Fr_c=\frac{v_c}{\sqrt{gh_c}}=\frac{9.28}{9.8\times0.37}=4.875$$

$$h_c''=\frac{h_c}{2}(\sqrt{1+8Fr_c^{\,2}}-1)=\frac{0.37}{2}\times(\sqrt{1+8\times4.875^2}-1)=2.37(\mathrm{m})$$

流量系数 $$\mu=0.60-0.18\frac{e}{H}=0.60-0.18\times\frac{0.6}{5.04}=0.579$$

因 $h_t=3.92\mathrm{m}>h_c''=2.37\mathrm{m}$，故为淹没出流。

由 $\frac{e}{H}=\frac{0.6}{5.04}=0.119$ 和 $\frac{\Delta z}{H}=\frac{5.04-3.92}{5.04}=0.222$，查图 12-6 得 $\sigma_s=0.53$。则

$$Q=\sigma_s\mu be\sqrt{2gH_0}=0.53\times0.579\times0.6\times7.0\times\sqrt{2\times9.8\times5.04}=12.81(\mathrm{m^3/s})$$

三、曲线坎上闸孔自由出流

因曲线坎上闸孔自由出流的流线受坎顶曲线的影响，当闸前水流沿整个坎前水深向闸孔汇流时，水流的收缩比平底闸孔要完善得多，过闸后水流沿溢流坝面下泄，坎上水流为急变流。因受重力作用，下泄水流的厚度越向下越薄，不像平底闸那样具有明显的收缩断面。因此，曲线坎上闸孔出流的流量系数不同于平顶坎闸孔，它们有不同的流量系数。流量公式与平顶坎公式相同，即

$$Q=\mu be\sqrt{2gH_0} \tag{12-6}$$

式中　μ——曲线型坎上闸孔自由出流的流量系数。它与闸门的型式、闸门的相对开度、底坎剖面曲线的形状以及闸门在坎顶的位置有关。

（1）对于弧形闸门。曲线坎上具有不同底缘形式的弧形闸门（见图 12-7），流量系数与闸门的型式、闸门的相对开度 e/H、闸门底缘切线与水平线的夹角 θ 以及闸门在坎顶的位置有关，可按式（12-7）计算

$$\mu=0.65-0.186\frac{e}{H}+\left(0.25-0.375\frac{e}{H}\right)\cos\theta \tag{12-7}$$

式（12-7）适用于 $e/H=0.05\sim075$，$\theta=0°\sim90°$以及闸门位于坎最高点的情况。

（2）对于平板闸门在初步计算时，可按式（12-8）计算：

$$\mu=0.685-0.19\frac{e}{H} \tag{12-8}$$

式（12-8）适用于 $0.1<e/H<0.75$。

四、曲线坎上闸孔淹没出流

在实际工程中，曲线底坎上的闸孔出流为淹没的情况比较少见。一般当下游水位超过坎顶时，即认为是淹没出流，如图 12-8 所示，其流量可近似用式（12-9）计算：

$$Q=\mu be\sqrt{2g(H_0-h_s)} \tag{12-9}$$

式中　μ——曲线坎上闸孔自由出流的流量系数；

h_s——下游水面超过坎顶的高度。

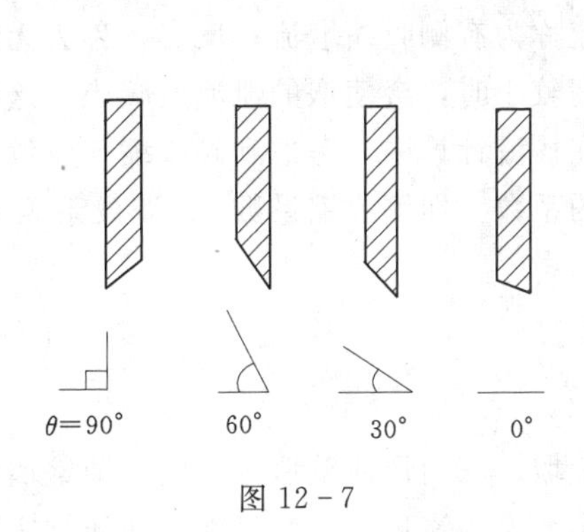

图 12-7

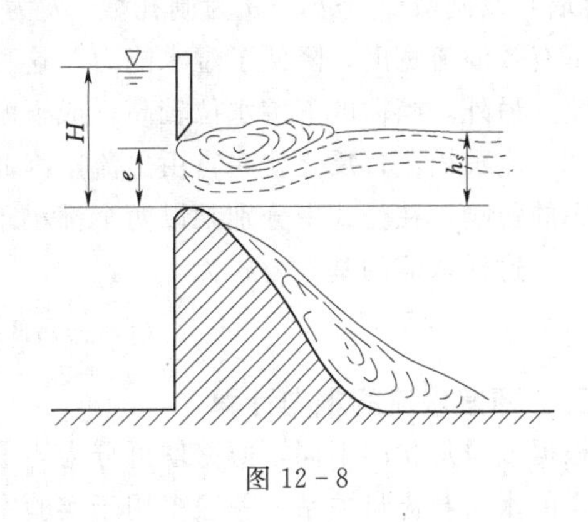

图 12-8

知识点三　堰　　流

一、堰流的基本公式

应用能量方程来推求堰流的基本公式。

如图 12-9 所示，为薄壁堰自由出流。以通过堰顶的水平面为基准面，对断面 0—0 和断面 1—1 写能量方程。堰前断面 0—0 符合渐变流条件，而断面 1—1 流线为急变流断面，该断面动水压强不符合直线分布规律，故用$\overline{z+\frac{p}{\gamma}}$表示断面 1—1 单位势能的平均值。

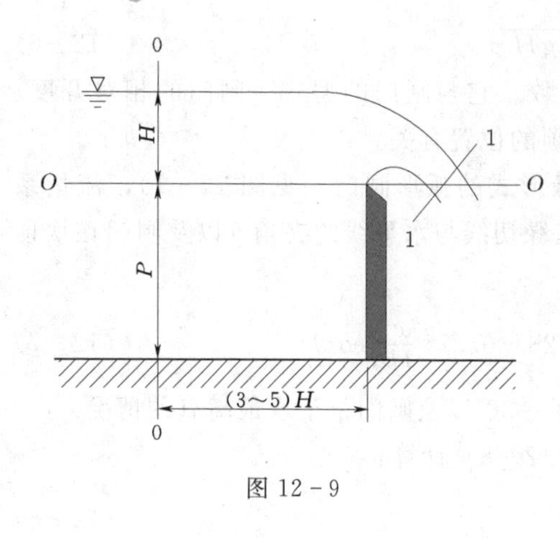

图 12-9

过堰水流的能量损失可以只考虑局部水头损失，由此可得

$$H+0+\frac{\alpha_0 v_0^2}{2g}=\overline{z+\frac{p}{\gamma}}+(\alpha_1+\zeta)\frac{v_1^2}{2g}$$

令 $H+\frac{\alpha_0 v_0^2}{2g}=H_0, \overline{z+\frac{p}{\gamma}}=\xi H_0, \varphi=\frac{1}{\sqrt{1+\zeta}}$

则 $$v_1=\varphi\sqrt{2gH_0(1-\xi)}$$

设堰的溢流宽度为 b，断面 1—1 水舌厚度用 kH_0 表示，k 为反映堰顶水流垂直收缩的系数，则断面 1—1 的过水面积按矩形计算为 kH_0b，故流量为

$$Q=Av_1=kH_0b\varphi\sqrt{2gH_0(1-\xi)}$$

令 $\varphi k\sqrt{1-\xi}=m$，则

$$Q = mb\sqrt{2g}H_0^{3/2} \tag{12-10}$$

式中 m——流量系数，反映了堰顶水头 H 及堰的边界条件对流量的影响。

式（12-10）是针对堰顶过水断面为矩形的薄壁堰流建立的，但它具有普遍性，对实用堰流和宽顶堰流都是适用的。

在实际应用中，有的堰顶总净宽度小于上游引水渠道宽度 B_0，或堰顶上设有边墩（或翼墙）及闸墩 $B=nb$，（n 为闸孔数，b 为单孔净宽）。这将使过堰水流发生侧向收缩，减小了有效溢流宽度，降低了过水能力，这种堰流称为有侧收缩堰流；反之，称为无侧收缩堰流。另外，当堰的下游水位较高，或下游堰高较小时，会使堰的泄流量减小。这种堰流就称为淹没出流；反之就叫自由出流。因此，在堰流计算中，考虑到侧收缩与淹没对流量减小的影响，在公式中分别乘以两个都小于 1 的系数，即侧收缩系数 ε、淹没系数 σ_s 进行修正，这样堰流的基本公式为

$$Q=\sigma_s\varepsilon mB\sqrt{2g}H_0^{3/2} \tag{12-11}$$

二、薄壁堰流的水力计算

根据堰口形状的不同，薄壁堰可分为矩形薄壁堰、三角形薄壁堰等。由于薄壁堰流具有稳定的水头与流量关系，一般多用于实验室及小河渠的流量测量。另外，曲线型实用堰的剖面型式往往根据薄壁堰流水舌的下缘曲线确定，因此研究薄壁堰流具有实际意义。

1. 矩形薄壁堰流

利用矩形薄壁堰（见图 12-10）测流时，为了得到较高的量测精度，一般要求：

（1）单孔无侧收缩（堰宽与上游引水渠宽度相同，即 $b=B_0$）。

（2）下游水位低，不影响出流。

（3）堰上水头 $H>2.5$cm。因为当 H 过小时，水流将贴堰溢出，不起挑，出流将不稳定。

（4）水舌下面的空间应与大气相通。否则，由于溢流水舌把空气带走，压强降低，水舌下面形成局部真空，出流将不稳定。故在无侧收缩、自由出流时，矩形薄壁堰流的流量

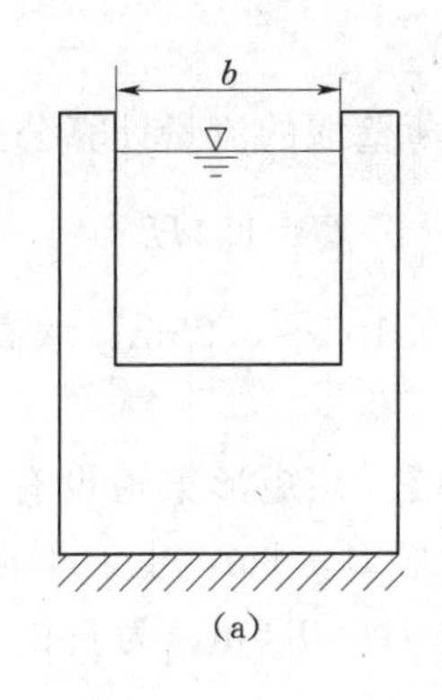

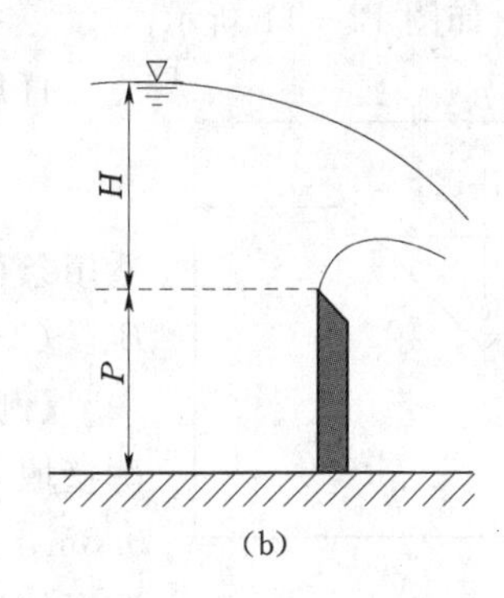

图 12-10

公式为

$$Q=mB\sqrt{2g}H_0^{3/2}$$

为应用方便，可以把行近流速的影响包括在流量系数中。为此，把上式改写为

$$Q=m_0B\sqrt{2g}H^{3/2} \tag{12-12}$$

式中　m_0——考虑行近流速水头影响的流量系数。

无侧收缩的矩形薄壁堰流的流量系数可由雷保克公式计算

$$m_0=0.4034+0.053\frac{H}{P}+\frac{1}{1610H-4.5} \tag{12-13}$$

式中　H——堰顶水头；

P——上游堰高。

适用条件：$H\geqslant0.025\text{m}$，$H/P\leqslant2$。

有侧收缩的矩形薄壁堰的流量系数可用下式确定

$$m_0'=0.4302+\frac{0.0066}{P}+0.534\frac{H}{P}-0.0967\sqrt{\frac{(B_0-B)H}{B_0P}}+0.00768\sqrt{\frac{B_0}{P}} \tag{12-14}$$

式中　H——堰顶水头；

P——上游堰高；

B——堰宽；

B_0——引水渠宽。

适用条件为：$B_0=0.5\sim6.3\text{m}$；$B=0.15\sim5\text{m}$；$H=(0.03\sim0.45)\sqrt{B}$；$\frac{BP}{B_0^2}\geqslant0.06$。

当下游水位超过堰顶一定高度时，堰的过水能力开始减小，这种溢流状态称为淹没堰流。在淹没出流时，水面有较大的波动，水头不易测准，故作为测流工具的薄壁堰不宜在淹没条件下工作。为了保证薄壁堰不淹没，一般要求 $z/P_1>0.7$。其中，z 为上、下游水位差，P_1 为下游堰高。

2. 直角三角形薄壁堰流

当测量较小流量时，为了提高量测精度，常采用三角形薄壁堰。三角形薄壁堰在小水头时堰口水面宽度较小，流量的微小变化将引起水头的显著变化，因此在量测小流量时比矩形堰的精度高，如图 12-11 所示。

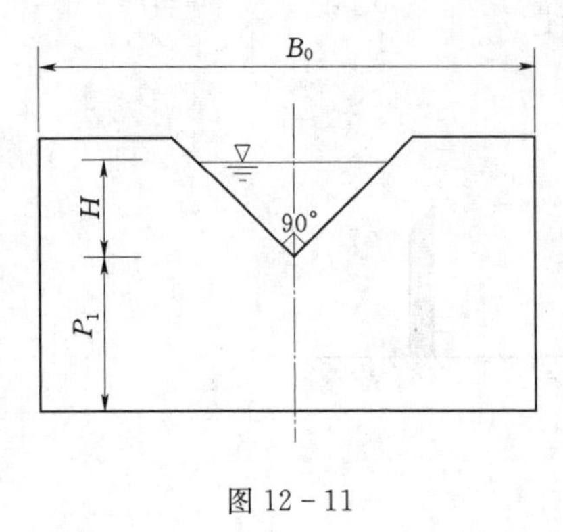

图 12-11

直角三角形薄壁堰的流量计算公式为

$$Q=1.4H^{5/2} \tag{12-15}$$

适用条件：$H=0.105\sim0.25$m；堰高 $P\geqslant 2H$，渠宽 $B_0\geqslant(3\sim4)H$。

【例题 12-4】 某矩形渠道设有一矩形无侧收缩薄壁堰，已知堰宽 $B=1$m，上、下游堰高 $P=P_1=0.8$m，堰上水头 $H=0.5$m，为自由出流，求通过薄壁堰的流量。

解： 按式（12-13）计算流量系数 m_0

$$\begin{aligned} m_0 &=0.4034+0.0534\frac{H}{P}+\frac{1}{1610H-4.5} \\ &=0.4034+0.0534\times\frac{0.5}{0.8}+\frac{1}{1610\times0.5-4.5} \\ &=0.438 \end{aligned}$$

$$Q=m_0 b\sqrt{2g}H^{3/2}=0.438\times1\times\sqrt{2\times9.8}\times0.5^{3/2}=0.686(\text{m}^3/\text{s})$$

三、实用堰流的水力计算

1. 实用堰的剖面形状

在实际工程中，实用堰可分为两大类型：一是用当地材料修筑的中、低溢流堰，堰顶剖面常做成折线型，称为折线型实用堰；二是用混凝土修筑的中、高溢流堰，堰顶制成适合水流自由溢流情况的曲线形，称为曲线型实用堰。

曲线型实用堰又可分为真空和非真空两种剖面型式。水流溢过堰面时，堰顶表面不出现真空现象的剖面，称为非真空剖面堰；反之，称为真空剖面堰。真空剖面堰在溢流时，溢流水舌部分脱离堰面，脱离部分的空气不断地被水流带走，压强降低，从而造成真空。由于真空现象的存在，堰面出现负压，势能减少，过堰水流的动能和流速增大，流量也相应增大，所以真空堰具有过水能力较大的优点。但另一方面，堰面发生真空，使堰面可能受到正负压力的交替作用，造成水流不稳定。当真空达到一定程度时，堰面还可能发生气蚀而遭到破坏。所以，真空剖面堰一般较少使用。

一般曲线型实用堰的剖面系由以下几个部分组成：上游直线段 AB（可为铅垂线，也可做成斜坡段），堰顶曲线段 BC，下游斜坡段 CD 及反弧段 DE，如图 12-12 所示。

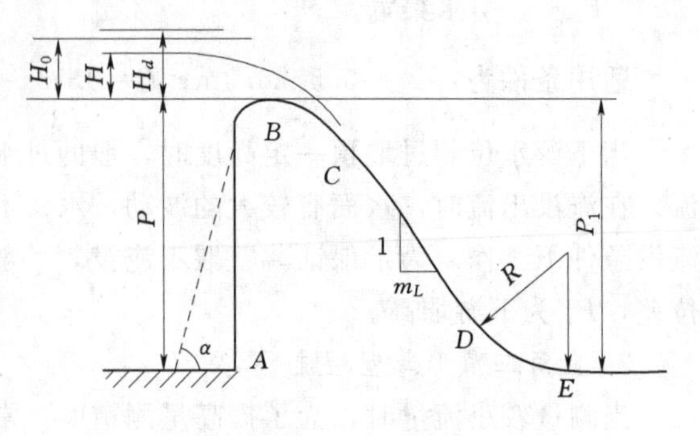

图 12-12

下游斜坡段的坡度由堰的稳定和强度要求而定，一般取 1∶0.65～1∶0.75；反弧段 DE 的圆弧半径 R 可根据下游堰高 P_1 和设计水头 H_d 由表 12-4 查得。当

$P_1<10$m 时，可采用 $R=0.5P_1$；当 $H_d>9$m 时，R 近似用 $R=H_d+P_1/4$ 计算。

表 12-4　　曲线型实用堰的圆弧半径值　　单位：m

P_1	H_d								
	1	2	3	4	5	6	7	8	9
10	3.0	4.2	5.4	6.5	7.5	8.5	9.6	10.6	11.6
20	4.0	6.0	7.8	8.9	10.0	11.0	12.2	13.3	14.3
30	4.5	7.5	9.7	11.0	12.4	13.5	14.7	15.8	16.8
40	4.7	8.4	11.0	13.0	14.5	15.8	17.0	18.0	19.0
50	4.8	8.8	12.2	14.5	16.5	18.0	19.2	20.3	21.3
60	4.9	8.9	13.0	15.5	18.0	20.0	21.2	22.2	23.2

堰顶曲线段是设计曲线型实用堰的关键。国内外对堰面形状有不同的设计方法，其轮廓线可用坐标或方程来确定。以往多采用克—奥型剖面，设计出的堰面偏厚，流量系数小。目前，国内外采用较多的是 WES 剖面，该剖面与其他形式的剖面相比，在过水能力、堰面压强分布和节省材料等方面要优越一些。

WES 剖面如图 12-13 所示，其堰顶上游部分曲线用两段圆弧连接，堰顶下游的曲线用下列方程表示：

$$y=\frac{x^n}{kH_d{}^{n-1}}$$

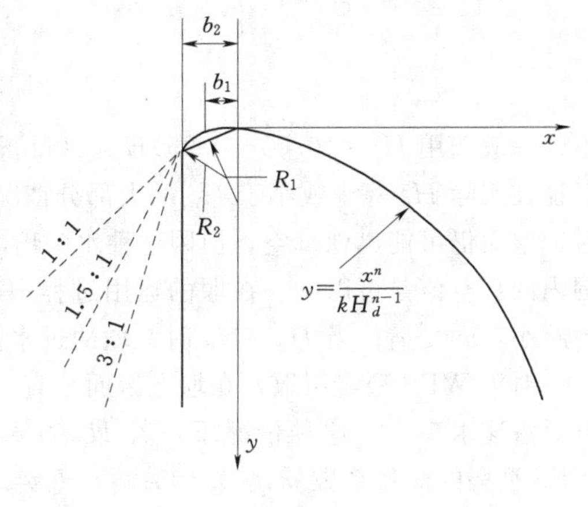

图 12-13

式中　k、n——与上游迎水面坡度有关的参数，其值见表 12-5。

表 12-5　　WES 标准剖面曲线方程参数

上游堰面坡度	k	n	R_1	R_2	b_1	b_2
垂直	2.000	1.850	$0.5H_d$	$0.2H_d$	$0.175H_d$	$0.282H_d$
3：1	1.936	1.836	$0.68H_d$	$0.21H_d$	$0.139H_d$	$0.237H_d$
1.5：1	1.939	1.810	$0.48H_d$	$0.22H_d$	$0.115H_d$	$0.214H_d$
1：1	1.873	1.776	$0.45H_d$	0	$0.119H_d$	0

对上游垂直的 WES 型实用堰，后人通过试验，又将原堰顶上游的两段圆弧改为三段圆弧，即在上游面增加了一个半径为 R_3 的圆弧，如图 12-14 所示。这样设计避免了原有的上游面边界上存在的折角，改善了堰面压力条件，增加了堰的过流能力。

2. 流量系数

曲线型实用堰的流量系数主要取决于上游堰高与设计水头之比（P/H_d）、堰顶全水头与设计水头之比（H_0/H_d）以及堰上游面的坡度。其中，H_d 为设计水头。在工程设计

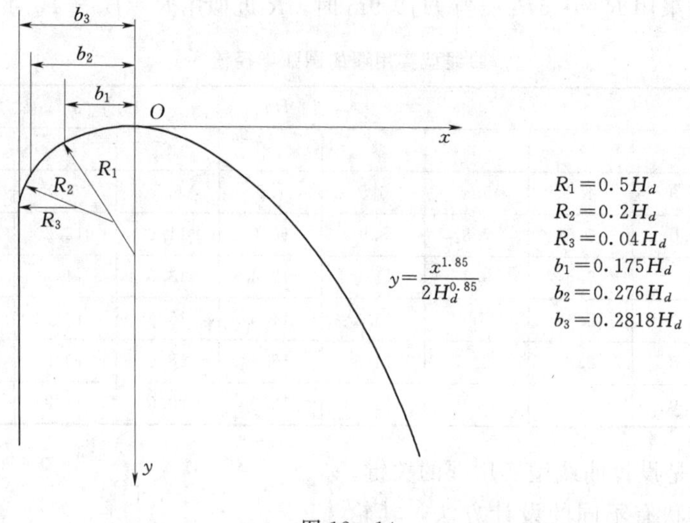

图 12 - 14

中，一般选用 $H_d=(0.75\sim0.95)H_{\max}$（$H_{\max}$为对应于最高洪水位的堰顶水头），这样可以保证在实际 H_0 等于或小于 H_d 的大部分情况下堰面不会出现真空。当然，在 H_0 大于 H_d 时，堰面仍可能出现真空，但因这种水头出现的机会少，所以堰面出现暂时的、在容许范围内的真空值是可以的。在堰的运用过程中，H_0 常不等于 H_d。当 $H_0<H_d$ 时，过水能力减小，$m<m_d$；当 $H_0>H_d$ 时，堰的过水能力增大，$m>m_d$。

对于 WES 型实用堰，在堰上游面垂直，且 $P/H_d\geqslant1.33$ 时，可认为是高堰，不考虑行近流速水头。在这种情况下，若 $H_0=H_d$，即实际工作全水头刚好等于设计水头时，WES 型堰的流量系数 $m_d=0.502$；若 $H_0\neq H_d$，m 值由图 12 - 15 查出。

在 $P/H_d<1.33$ 时，认为是低堰，行近流速较大，流量系数 m 随 P/H_d 值的减小而减小。同时，在相同的 P/H_d 情况下，还随总水头 H_0 与设计水头 H_d 的比值而变化。图 12 - 15 中左上角的曲线为考虑上游面坡度影响的修正系数 c（堰的上游面为垂直时，$c=1$）。流量系数值应为 $c\times\frac{m}{m_d}\times m_d$ 的乘积，其中 m/m_d 的大小由图 12 - 15 右下角的曲线查出。

3. 侧收缩系数

试验证明，侧收缩系数 ε 与边墩、闸墩头部型式、堰孔数目、堰孔尺寸以及总水头 H_0 有关。可按下面的经验公式计算：

$$\varepsilon=1-0.2[(n-1)\zeta_0+\zeta_k]\frac{H_0}{nb} \tag{12-16}$$

式中　n——溢流孔数；

b——每孔的净宽；

H_0——堰顶全水头；

ζ_0——闸墩形状系数，在 $h_s/H_0\leqslant0.75$ 时由图 12 - 16（a）查得，$h_s/H_0>0.75$ 时由表 12 - 6 查得；

ζ_k——边墩形状系数，由图 12 - 16（b）查得。

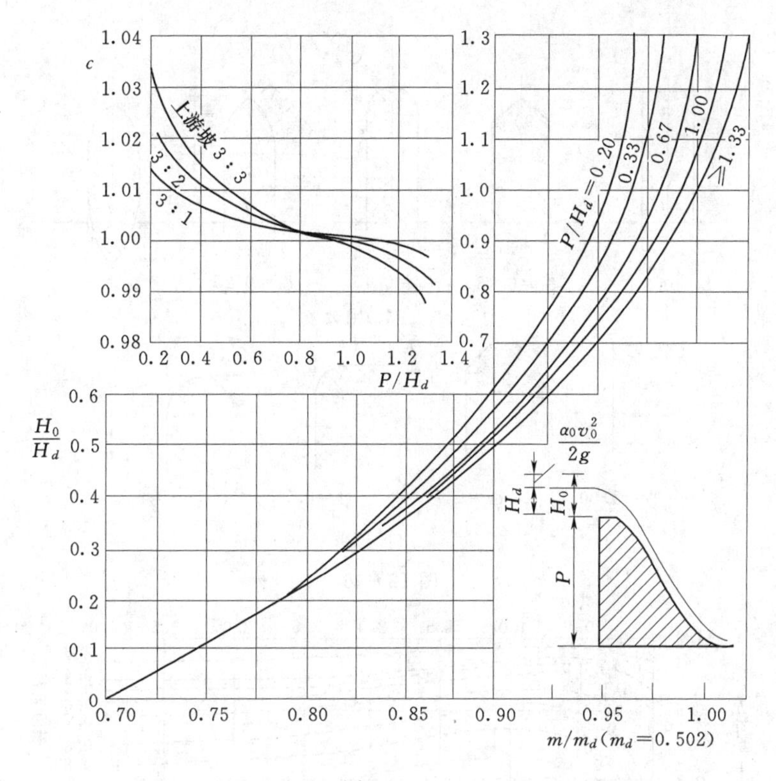

图 12－15

表 12－6　　闸墩形状系数值

闸墩头部平面形状	各种 h_s/H_0 的 ζ_0 值					说　明
	≤0.75	0.8	0.85	0.9	0.95	
矩形	0.8	0.86	0.92	0.98	1.00	h_s 为下游水位超过堰顶的高度
半圆形或尖角形	0.45	0.51	0.57	0.63	0.69	
尖圆形	0.25	0.32	0.39	0.46	0.53	

式（12－16）在应用中，若 $H_0/b>1$，不管 H_0/b 数值多少，仍用 $H_0/b=1$ 代入计算。

4. 淹没系数

对 WES 型剖面，当下游水位超过堰顶一定数值，即 $h_s/H_0>0.15$ 时（h_s 为下游水面超过堰顶的高度），堰下游形成淹没水跃，过堰水流受到下游水位顶托，过水能力减小，形成淹没出流。

如果下游堰顶高较小，即 $P_1/H_0<2$ 时，即使下游水位低于堰顶，过堰水流受下游护坦的影响，也会产生类似淹没的效果而使过水能力减小。因此，淹没系数可根据 P_1/H_0 及 h_s/H_0 由图 12－17 查得。图中 $\sigma_s=1.0$ 的曲线右下方的区域即为自由出流区（即 $h_s/H_0\leqslant0.15$，$P_1/H_0\geqslant2$），它不受下游水位及护坦高程的影响。

中、小型水利工程常用当地材料如条石、砖或木材做成折线型低堰，断面形状一般有梯形、矩形、多边形等，如图 12－18 所示。

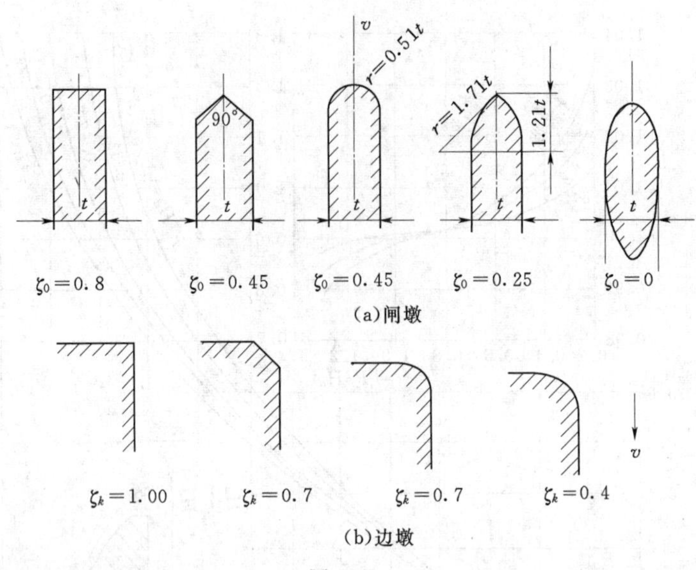

(a)闸墩

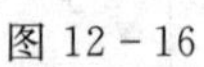

(b)边墩

图 12-16

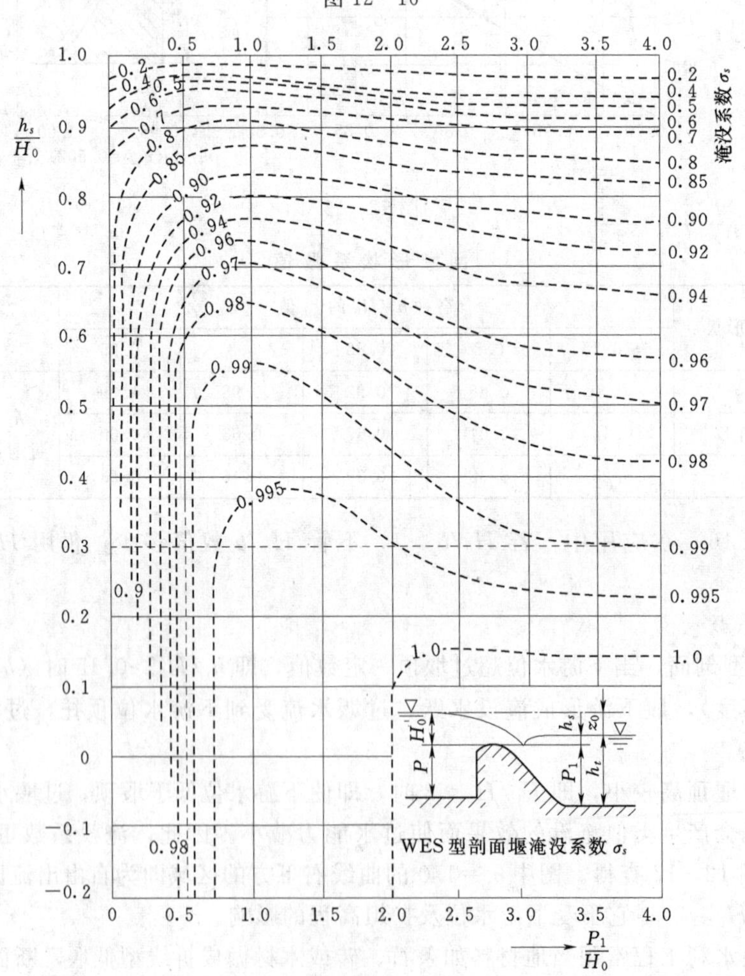

图 12-17

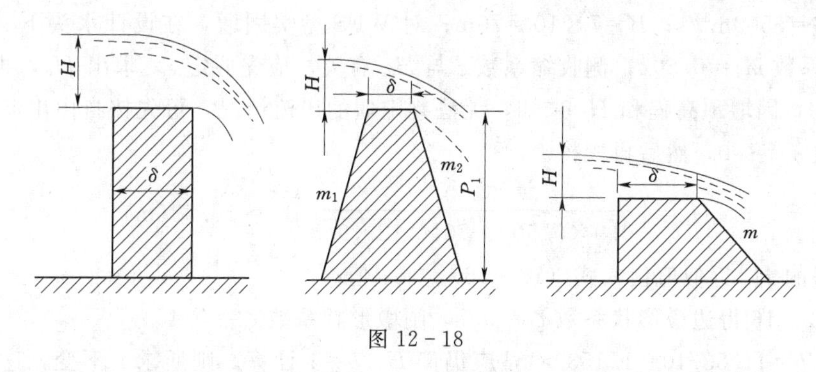

图 12－18

折线型实用堰中以梯形实用堰用得较多，梯形实用堰流量仍可按堰流的基本公式计算。其流量系数 m 与堰顶厚度、相对堰高 P_1/H 和前后坡度有关，应用时可由《水力计算手册》（第二版）（李炜．中国水利水电出版社，2006）查取。侧收缩系数、淹没系数可近似按曲线型实用堰的方法来确定。

【例题 12－5】 某水利枢纽的溢流坝采用 WES 型标准剖面实用堰，闸墩的头部为半圆形，边墩头部为圆角形，共 16 孔，每孔净宽 15.0m。已知堰顶高程为 110.0m，下游河床为 30.0m。当上游设计水位为 125.0m 时，相应下游水位为 52.0m，流量系数 $m_d=0.502$，求过堰流量。

解： 因下游水位比堰顶低得多，应为自由出流，$\sigma_s=1.0$。

因 $\dfrac{P}{H_d}=\dfrac{80}{15}=5.33>1.33$，为高堰，取 $H_0\approx H=15$m。

查图 12－16 得圆角形边墩的形状系数 $\zeta_k=0.7$，查表 12－6 得闸墩形状系数 $\zeta_0=0.45$，侧收缩系数为

$$\begin{aligned}\varepsilon&=1-0.2[(n-1)\zeta_0+\zeta_k]\frac{H_0}{nb}\\&=1-0.2\times[(16-1)\times0.45+0.7]\frac{15}{16\times15}\\&=0.907\end{aligned}$$

$$\begin{aligned}Q&=\sigma_s\varepsilon Bm\sqrt{2g}H_0^{3/2}\\&=1.0\times0.907\times0.502\times15\times16\times\sqrt{2\times9.8}\times15^{3/2}\\&=28105(\text{m}^3/\text{s})\end{aligned}$$

【例题 12－6】 某河道宽 160.0m，设有 WES 型实用堰，堰上游面垂直。闸墩头部为圆弧形，边墩头部为半圆形。共 7 孔，每孔净宽 10m。当设计流量为 5500m³/s 时，相应的上游水位为 55.0m，下游水位为 39.2m，上、下游河床高程为 20.0m，确定该实用堰堰顶高程。

解： 因堰顶高程决定于上游设计水位和堰的设计水头，应先计算设计水头，再算堰顶高程。

堰上全水头
$$H_0=\left(\frac{Q}{\sigma_s\varepsilon mB\sqrt{2g}}\right)^{2/3}$$

已知 $Q=5500m^3/s$；$B=7\times10=70m$；对 WES 型实用堰，在设计水头下（$H_0=H_d$ 时），流量系数 $m_d=0.502$；侧收缩系数 ε 与 H_0 有关，应先假定 ε，求出 H_0，再求 ε。现假定 $\varepsilon=0.9$，因堰顶高程和 H_0 未知，无法判定堰的出流情况，可先按自由出流计算，即取淹没系数 $\sigma_s=1.0$，然后再校核。

$$H_0=\left(\frac{5500}{0.9\times0.502\times70\times\sqrt{2\times9.8}}\right)^{2/3}=11.53(m)$$

用求得的 H_0 近似值代入式（12－16），求 ε 值。

查图 12－16 得边墩形状系数 $\zeta_k=0.7$，闸墩形状系数 $\zeta_0=0.45$。

因 $H_0/b=11.53/10=1.153>1$，应仍按 $H_0/b=1$ 计算。则所求 ε 不变，这说明以上所求 $H_0=11.53m$ 是正确的。

上游河道宽为 160.0m，上游设计水位为 55.0m，河床高程为 20.0m，近似按矩形计算上游过水断面面积：

$$A_0=160\times(55.0-20.0)=5600(m^2)$$

$$v_0=\frac{Q}{A_0}=\frac{5500}{5600}=0.98(m/s)$$

则

$$H_d=H_0-\frac{\alpha_0 v_0^2}{2g}=11.53-0.05=11.48(m)$$

堰顶高程＝上游设计水位$-H_d=55.0-11.48=43.52(m)$

最后校核出流条件。

下游堰高

$$P_1=43.52-20.00=23.52(m)$$

$P_1/H_0=23.52/11.53=2.04>2$，因下游水面比堰顶低，$h_s/H_0<0.15$，满足自由出流条件，以上按自由出流计算的结果正确。

【例题 12－7】 某曲线型实用堰，当流量 $Q=200m^3/s$ 时，相应的水头 $H=1.37m$。溢流堰高 $P=P_1=8m$，坝前行近流速 $v_0=1.5m/s$，取流量系数 $m=0.46$，下游水深 $h_t=4.5m$，试确定该溢流堰的溢流宽度（不计侧收缩）。

解： 因 $h_t=4.5m<P_1=8m$，为自由出流。

由 $Q=mB\sqrt{2g}H_0^{\frac{3}{2}}$ 得溢流宽度为

$$B=\frac{Q}{m\sqrt{2g}H_0^{\frac{3}{2}}}=\frac{200}{0.46\times4.43\times\left(1.37+\frac{1.5^2}{2\times9.8}\right)^{\frac{3}{2}}}=54.24(m)$$

四、宽顶堰流的水力计算

如图 12－19（a）所示，水流进入有底坎的堰顶后，水流在垂直方向受到堰坎边界的约束，堰顶上的过水断面缩小，流速增大，势能转化为动能。同时堰坎前后产生的局部水头损失，也导致堰顶上势能减小。所以，宽顶堰过堰水流的特征是进口处水面会发生明显跌落。从水力学观点看，过水断面的缩小，可以由堰坎引起，也可以由两侧横向约束引起。宽顶堰流的水力计算仍采用堰流基本公式，但也因“宽顶”有其自身的特点。当明渠水流流经桥墩、渡槽、隧洞（或涵洞）的进口等建筑物时，由于进口段的过水断面在平面上收缩，使过水断面减小，流速加大，部分势能转化为动能，也会形成水面跌落，这种流动现象称为无坎宽顶堰流，仍按宽顶堰流的方法进行分析、计算，如图 12－19（b）、（c）、（d）所示。

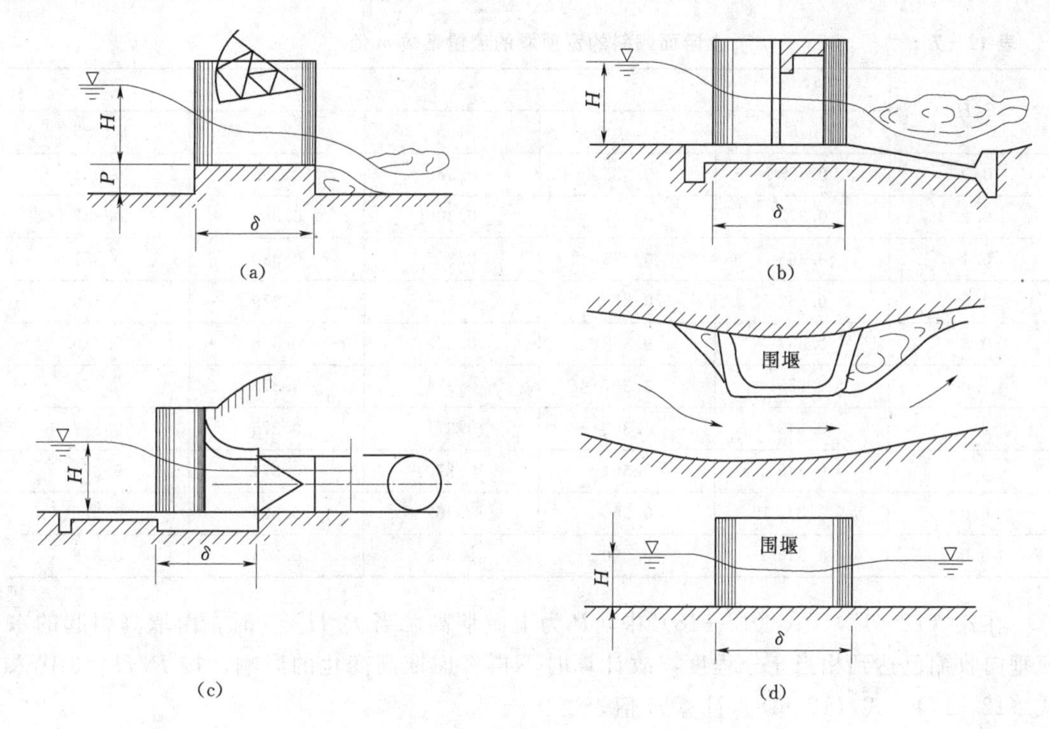

图 12－19

1. 流量系数

宽顶堰的流量系数取决于堰的进口形状和堰的相对高度 P/H，不同的进口堰头形状，可按下列方法确定。

（1）直角前沿进口见图 12－19（a）：

$$m=0.32+0.01\frac{3-\frac{P}{H}}{0.46+0.75\frac{P}{H}} \tag{12-17}$$

（2）圆角前沿进口见图 12－20（a）：

$$m=0.36+0.01\frac{3-\frac{P}{H}}{1.2+1.5\frac{P}{H}} \tag{12-18}$$

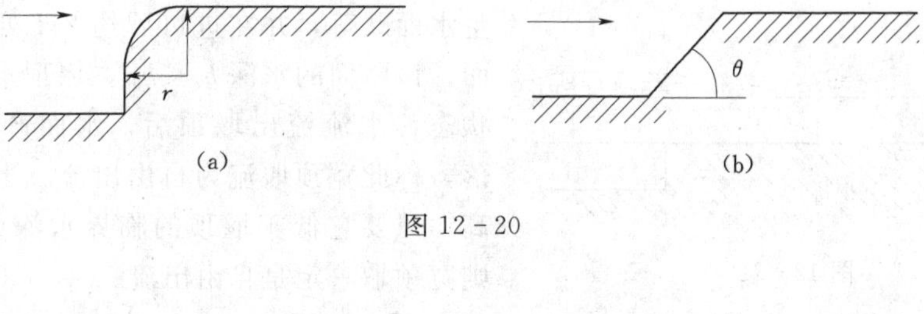

r　θ

(a)　(b)

图 12－20

(3) 斜坡式进口见图 12-20 (b)。流量系数可根据 P/H 及上游堰面倾角 θ，由表 12-7选取。

表 12-7 上游面倾斜的宽顶堰的流量系数 m 值

P/H	$\cot\theta$				
	0.5	1.0	1.5	2.0	≥2.5
0.0	0.385	0.385	0.385	0.385	0.385
0.2	0.372	0.377	0.380	0.382	0.382
0.4	0.365	0.373	0.377	0.380	0.381
0.6	0.361	0.370	0.376	0.379	0.380
0.8	0.357	0.368	0.375	0.378	0.379
1.0	0.355	0.367	0.374	0.377	0.378
2.0	0.349	0.363	0.371	0.375	0.377
4.0	0.345	0.361	0.370	0.374	0.376
6.0	0.344	0.360	0.369	0.374	0.376
8.0	0.343	0.360	0.369	0.374	0.376

在式 (12-17)、式 (12-18) 中，P 为上游堰高。当 $P/H\geqslant3$ 时，由堰高引起的水流垂向收缩已达到相当充分程度，故计算时不再考虑堰高变化的影响，按 $P/H=3$ 代入式 (12-17)、式 (12-18) 计算 m 值。

由式 (12-17)、式 (12-18) 可以看出，直角前沿进口的宽顶堰的流量系数的变化范围为 0.32～0.385；圆角前沿进口的宽顶堰的流量系数的变化范围为 0.36～0.385。当 $P/H=0$ 时，$m=0.385$，此时宽顶堰的流量系数值最大。

比较一下实用堰和宽顶堰的流量系数，可以看到前者比后者大。也就是说，实用堰有较大的过水能力。对此，可以用相同堰高、相同堰顶水头的两堰进行对比分析：实用堰顶水流是流线向上弯曲的急变流，其断面上的动水压强小于按静水压强规律计算的值，即堰顶水流的压强和势能较小，动能和流速较大，故过水能力较大；宽顶堰则因堰顶水流是流线近似平行的渐变流，其断面动水压强近似按静水压强规律分布，堰顶水流压强和势能较大，动能和流速较小，故过水能力较小。

2. 侧收缩系数

宽顶堰的侧收缩系数仍可按式 (12-16) 计算。

3. 淹没系数

试验证明，当下游水位较低时，进入堰顶的水流因受到堰顶垂直方向的约束在进口产生水面跌落，并在进口后约 $2H$ 处形成收缩断面。该断面的水深 $h_c<h_K$，堰顶水流处于急流状态，水流流出堰顶后，水面产生第二次跌落，称此宽顶堰流为自由出流。当下游水位升高，只要它低于堰顶的临界水深或 K—K 线，则宽顶堰一定是自由出流。

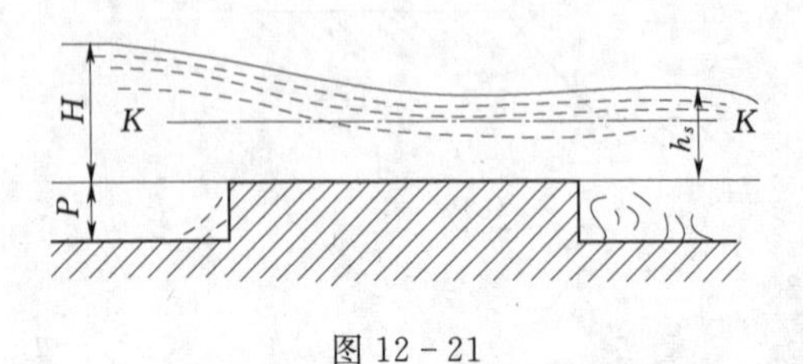

图 12-21

当堰下游水位升高到影响宽顶堰的过流能力时，就成为淹没出流，如图 12-21 所示。试验表明，当 $h_s/H_0>0.8$ 时，形成淹没出流。

淹没系数 σ_s 可根据 h_s/H_0 由表 12-8 查出。

表 12-8　　宽顶堰的淹没系数 σ_s

h_s/H_0	0.80	0.81	0.82	0.83	0.84	0.85	0.86	0.87	0.88	0.89
σ_s	1.00	0.995	0.99	0.98	0.97	0.96	0.95	0.93	0.90	0.87
h_s/H_0	0.90	0.91	0.92	0.93	0.94	0.95	0.96	0.97	0.98	
σ_s	0.84	0.82	0.78	0.74	0.70	0.65	0.59	0.50	0.40	

无坎宽顶堰流在计算流量时，仍可使用宽顶堰流的公式。但在计算中不再单独考虑侧向收缩的影响，而是把它包含在流量系数中一并考虑，即

$$Q=\sigma_s m' B\sqrt{2g}H_0^{3/2} \tag{12-19}$$

式中　m'——包含侧收缩影响在内的流量系数，可根据进口翼墙形式及平面收缩程度，由表 12-9 查得。表中 B_0 为引水渠的宽度，B 为闸孔宽度，r 为翼墙圆角半径。

无坎宽顶堰流的淹没系数可近似由表 12-8 查得。

表 12-9　　无坎宽顶堰的流量系数值

$\frac{B}{B_0}$	直角形翼墙	八字形翼墙			圆角形翼墙		
		$\cot\theta$			$\frac{r}{B}$		
		0.5	1.0	2.0	0.2	0.3	≥0.5
0	0.320	0.343	0.350	0.353	0.349	0.354	0.360
0.1	0.322	0.344	0.351	0.354	0.350	0.355	0.361
0.2	0.324	0.346	0.352	0.355	0.351	0.356	0.362
0.3	0.327	0.348	0.354	0.357	0.353	0.357	0.363
0.4	0.330	0.350	0.356	0.358	0.355	0.359	0.364
0.5	0.334	0.352	0.358	0.360	0.357	0.361	0.366
0.6	0.340	0.356	0.361	0.363	0.360	0.363	0.368
0.7	0.346	0.360	0.364	0.366	0.363	0.366	0.370
0.8	0.355	0.365	0.369	0.270	0.368	0.371	0.373
0.9	0.367	0.373	0.375	0.376	0.375	0.376	0.378
1.0	0.385	0.385	0.385	0.385	0.385	0.385	0.385

【例题 12-8】　某进水闸，闸底坎为具有圆角前沿进口的宽顶堰，堰顶高程为 22.00m，渠底高程为 21.00m。共 10 个孔，每孔净宽 8m，闸墩头部为半圆形，边墩头部为流线型。当闸门全开时，上游水位为 25.50m，下游水位为 23.20m，不考虑闸前行近流速的影响，求过闸流量。

解：(1) 判断下游是否淹没。

$$P=22.00-21.00=1.00(\mathrm{m})$$
$$H=25.50-22.00=3.50(\mathrm{m})$$

$\frac{h_s}{H_0}=\frac{23.20-22.00}{25.50-22.00}=0.34<0.8$，为自由出流。

(2) 求流量系数：

$$m=0.36+0.01\frac{3-\frac{P}{H}}{1.2+1.5\frac{P}{H}}=0.36+0.01\times\frac{3-\frac{1}{3.5}}{1.2+1.5\times\frac{1}{3.5}}=0.377$$

(3) 求侧收缩系数 ε。

查图 12－16 得边墩形状系数 $\zeta_k=0.4$，闸墩形状系数 $\zeta_0=0.45$，则

$$\varepsilon=1-0.2[(n-1)\zeta_0+\zeta_k^0]\frac{H_0}{nb}$$
$$=1-0.2\times[(10-1)\times0.45+0.4]\times\frac{3.5}{10\times8}=0.961$$

$$Q=\varepsilon mB\sqrt{2g}H_0^{3/2}$$
$$=0.961\times0.377\times10\times8\times\sqrt{2\times9.8}\times3.5^{3/2}$$
$$=840.2(\mathrm{m^3/s})$$

【例题 12－9】 某进水闸，如图 12－22 所示，具有直角形的前沿闸坎，坎前河底高程为 100.00m，河水位高程为 107.00m，坎顶高程为 103.00m。闸分两孔，闸墩头部为半圆形，边墩头部为圆角形。下游水位很低，对溢流无影响。引水渠及闸后渠道均为矩形断面，宽度均为 20m。求下泄流量为 200m³/s 时所需闸孔宽度。

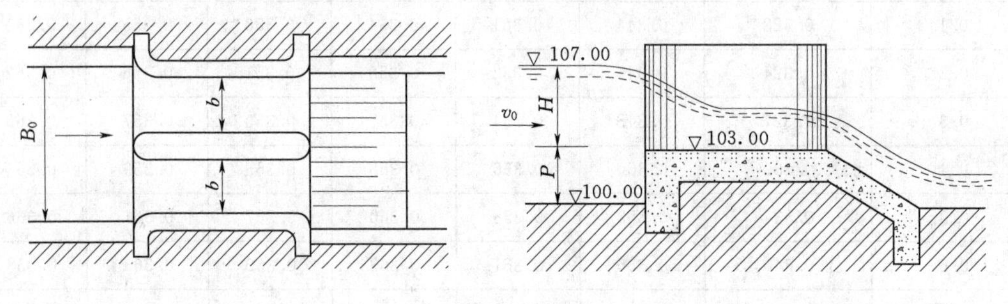

图 12－22

解：(1) 求总水头。

$$H=107.00-103.00=4.00(\mathrm{m})$$
$$P=P_1=103.00-100.00=3.00(\mathrm{m})$$

总水头为

$$H_0=H+\frac{v_0^2}{2g}=H+\frac{1}{2g}\left[\frac{Q}{B_0(H+P)}\right]^2=4+\frac{1}{19.6}\times\left[\frac{200}{20\times(4+3)}\right]^2=4.104(\mathrm{m})$$

(2) 按式 (12－17) 求流量系数 m。

$$m=0.32+0.01\times\frac{3-\dfrac{P}{H}}{0.46+0.75\dfrac{P}{H}}=0.32+0.01\times\frac{3-\dfrac{3}{4}}{0.46+0.75\times\dfrac{3}{4}}=0.342$$

因 ε 值与闸孔宽度 B 有关，此时 B 未知，初步假定 $\varepsilon=0.95$，则

$$B=\frac{Q}{\varepsilon m\sqrt{2g}H_0^{3/2}}=\frac{200}{0.95\times0.342\times4.43\times4.104^{3/2}}=16.71(\mathrm{m})$$

由图 12－16 得闸墩形状系数 $\zeta_0=0.45$，边墩形状系数 $\zeta_k=0.7$，则

$$\varepsilon=1-0.2[(n-1)\zeta_0+\zeta_k]\frac{H_0}{nb}=1-0.2\times[(2-1)\times0.45+0.7]\times\frac{4.104}{16.71}=0.944$$

此值与原假定的 ε 值较接近，现用 $\varepsilon=0.944$ 再计算 B 值

$$B=\frac{200}{0.944\times0.342\times4.43\times4.104^{3/2}}=16.8(\mathrm{m})$$

此 B 值与第一次结果已很接近，即用此值为最后计算结果，故每孔净宽 $b=B/2=8.4\mathrm{m}$，实际工程中应考虑取闸门的尺寸为整数。另外，从对称出流考虑，闸孔数目常选为奇数。

专 题 小 结

1. 本专题主要介绍了水利工程中比较常见的闸孔出流和堰流。

2. 闸孔出流和堰流在一定条件下能够相互转化。当水流为闸孔出流时，若将闸门开启到一定程度，水流可由闸孔出流变为堰流；相反，若将闸门关闭到一定程度，堰流可转变为闸孔出流。

3. 闸孔出流和堰流的水力计算，应掌握基本公式的基础上，能够根据具体条件，合理地引入各种系数对基本公式进行修正。

习 题

一、简答题

1. 何为堰和堰流？

2. 闸孔出流和堰流有什么区别和联系？

3. 闸孔出流发生淹没出流时，下游是否一定为淹没式水跃？

4. 堰流流量计算时关键要确定哪些系数？这些系数各有哪些影响因素？

5. 图 12－23 中的溢流坝只是作用水头不同，其他条件完全相同，试问：流量系数 m 哪个最大？哪个最小？为什么？

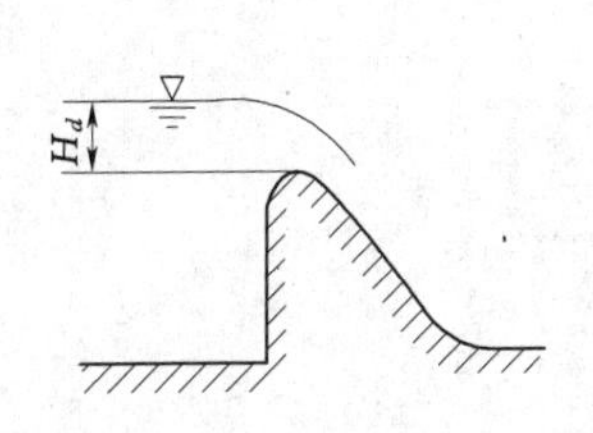

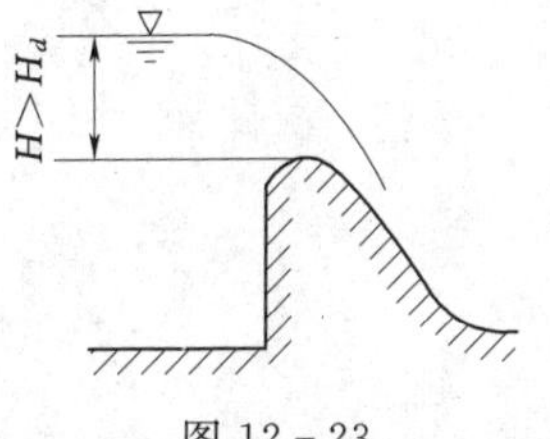

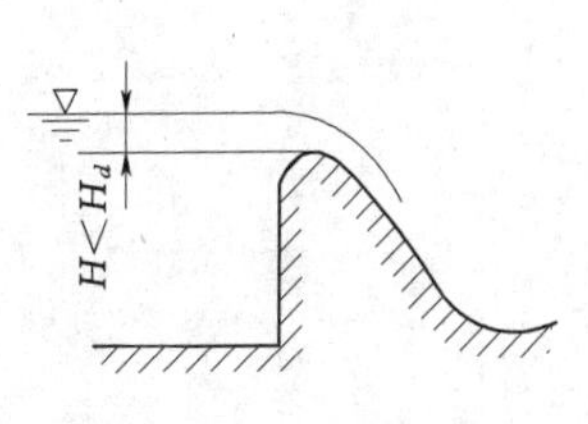

图 12－23

二、计算题

1. 有一无侧收缩的矩形薄壁堰，上游堰高为 0.5m，堰宽为 0.8m，堰顶水头 H 为 0.6m，下游水位不影响堰顶出流。求通过堰的流量。

2. 某平底水闸，采用平板闸门。已知水头 H 为 4m，闸孔宽度 b 为 5m，闸门开度 e 为 1m，行近流速为 1.2m/s。试求下游为自由出流时的流量。

3. 如图 12-24 所示，一高为 d，底坡 i 为 0，宽为 6m，长为 l 的泄水廊道。上游水深为 H，下游水深为 h_t，试分析：

（1）在什么情况下（指 H、l、d、h_t 的相对大小）廊道应作为堰流问题计算？

（2）在什么情况下作为管流问题计算？

（3）在什么情况下作为渠道计算？

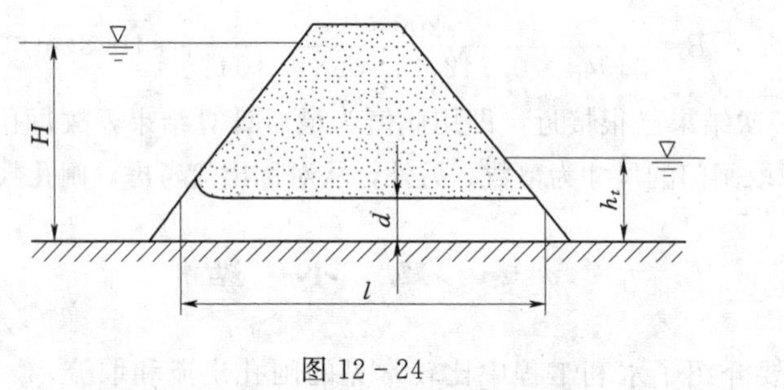

图 12-24

4. 如图 12-25 所示，某渠道进水闸上游用矩形缓坡短渠道与水库联结，库水位已知且保持不变，闸后为陡坡长渠道，闸前渠道、闸门的断面尺寸、渠长及粗糙系数均已知（渠道进口处的水头损失可以忽略不计），试分析：

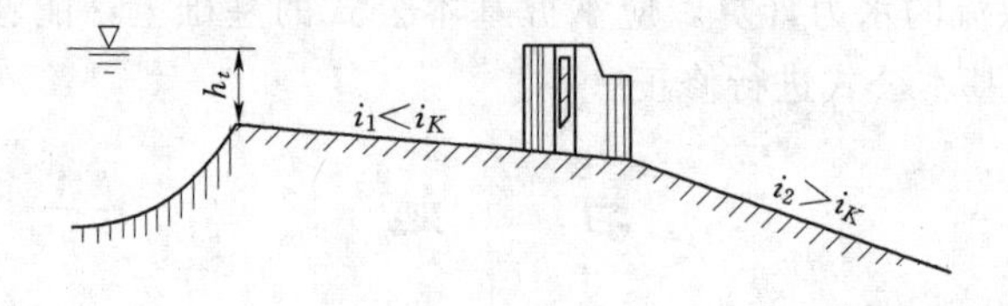

图 12-25

（1）当闸门开度已知且一定时，如何确定泄流量？

（2）如果闸门开度变化，定性分析流量及水面线如何变化？有可能产生哪几种水面曲线？（以上只讨论恒定流的情况）

专题十三　水工建筑物下游水流的衔接与消能

学习要求

1. 理解水跃消能的过程。

2. 掌握各种消力池的水力计算公式，全面掌握底流消能水力计算。

3. 理解挑流消能的物理过程和挑距及冲深的主要影响因素，并能进行挑距和冲坑深度的计算。

知识点一　概　　述

在河道上建造挡水建筑物后，抬高了上游河道水位，流速减小，水流的动能减少而势能增加。当水流经泄水建筑物（如溢流坝、溢洪道、隧洞及水闸等）宣泄到下游时，在上下游落差的作用下，通过泄水建筑物下泄的水流往往具有很高的流速，加上这类建筑物的泄水宽度比原河床小，使得泄流相对集中，单宽流量加大，从而导致这类下泄水流都具有很大的能量。

如果对水流的衔接不加控制或控制不当，那么具有巨大动能的水流就会冲刷下游河床及岸坡，同时还会造成下游恶劣流态（如回流、波浪、折冲水流等），影响建筑物的正常运行，甚至威胁建筑物本身的安全。

采取工程措施，控制泄水建筑物下游的水流衔接与消能，从而保证建筑物的安全是泄水建筑物水力设计中的一个重要内容。水流衔接消能的工程措施很多，按照泄出水流与尾水及河床的相对位置，泄水建筑物下游水流衔接与消能形式主要有以下几种。

一、底流式消能

利用水跃消能原理，在泄水建筑物的下游修建消力池，使水跃发生在池内，通过水跃的表面旋滚和强烈紊动以消除余能，并实现急流向下游缓流的衔接过渡。由于衔接段高流速的主流在底部，故称为底流式衔接消能，如图 13－1 所示。

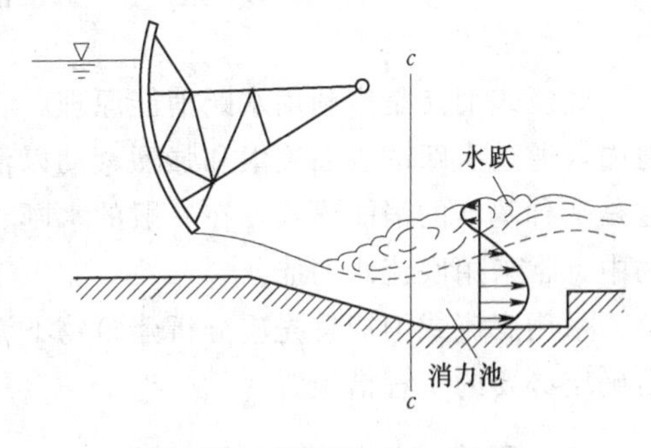

图 13－1

二、挑流式消能

利用泄出水流本身携带的较大的动能，在泄水建筑物出流处采用挑流鼻坎将水流向空中挑射，再降落到离建筑物较远的下游，冲刷坑的位置离建筑物较远，不致影响建筑物的安全，如图 13-2 所示。水流通过水舌在空气中的扩散、空气的摩阻以及挑流水舌落入冲刷坑水垫中所形成的两个旋滚可消除大部分余能。

挑流型衔接消能适用于中高水头的泄水建筑物，其下游无需作护坦或消力池，比较经济。

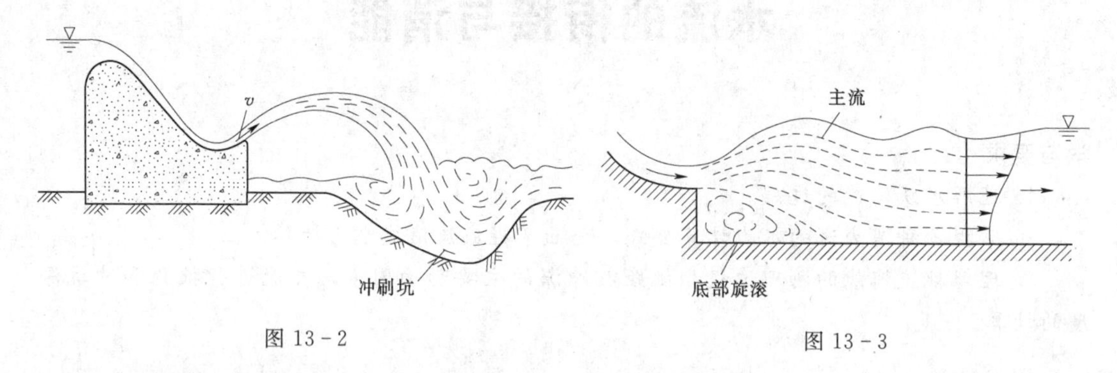

图 13-2　　　　图 13-3

三、面流式消能

在泄水建筑物出流处修建低于下游水位的跌坎，将宣泄的高速急流导入下游水流的表层，坎后形成的底部旋滚可隔开主流以免其直接冲刷河床。余能主要通过水舌扩散、流速分布调整、底部旋滚及其与主流的相互作用而消除。由于高速主流位于表面，故称为面流型衔接消能，如图 13-3 所示。

除了上述三种常见消能方式外，一些新型的消能方式也在不断发展。如戽流式消能、竖井消能、孔板消能、宽尾墩消能等。在工程实践中，具体采用哪一种消能方式必须结合工程的运用要求，并兼顾水力、地形、地质条件等进行综合分析，因地制宜地加以选择。

本专题只介绍最常用的底流式和挑流式衔接与消能的设计和计算。

知识点二　底流式衔接与消能

底流式消能是指利用水跃消能原理，在泄水建筑物的下游修建消能池，使水跃发生在池内，通过水跃的表面旋滚和强烈紊动以消除余能，并实现急流向下游缓流的衔接过渡。这是一种基本的消能形式，在一般的水闸、中小型溢流坝或地质条件较差的各类泄水建筑物中，常采用底流式消能。

采用底流式消能首先应分析建筑物下游的水流衔接形式，即判定水跃发生的位置，然后确定必要的工程措施。

一、底流式衔接的主要形式

经闸、坝下泄的水流在泄流过程中，势能不断转化为动能。在建筑物下游某过水断面上水深达到最小值，而流速达到最大值，这个断面称为收缩断面，该断面水深为收缩水深 h_c。收缩断面水深 h_c 一般小于临界水深 h_K，水流呈急流；而河道下游水深 h_t 往往大于临界水深 h_K，水流呈缓流，水流从急流向缓流过渡，必然发生水跃。假设水跃自收缩断面处开始发生，则 h_c 即为跃前水深 h'，由水跃方程可算出对应的跃后水深 h_c''，根据下游河

道的水深 h_t（即实际的跃后水深）与 h''_c 的相对大小，下游水流流态将与以下三种水跃衔接情况有关。

1. 临界式水跃衔接

当 $h_t=h''_c$ 时，表明此时下游水深 h_t 正好等于收缩断面水深 h_c 所对应的跃后水深 h''_c，则水跃自收缩断面处开始发生，这种水跃称为临界式水跃，这种水流衔接称为临界式水跃衔接，如图 13－4 所示。

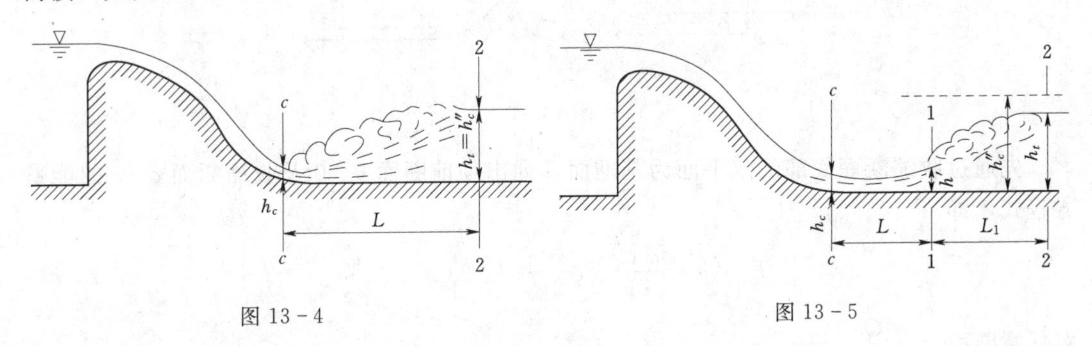

图 13－4　　图 13－5

2. 远离式水跃衔接

当 $h_t<h''_c$ 时，表明下游水深 h_t 对应的跃前水深 h' 大于收缩断面水深 h_c，此时收缩断面处不会发生水跃，水流继续保持急流状态，随着水流沿程扩散，水深由收缩断面水深 h_c 逐渐增大，当其达到 h' 时，水跃自该断面处开始发生。这种发生在收缩断面下游的水跃称为远离式水跃，这种衔接就称为远离式水跃衔接，如图 13－5 所示。

3. 淹没式水跃衔接

当 $h_t>h''_c$ 时，表明与下游水深 h_t 相应的跃前水深 h' 必小于收缩断面水深 h_c。从理论上讲，此时水跃的起始断面应在收缩断面的上游，整个水跃将被推向上游，使收缩断面处于水跃旋滚之下，这种收缩断面处于水跃旋滚之下的水跃称为淹没式水跃，这种衔接就称为淹没式衔接，如图 13－6 所示。

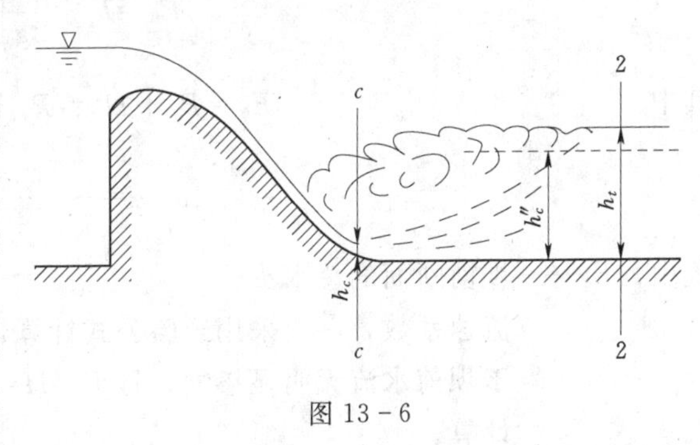

图 13－6

上述三种水跃衔接形式中，远离式水跃对工程最为不利。因其急流长，所需加固的河段较长，不经济，所以不采用。临界水跃不稳定，下泄流量稍有增加或下游水位略有降低，就转化为远离式水跃，也不宜采用。因此，从减少急流段保护长度、水跃位置的稳定性要求及消能效果等几方面综合考虑，采用稍有淹没（淹没系数 $\sigma_j=1.05\sim1.10$）的水跃衔接形式进行消能最为有利。

要判断水跃衔接形式，首先必须确定收缩断面水深。

二、收缩断面水深计算

1. 基本方程

以图 13－7 所示的溢流坝为例，建立收缩断面水深计算的基本方程。

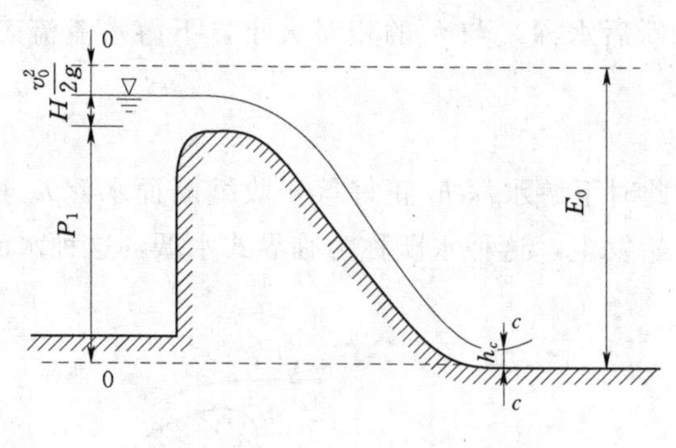

图 13-7

先通过收缩断面底部的水平面为基准面，列出坝前断面 0—0 及收缩断面 c—c 的能量方程式，即

$$E_0=h_c+\frac{\alpha_c v_c^2}{2g}+\zeta\frac{v_c^2}{2g}=h_c+(\alpha_c+\zeta)\frac{v_c^2}{2g} \tag{13-1}$$

对任意断面 $v_c=\frac{Q}{A_c}$，则

$$E_0=h_c+\frac{Q^2}{2gA_c^2\varphi^2} \tag{13-2}$$

对矩形断面

$$A_c=bh_c$$

取单宽流量 $q=Q/b$ 计算，则

$$E_0=h_c+\frac{q^2}{2g\varphi^2 h_c^2} \tag{13-3}$$

其中

$$E_0=P_1+H_0=P_1+H+\frac{\alpha_0 v_0^2}{2g}$$

$$\varphi=\frac{1}{\sqrt{\alpha_c+\zeta}}$$

式中 E_0——坝前断面的总水头；

φ——流速系数，一般采用经验公式计算，对于高坝可采用式（13-4）计算；对于坝前水流无明显掺气，且 $P_1/H<30$ 的曲线型实用堰，可采用式（13-5）计算。

$$\varphi=\left(\frac{q^{\frac{2}{3}}}{s}\right)^{0.2} \tag{13-4}$$

式中 s——上游水位至收缩断面底部的垂直距离，m。

$$\varphi=1-0.0155\frac{P_1}{H} \tag{13-5}$$

2. 计算方法

由于式（13-2）和式（13-3）均为 h_c 的三次方程，因此求 h_c 时一般采用试算法、图解法或逐次渐进法。

（1）试算法。已知溢流坝断面形状、尺寸、E_0、Q 和 φ 时，据式（13-2）或式（13-3）应用试算法求解 h_c 的步骤如下：

假设一个 h_c，计算式（13-2）或式（13-3）的右边，如计算值恰好等于给出的 E_0 值，则所设的 h_c 为所求。否则，再重设 h_c 进行计算，直到相等或相接近为止。

（2）图解法。对于矩形断面的 h_c，可借助曲线求解，步骤如下：

1）据已知条件计算 h_K 和 $\xi_0(\xi_0=E_0/h_K)$。

2）据 φ 和 ξ_0 在附录Ⅳ的关系曲线上求得 $\xi_c=\dfrac{h_c}{h_K}$ 和 $\xi''_c=\dfrac{h''_c}{h_K}$。

3）解得 $h_c=\xi_c h_K$，$h''_c=\xi''_c h_K$。

（3）逐次渐进法。将式（13-3）改写为

$$h_c=\sqrt{\frac{\dfrac{q^2}{2g\varphi^2}}{E_0-h_c}} \tag{13-6}$$

计算步骤如下：

1）令 $h_c=0$ 代入式（13-6）的右边计算得 h_{c1}。

2）将 h_{c1} 仍代入式（13-6）的右边计算得 h_{c2}，比较 h_{c1} 和 h_{c2}，如两者相等，则 h_{c2} 即为所求 h_c。否则，再将 h_{c2} 代入式（13-6）计算得 h_{c3}，再比较，如不满足，再计算，就这样逐次渐进，直至两者相等或相接近为止。

除图解法外，求得 h_c 后还需据水跃方程求解 h''_c，以便判断水跃衔接形式。

【例题 13-1】 某水闸单宽流量 $q=12.50\text{m}^3/(\text{s}\cdot\text{m})$，上游水位 28.00m，下游水位 24.50m，下游渠底高程 21.00m，闸底高程 22.00m，$\varphi=0.95$，如图 13-8 所示，试判定下游水流衔接形式。

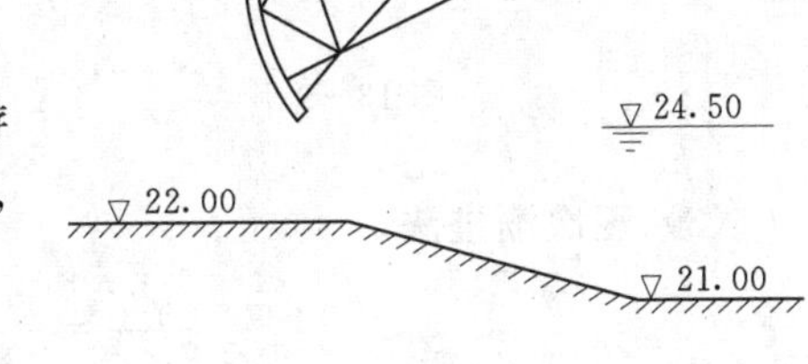

图 13-8

解： 首先计算 E_0。

计算下游坝高 P_1：

$$P_1=22.00-21.00=1.00(\text{m})$$

计算闸前水深 H_0：

$$H=28.00-22.00=6.00(\text{m})$$

$$v_0=\frac{q}{H}=\frac{12.50}{6.00}=2.08(\text{m/s})$$

$$H_0=H+\frac{v_0^{\ 2}}{2g}=6.00+\frac{2.08^2}{19.6}=6.22(\text{m})$$

$$E_0=P_1+H_0=1.00+6.22=7.22(\text{m})$$

（1）试算法。

$$\frac{q^2}{2g\varphi^2}=\frac{12.50^2}{19.6\times0.95^2}=8.833(\text{m}^3)$$

将结果代入式（13-3）算得等式右边，即

$$f(h_c)=h_c+\frac{q^2}{2g\varphi^2 h_c^{\ 2}}=h_c+\frac{8.833}{h_c^{\ 2}}$$

设 $h_c=1.00\text{m}$，则 $f(h_c)=9.833\text{m}>E_0=7.22\text{m}$，重设 $h_c=1.5\text{m}$，试算结果见表 13-1。试算结果说明：当 $h_c=1.212\text{m}$ 时，$f(h_c)=7.225\text{m}\approx E_0=7.22\text{m}$，取 $h_c=1.212\text{m}$。

表 13-1 **收缩水深 h_c 试算表**

h_c	1.00	1.10	1.15	1.212	1.50
h_c^2	1.00	1.21	1.323	1.469	2.25
$\frac{8.833}{h_c^2}$	8.833	7.30	6.676	6.013	3.926
$f(h_c)=h_c+\frac{q^2}{2g\varphi^2 h_c^2}$	9.833	8.40	7.826	7.225	5.43

也可根据表中计算数值绘制 h_c—$f(h_c)$ 关系曲线，如图 13-9 所示。由 $E_0=7.22$m 查得 $h_c=1.212$m，与试算结果符合。将其代入水跃方程，可得

$$h_c''=\frac{h_c}{2}\left(\sqrt{1+\frac{8q^2}{gh_c^3}}-1\right)=\frac{1.212}{2}\times\left(\sqrt{1+\frac{8\times12.5^2}{9.8\times1.212^3}}-1\right)=4.56(\text{m})$$

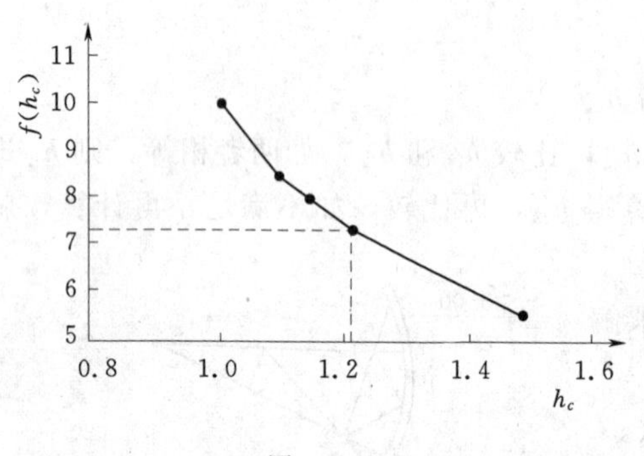

图 13-9

(2) 图解法。计算临界水深 h_K（对于矩形断面），其计算公式为

$$h_K=\sqrt[3]{\frac{q^2}{g}}=\sqrt[3]{\frac{12.5^2}{9.8}}=2.52(\text{m})$$

$$\xi_0=\frac{E_0}{h_K}=\frac{7.22}{2.52}=2.87$$

据 $\xi_0=2.87$ 和 $\varphi=0.95$ 查附录Ⅳ得

$$\xi_c=0.477,\xi_c''=1.82$$

则 $h_c=\varepsilon_c h_K=0.477\times2.52=1.202(\text{m})$

$$h_c''=\xi_c'' h_K=1.82\times2.52=4.59(\text{m})$$

(3) 逐次渐进法。

$$\frac{q^2}{2g\varphi^2}=\frac{12.5^2}{2\times9.8\times0.95^2}=8.833$$

令式 (13-6) 根号内的 $h_c=0$，则

第一次 $$h_{c1}=\sqrt{\frac{8.833}{7.22-0}}=1.223(\text{m})$$

第二次 $$h_{c2}=\sqrt{\frac{8.833}{7.22-1.223}}=1.214(\text{m})$$

第三次 $$h_{c3}=\sqrt{\frac{8.833}{7.22-1.214}}=1.213(\text{m})$$

因 h_{c2} 与 h_{c3} 很接近，故取 $h_c=1.213$m，将其代入水跃方程，即

$$h_c''=\frac{h_c}{2}\left(\sqrt{1+\frac{8q^2}{gh_c^3}}-1\right)=\frac{1.213}{2}\times\left(\sqrt{1+\frac{8\times12.5^2}{9.8\times1.213^3}}-1\right)=4.56(\text{m})$$

由上述计算可知 h_c'' 在 4.56～4.59m 之间，均大于下游水深 $h_t=24.50-21.00=3.50$m，因此下游发生远离式水跃。

三、消力池的水力计算

当底流式衔接为远离式水跃时，为了改变这种不利的水面衔接形式，必须增加下游水深，迫使远离式水跃变为工程需要的稍有淹没（淹没系数 $\sigma_j=1.05$～1.10）的水跃。从而

缩短下游河床上急流保护段的长度，达到在最短距离内集中消能以确保主体建筑物安全的目的。消力池就是一种控制水跃并利用水跃消除余能的水工建筑物。

消力池的形式有以下三种：①挖深式，降低护坦高程，在下游形成的消力池；②消力坎式，在护坦末端修建消能坎来壅高水位，在坎前形成消力池；③综合式。

1. 挖深式消力池计算

形成消力池后，水跃将发生在池内（见图 13-10）。离开消力池的水流，由于竖向收缩，过水断面变小，动能增加，水面跌落一个 Δz 值，其水流特性与淹没宽顶堰相似。

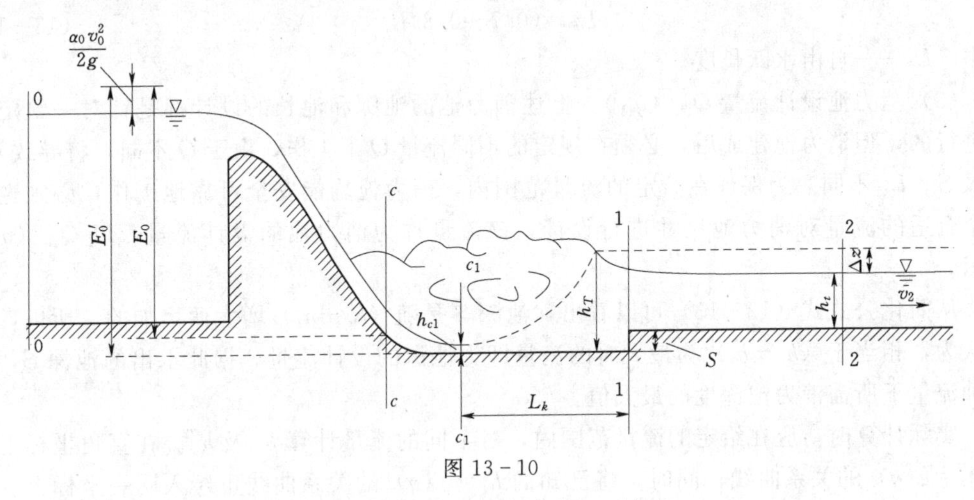

图 13-10

(1) 池深 S。为促使淹没式水跃产生，池末水深 h_T 应为：

$$h_T=\sigma_j h''_{c1} \tag{13-7}$$

淹没系数 $\sigma_j=1.05\sim1.10$。

$$h_T=S+h_t+\Delta z \tag{13-8}$$

将式（13-7）代入式（13-8）得

$$S=\sigma_j h''_{c1}-(h_t+\Delta z) \tag{13-9}$$

通过对消力池出口断面 1—1 和下游断面 2—2 列能量方程（以通过断面 2—2 底部的水平面为基准面）：

$$(\Delta z+h_t)+\frac{\alpha_1 v_1{}^2}{2g}=h_t+\frac{\alpha_2 v_2{}^2}{2g}+\zeta\frac{v_2{}^2}{2g} \tag{13-10}$$

整理后有

$$\Delta z=(\alpha_2+\zeta)\frac{v_2{}^2}{2g}-\frac{\alpha_1 v_1{}^2}{2g}=\frac{v_2{}^2}{2g\varphi'^2}-\frac{\alpha_1 v_1{}^2}{2g} \tag{13-11}$$

消力池出口的流速系数 $\varphi'=\frac{1}{\sqrt{\alpha_2+\zeta}}$，一般取 $\varphi'=0.95$。

令 $\alpha_1=1.0$，以 $v_2=\frac{q}{h_t}$，$v_1=\frac{q}{\sigma_j h''_{c1}}$ 代入式（13-11），则

$$\Delta z=\frac{q^2}{2g}\left[\frac{1}{(\varphi' h_t)^2}-\frac{1}{(\sigma_j h''_{c1})^2}\right] \tag{13-12}$$

由于应用式（13-9）和式（13-11）求解池深时，h''_{c1} 应该是护坦降低以后的收缩断面水深 h_{c_1} 对应的跃后水深。而护坦高程降低后，E_0 增至 $E_0'=E_0+S$，收缩断面位置由断

面 $c—c$ 下移至断面 $c_1—c_1$。所以用式（13-2）求 h_{c1} 时，式中的 E_0 应当用 E_0' 代替。因此 S 与 h_{c1}'' 之间是一复杂的隐函数关系，所以求解 S 一般采用试算法。

在式（13-9）中略去 Δz，并用护坦降低前收缩断面水深的共轭水深 h_c'' 代替 h_{c1}''。可得到粗略估算池深的近似公式为

$$S=\sigma_j h_c''-h_t \tag{13-13}$$

式中　σ_j——淹没系数，取1.05。

（2）消力池池长 L_k。

$$L_k=(0.7\sim0.8)L_j \tag{13-14}$$

式中　L_j——自由水跃长度。

（3）消力池设计流量 $Q_设$（$q_设$）。上述消力池的池深和池长的设计都是针对一给定流量进行的，但消力池建成后，必须在规定的不同流量 Q 下工作，由于 Q 不同，将导致 h_c、h_t 及 S、L_k 不同。为保证在给定的流量范围内，消力池均能安全可靠地工作，必须选择一个合适的流量对消力池尺寸进行设计，该流量称为消力池的设计流量，以 $Q_设$（$q_设$）表示。

从简化公式式（13-13）可以看出，池深 S 是随（$h_c''-h_t$）增大而增加的。所以，可以认为，相当于（$h_c''-h_t$）为最大时的流量即为池深的设计流量。据此求出的池深 S，是各种流量下所需消力池深度的最大值。

实际计算时，应在给定的流量范围内，对不同的流量计算 h_c 及 h_c''。在直角坐标上绘制 $h_c''=\varphi(q)$ 的关系曲线；同时，将已知的 $h_t=f(q)$ 的关系曲线也绘入同一坐标上（见图13-11）。从该图上找出（$h_c''-h_t$）$_{max}$时的相应流量，即为消力池池深 S 的设计流量。

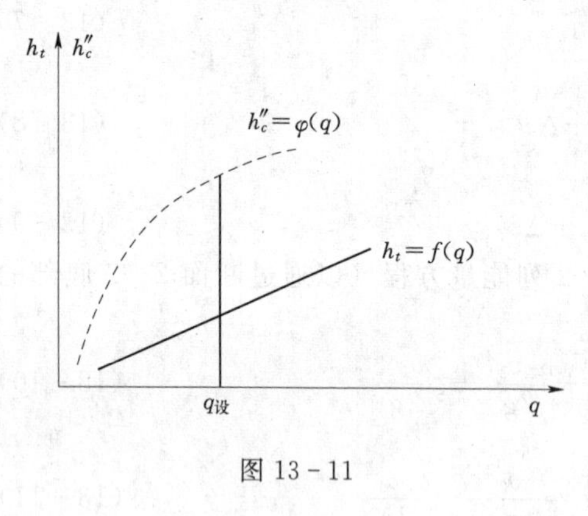

图13-11

因为消力池的长度决定于水跃长度 L_j。一般说来，水跃长度系随流量的增加而增大。所以，消力池长度的设计流量应为建筑物通过的最大流量。

【例题13-2】　某分洪闸如图13-11所示，底坎为曲线型低堰，泄洪单宽流量 $q=10.82m^3/(s\cdot m)$，流速 $v_0=1.53m/s$，流速系数 $\varphi=0.95$，其他有关数据见图13-12。试设计挖深式消力池的池深 S。

解：（1）判断下游水流的衔接形式。

$$\frac{v_0^2}{2g}=0.12(m)$$

$$E_0=P_1+H+\frac{v_0^2}{2g}=(33.96-27.00)+0.12=7.08(m)$$

应用公式 $E_0=h_c+\dfrac{q^2}{2g\varphi^2 h_c^2}$ 计算收缩断面水深 h_c，有

$$7.08=h_c+\frac{10.82^2}{2\times9.8\times0.95^2\times h_c^2}$$

通过迭代求得　　$h_c=1.05(m)$

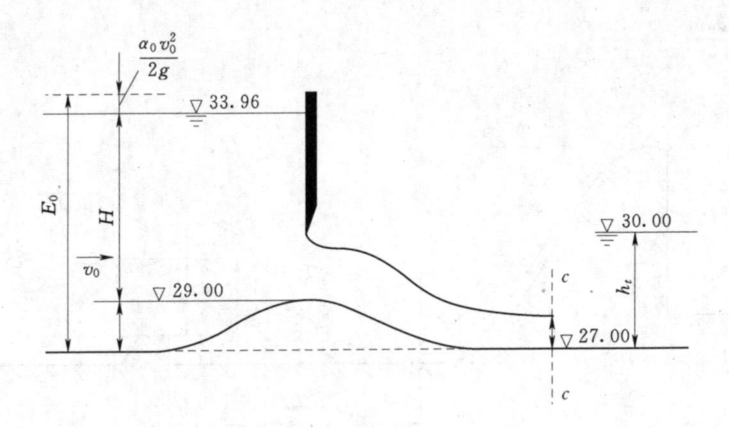

图 13－12

$$h_c''=\frac{h_c}{2}\left(\sqrt{1+8\frac{q^2}{gh_c^3}}-1\right)=\frac{1.05}{2}\left(\sqrt{1+8\times\frac{10.82^2}{9.8\times1.05^3}}-1\right)=4.3(\text{m})$$

已知下游水深 $h_t=3\text{m}<h_c''$，发生了远离式水跃衔接，需修建挖深式消力池。

(2) 求消能池深度。应用试算法计算，假设 $S=1.3$m。

$$E_0'=E_0+S=7.08+1.3=8.38(\text{m})$$

应用公式 $E'_0=h_{c1}+\frac{q^2}{2g\varphi^2 h_{c1}{}^2}$ 计算收缩断面水深 h_{c1}，通过迭代求得 $h_{c1}=0.96$m，$h''_{c1}=4.58$m。

$$\Delta Z=\frac{q^2}{2g}\left[\frac{1}{(\varphi' h_t)^2}-\frac{1}{(\sigma_j h''_{c1})^2}\right]=\frac{10.82^2}{2\times9.8}\left[\frac{1}{(0.95\times3)^2}-\frac{1}{(1.05\times4.58)^2}\right]=0.48(\text{m})$$

$$\sigma_j=\frac{S+h_t+\Delta Z}{h''_{c1}}=\frac{1.3+3+0.48}{4.58}=1.04$$

需要再次试算，假设 $S=1.35$m，则

$$E_0'=E_0+S=7.08+1.35=8.43(\text{m})$$

应用公式 $E'_0=h_{c1}+\frac{q^2}{2g\varphi^2 h_{c1}{}^2}$ 计算收缩断面水深 h_{c1}，通过迭代求得 $h_{c1}=0.941$m，$h''_{c1}=4.6$m。

$$\Delta Z=\frac{q^2}{2g}\left[\frac{1}{(\varphi' h_t)^2}-\frac{1}{(\sigma_j h''_{c1})^2}\right]=\frac{10.82^2}{2\times9.8}\left[\frac{1}{(0.95\times3)^2}-\frac{1}{(1.05\times4.6)^2}\right]=0.5(\text{m})$$

$$\sigma_j=\frac{S+h_t+\Delta Z}{h''_{c1}}=\frac{1.35+3+0.5}{4.6}=1.05\in(1.05\sim1.1)$$

所以 $S=1.35$m。

2. 消力坎式消力池计算

当河床不易开挖或开挖不经济时，可在护坦末端修筑消力坎，壅高坎前水位形成消力池，以保证在建筑物下游产生稍有淹没的水跃。池内水流现象，如图 13－13 所示。从图中可以看出，这类消力池池内水流现象与挖深式消力池基本相同，不同之处在于出池水流不是宽顶堰流，而是折线型实用堰流。消力坎式消力池的计算包括确定坎高 C 及池长 L_k。

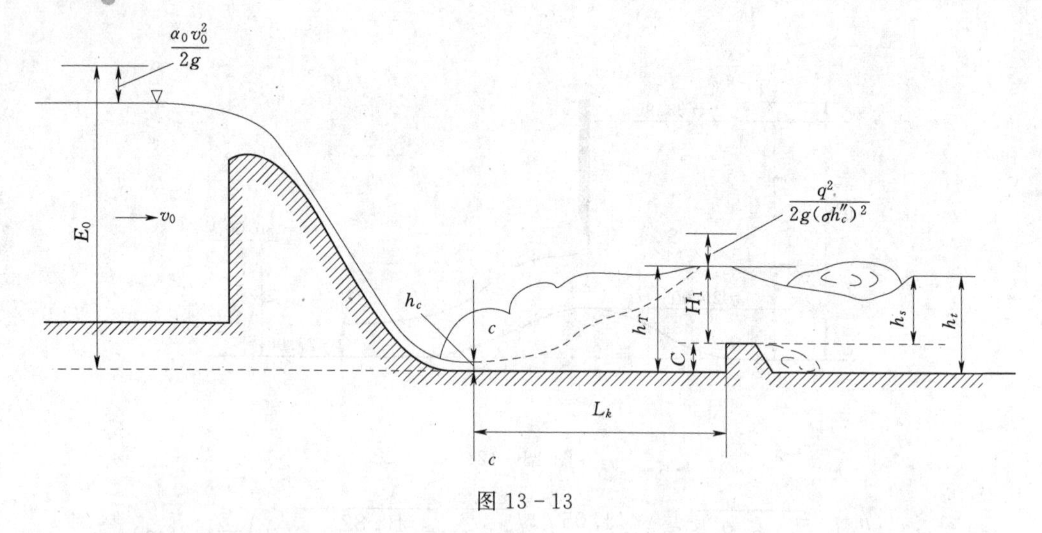

图 13-13

(1) 坎高 C。

为保证池内产生稍有淹没的水跃，坎前水深 h_T 应为

$$h_T=\sigma_j h_c'' \tag{13-15}$$

由图 13-13 可知

$$h_T=C+H_1 \tag{13-16}$$

式中　C——坎高；

H_1——坎顶水头。

则

$$C=\sigma_j h_c''-H_1 \tag{13-17}$$

当出坎水流为折线型实用堰流时，坎顶水头 H_1 可用堰流公式计算：

$$H_1=H_{10}-\frac{v_0^2}{2g}=\left(\frac{q}{\sigma_s m_1\sqrt{2g}}\right)^{2/3}-\frac{q^2}{2g(\sigma_j h_c'')^2} \tag{13-18}$$

则

$$C=\sigma_j h_c''+\frac{q^2}{2g(\sigma_j h_c'')^2}-\left(\frac{q}{\sigma_s m_1\sqrt{2g}}\right)^{2/3} \tag{13-19}$$

$$\sigma_s=f\left(\frac{h_t-C}{H_{10}}\right)=f\left(\frac{h_s}{H_{10}}\right) \tag{13-20}$$

式中　m_1——折线型实用堰的流量系数，一般取 $m_1=0.42$；

σ_s——消力坎淹没系数，其大小与下游水深和坎高有关。

试验表明：当$\frac{h_s}{H_{10}}\leqslant 0.45$ 时，为非淹没堰，$\sigma_s=1$；当$\frac{h_s}{H_{10}}>0.45$ 时，为淹没堰，σ_s 值可据相对淹没度$\frac{h_s}{H_{10}}$查表 13-2 确定。

表 13-2　　消能坎的淹没系数 σ_s

h_s/H_{10}	≤0.45	0.50	0.55	0.60	0.65	0.70	0.72	0.74	0.76	0.78
σ_s	1.00	0.990	0.985	0.975	0.960	0.940	0.930	0.915	0.900	0.885
h_s/H_{10}	0.80	0.82	0.84	0.86	0.88	0.90	0.92	0.95	1.00	
σ_s	0.865	0.845	0.815	0.785	0.750	0.710	0.651	0.535	0.000	

应当指出的是，如果消力坎为非淹没堰，则应校核坎后的水流衔接情况。如坎后为临界或远离式水跃衔接时，必须设置第二道消力坎或采取其他消能措施。消力坎的流速系数一般取 0.90～0.95。

（2）消力池池长 L_k。

池长 L_k 的计算与挖深式消力池相同。

【例题 13-3】 某溢流坝，在单宽流量 $q=6m^3/(s\cdot m)$ 时，已求得坝址收缩断面水深及其共轭水深分别是：$h_c=0.42m$，$h_c''=3.96m$。若下游水深 $h_t=3.50m$，试设计一消力坎式消力池。

解：因为 $h_c''=3.96m>h_t=3.50m$，故坝下产生远离式水跃衔接，需建消力池。

（1）计算消力坎高度 C。由于坎高的计算与坎顶流态有关，故先假设消力坎为非淹没式堰，即令 $\sigma_s=1$。并取消力坎的流量系数 $m_1=0.42$。则消力坎顶全水头为

$$H_{10}=\left(\frac{q}{\sigma_s m_1\sqrt{2g}}\right)^{2/3}=\left(\frac{6^2}{1\times0.42\times4.43}\right)^{2/3}=2.18(m)$$

$$H_1=\left(\frac{q}{\sigma_s m_1\sqrt{2g}}\right)^{2/3}-\frac{q^2}{2g(\sigma_j h_c'')^2}=2.18-\frac{6^2}{2\times9.8\times(1.05\times3.96)^2}=2.07(m)$$

将 H_1 代入式（13-17）可得坎高 C_1

$$C_1=\sigma_j h_c''-H_1=1.05\times3.96-2.07=2.09(m)$$

现在校核坎后的衔接形式。因为

$$\frac{h_s}{H_{10}}=\frac{h_t-C_1}{H_{10}}=\frac{3.5-2.09}{2.18}=\frac{1.41}{2.18}=0.67>0.45$$

所以，消力坎为淹没堰，$\sigma_s<1$，采用逐次渐近法重算坎高。

据 $\frac{h_s}{H_{10}}=0.67$，查表 13-2 得 $\sigma_s=0.952$。

$$H_{10}=\left(\frac{q}{\sigma_s m_1\sqrt{2g}}\right)^{2/3}=\left(\frac{6}{0.952\times0.42\times4.43}\right)^{2/3}=2.26(m)$$

$$C_2=\sigma_j h_c''-H_1=1.05\times3.96+\frac{6^2}{2\times9.8\times(1.05\times3.96)^2}-2.26=2.00(m)$$

$$\frac{h_s}{H_{10}}=\frac{h_t-C_2}{H_{10}}=\frac{3.5-2.00}{2.18}=\frac{1.5}{2.18}=0.69$$

查表 13-2 得 $\sigma_s=0.944$。

$$H_{10}=\left(\frac{q}{\sigma_s m_1\sqrt{2g}}\right)^{2/3}=\left(\frac{6}{0.944\times0.42\times4.43}\right)^{2/3}=2.27(m)$$

$$C_3=\sigma_j h_c''-H_1=1.05\times3.96+\frac{6^2}{2\times9.8\times(1.05\times3.96)^2}-2.27=1.99(m)$$

因 C_3 与 C_2 很接近，故取 $C=2.00m$。

（2）池长计算。

$$L_k=(0.7\sim0.8)L_j$$

$$L_j=6.9(h_c''-h_c)=6.9\times(3.96-0.42)=24.43(m)$$

$$L_k=0.7\times24.43\sim0.8\times24.43=17.10\sim19.54(m)$$

因此，$L_k=18m$。

知识点三　底流消能的其他形式及辅助设施

一、特殊的消力池形式

当下游水深较大、泄水建筑物下游形成淹没度过大的水跃时，消能效果将大为降低，甚至形成高速潜流，使下游较长范围内的河床受到冲刷。此时可采用斜坡消力池或戽式消力池等特殊形式的消力池。

1. 斜坡消力池

所谓斜坡消力池是指消力池护坦不采用平底，而采用有一定坡度的倾斜护坦，如图13－14所示。目前，斜坡护坦上水跃的水力计算尚无完善的方法。设计时可用试算法。

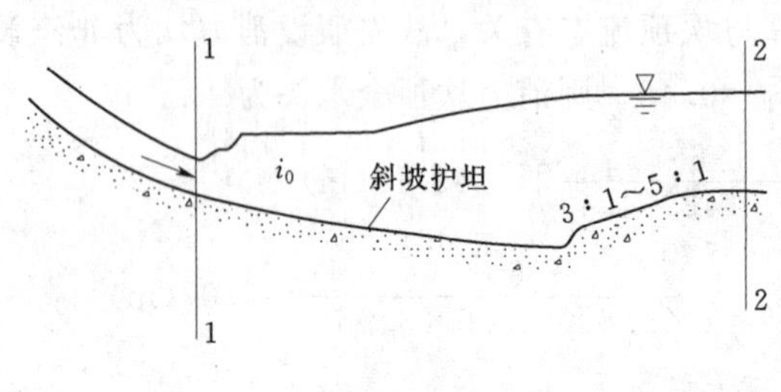

图 13－14

2. 戽式消力池

当下游水深较大，且有一定范围变化时，可在泄水建筑物末端修建一个具有较大反弧半径和挑角的低鼻坎的凹面戽斗，即消力戽，如图13－15所示。消力戽利用三个旋滚和一个涌浪产生的强烈的紊动摩擦和扩散作用，取得良好的消能效果。

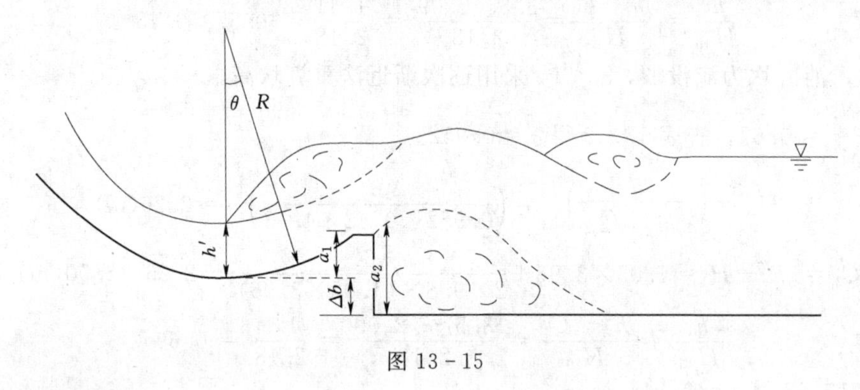

图 13－15

二、辅助消能工

1. 辅助消能工

所谓辅助消能工是指消力池中设置的趾墩、消力墩等水工构筑物，如图13－16所示。辅助消能工通过分散入池水流促使水流撞击，形成旋涡，加强紊动，以提高消能效果，从而达到稳定水跃、减小消力池深度和长度的目的。

但当坝址流速大于16～18m/s时，消力墩易发生空蚀破坏，重大工程辅助消能工的设计应通过水工模型试验确定。

2. 护坦下游的河床加固

由于出消力池水流紊动仍很剧烈，底部流速较大，故对河床仍有较强的冲刷能力。所以，在消力池后，除基岩较好，足以抵抗冲刷外，一般都要设置较为简易的河床保护段，

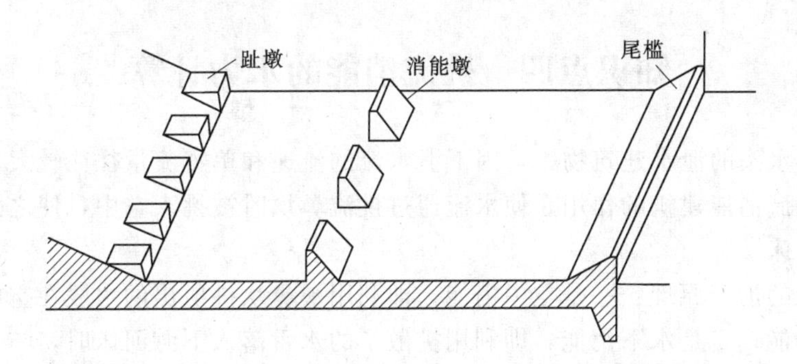

图 13-16

这段保护段称为海漫。海漫不是依靠旋滚来消能，而是通过加糙、加固过流边界，促使流速加速衰减，并改变流速分布，使海漫末端的流速沿水深的分布接近天然河床，以减小水流的冲刷能力，保护河床。因此，海漫通常用粗石料或表面凹凸不平的混凝土块铺砌而成，如图 13-17 所示。海漫长度一般采用经验公式估算。

海漫下游水流仍具有一定的冲刷能力，会在海漫末端形成冲刷坑。为保护海漫基础的稳定，海漫后一般应设置比冲刷坑略深的齿槽或防冲槽。具体设计可参阅有关书籍。

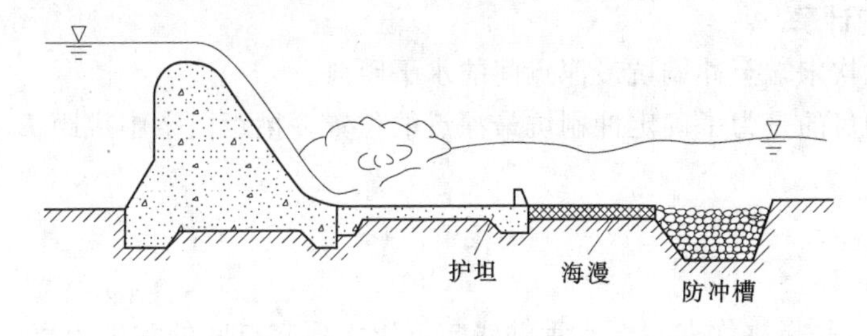

图 13-17

3. 跌水

为了保持合适的渠道比降（底坡），减少挖填方，常将渠道分段。各段间一般采用跌水、陡槽等建筑物连接。

跌水又分为单级跌水和多级跌水。水流只跌落一次的称为单级跌水，适用于落差较小的情况；水流沿一系列呈阶梯状的矮墙逐级下跌的称为多级跌水，适用于落差较大的情况。单级跌水由进口段、跌水墙、消力池和出口段四部分组成，如图 13-18 所示。

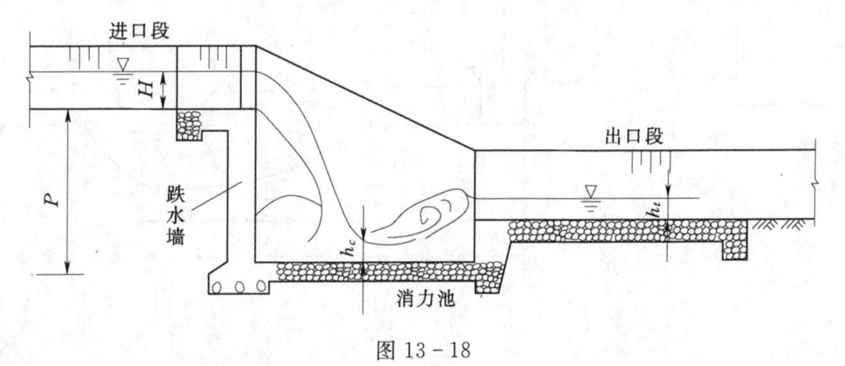

图 13-18

知识点四 挑流消能的水力计算

在中、高水头的泄水建筑物中，因下泄水流的流速和单宽流量往往较大，常采用挑流消能形式。挑流消能建筑的作用是使水流通过挑流鼻坎时被挑入空中，使之跌落在远离建筑物的下游河床。

挑流消能的消能原理：一是空中消能，即利用被鼻坎挑射出的水股在空中的扩散掺气消耗一部分动能；二是水下消能，即利用扩散了的水舌落入下游河床时，与下游河道水体发生碰撞，并在水舌入水点附近形成的两个大旋滚消耗剩余的大部分动能。如潜入河底水后的冲刷能力仍大于河床抗冲能力时，将对河床造成冲刷，形成冲刷坑。随着坑深的增加，坑内水垫厚度增加，潜入水后冲刷能力逐渐减弱，冲刷坑趋于稳定。

挑流消能水力计算的主要任务是：

(1) 挑距 $L=L_0+L_1$。

(2) 坑深 T。

(3) 选择挑坎型式，确定挑坎高程，反弧半径 r，挑射角 θ。

一、挑距的计算

挑距是指挑坎末端至冲刷坑最深点间的水平距离。

计算挑距的目的是为了确定冲刷坑最深点的位置。挑距由空中挑距 L_0 和水下挑距 L_1 组成，即

$$L=L_0+L_1 \tag{13-21}$$

1. 空中挑距 L_0

空中挑距 L_0 是指挑坎末端至水舌轴线与下游水面交点间的水平距离。

对平滑的连续式挑坎，如图 13-19 所示，假定挑坎出口断面 1—1 上流速分布均匀，且为 v_1。略去空气阻力和水舌扩散影响，把抛射水流的运动视为自由抛射体的运动，应用质点自由抛射运动原理可导出空中挑距。

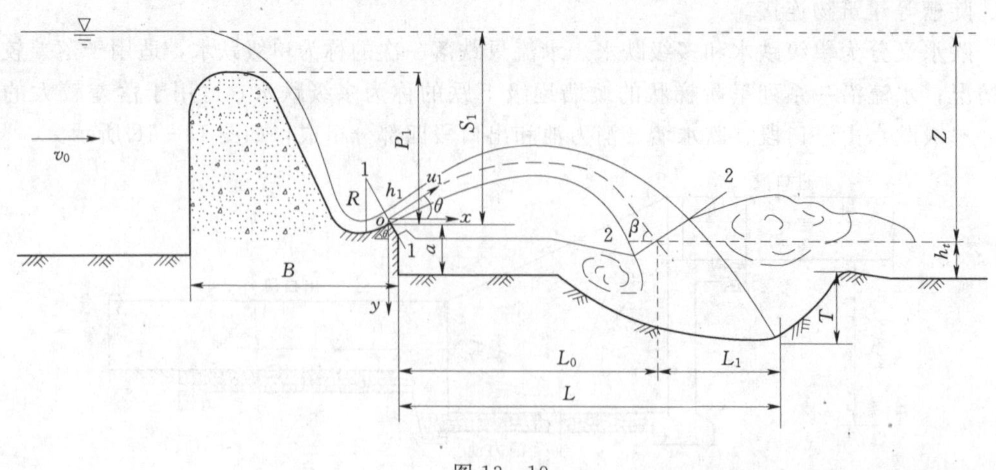

图 13-19

$$L_0=\varphi^2 S_1 \sin 2\theta\left(1+\sqrt{1+\frac{a-h_t}{\varphi^2 S_1 \sin^2\theta}}\right) \tag{13-22}$$

式中　S_1——上游水面至挑坎顶部的高差；

a——挑坎高度，即下游河床至挑坎顶部的高差；

θ——鼻坎挑射角；

h_t——冲刷坑后下游水深；

φ——坝面流速系数，可按经验公式计算。

根据长江流域规划办公室整理的一些原型观测及模型观测资料，φ 的经验公式为

$$\varphi=\sqrt[3]{1-\frac{0.055}{K^{0.5}}} \tag{13-23}$$

其中

$$K=\frac{q}{\sqrt{g}S_1^{1.5}}$$

该式用于 K 在 0.004～0.15 之间，当 $K>0.15$ 时，取 $\varphi=0.95$。

2. 水下挑距 L_1

水舌自断面 2—2 进入下游水体后，属于射流的潜没扩散运动，与质点自由抛射运动有一定区别，近似认为是直线运动，则

$$L_1=\frac{T+h_t}{\tan\beta} \tag{13-24}$$

其中

$$\tan\beta=\sqrt{\tan^2\theta+\frac{a-h_t+\frac{h_1}{2}\cos\theta}{\varphi^2(S_1-h_1\cos\theta)\cos^2\theta}} \tag{13-25}$$

式中　T——冲刷坑深度；

h_t——冲刷坑下游水深；

β——水舌入水角，可按上式近似计算；

h_1——断面 1—1 的水深。

对于高坎，$S_1\gg h_1$，h_1 可忽略（$h_1=0$）。将式（13-22）、式（13-24）代入式（13-21）得

$$\begin{aligned}L&=L_0+L_1\\&=\varphi^2 S_1\sin 2\theta\left(1+\sqrt{1+\frac{a-h_t}{\varphi^2 S_1\sin^2\theta}}\right)+\frac{T+h_t}{\sqrt{\tan^2\theta+\frac{a-h_t}{\varphi^2 S_1\cos^2\theta}}}\end{aligned} \tag{13-26}$$

二、冲刷坑深度的估算

冲刷坑深度取决于水舌跌入下游水面后的冲刷能力及河床的抗冲能力。

水舌的冲刷能力主要与单宽流量、上下游水位差、下游水深、坝面形式、水流在空中的能量损失、掺气程度及入水角等因素有关。而河床的抗冲能力则与河床的地质条件有关。

综上所述，影响冲刷坑深度的因素众多且复杂。因此，目前工程上还只能依靠一些经验公式来估算冲刷坑的深度。我国目前普通采用的计算公式为

$$T=K_s q^{0.5} z^{0.25}-h_t \tag{13-27}$$

式中 T——冲刷坑深度，m；

z——上下游水位差，m；

h_t——冲刷坑下游水深，m；

K_s——抗冲系数，与河床的地质条件有关。国内水利工程的研究和规范提出：坚硬完整的基岩 $K_s=0.9\sim1.2$；坚硬但完整性较差的基岩 $K_s=1.2\sim1.5$；软弱破碎、裂隙发育的基岩 $K_s=1.5\sim2.0$。

冲刷坑是否会危及建筑物的基础，一般用冲刷坑后坡 i 来判断。冲刷坑后坡 i 是指冲刷坑最深点与挑流鼻坎末端同河床交点的连线的坡度，$i=T/L$。当 $i<i_c$ 时，就认为冲刷坑不会危及建筑物安全。i_c 为许可的冲刷坑最大后坡，规范提出 $i_c=1/2.5\sim1/5$。

三、连续式挑坎尺寸的拟定

1. 挑坎型形式

常用的挑坎有连续式及差动式两种（见图 13-20）。连续式挑坎，施工方便，比相同条件下的差动式挑坎射程远。差动式挑坎是将挑坎做成齿状，使通过挑坎的水流分成上下两层，垂直方向有较大的扩散，可以减轻对河床的冲刷；但流速高时易产生空蚀。目前采用较多的是连续式挑坎。

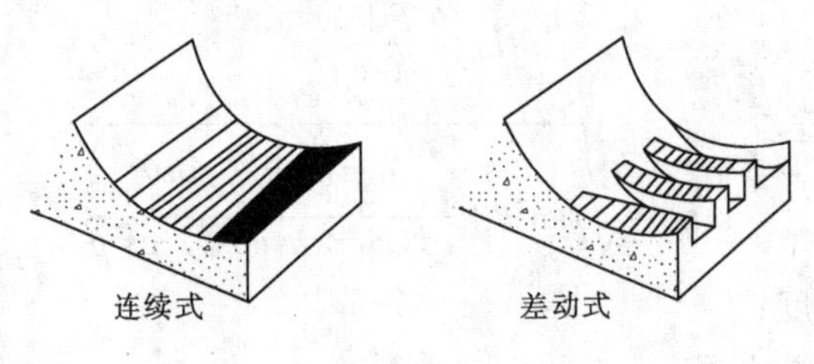

图 13-20

2. 连续式挑坎尺寸拟定

（1）挑坎高程。挑坎高程越低，出口断面流速越大，射程越远。同时，挑坎高程低，工程量也小，可以降低造价。但是，当下游水位较高并超过挑坎达一定程度时，水流挑不出去，达不到挑流消能的目的。所以，工程设计中常使挑坎最低高程等于或略高于下游最高尾水位。这时，由于挑流水舌将水流推向下游，因此，紧靠挑坎下游的水位仍低于挑坎高程。

（2）反弧半径。水流在挑坎反弧段内运动时多产生离心力，将使反弧段内压强加大。反弧半径愈小，离心力愈大，挑坎内水流的压能增大，动能减小，射程也减小。因此，为保证有较好的挑流条件，反弧半径 R 至少应大于 $4h_c$（h_c 为反弧段最低点水深），一般取 $R=(4\sim10)h_c$。

（3）挑角 θ。按质点抛射运动考虑，当挑坎高程与下游水位同高时，挑角 θ 越大，射程 L_0 越大，但同时入水角 β 也增大，水下射程 L_1 减小，所以 $L=L_0+L_1$ 变化不大。且入水角 β 的增大将导致冲刷坑深度 T 增加。而且当 $Q_{实}<Q_{起挑}$ 时，由于动能不足，水流挑不出去，将在反弧段内行成旋涡。所以，挑角 θ 不宜过大，一般 $15°\sim35°$。

【例题 13-4】 某 WES 型溢流坝如图 13-21 所示，坝高 $P=50$m，连续式挑流鼻坎

高 $a=8.5\text{m}$，挑角 $\theta=30°$。下游河床为坚硬但完整性较差的基岩。坝的设计水头 $H_d=6\text{m}$，下泄设计洪水时的下游水深 $h_t=6.5\text{m}$，试估算：①挑流射程。②冲刷坑深度。③检验冲刷坑是否危及大坝安全。

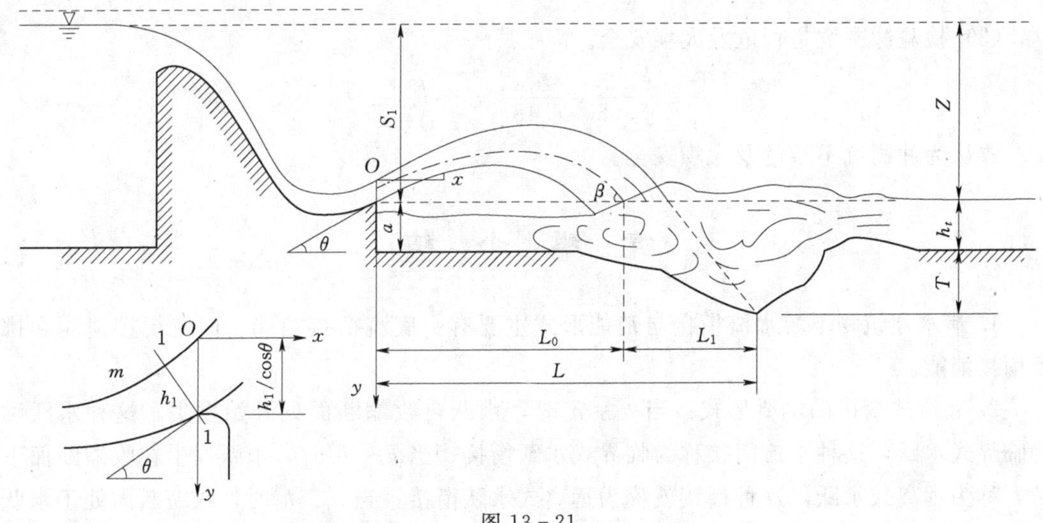

图 13-21

解：

(1) 冲刷坑深度。

$$z=50+6-6.5=49.5(\text{m})$$

$$S_1=50+6-8.5=47.5(\text{m})$$

$$a=8.5(\text{m})$$

$$\sin^2\theta=0.25，\sin2\theta=0.866，\tan^2\theta=0.333，\cos^2\theta=0.75$$

对于 WES 型实用堰，可取流量系数 $m_d=0.502$。

因 $h_t<P$，$h_s<0$，且 $P/H=50/6=8.33>2$，故溢流坝为自由出流。

单宽流量　$q=m_d\sqrt{2g}H_0{}^{3/2}=0.502\times\sqrt{2g}\times6^{3/2}=32.6[\text{m}^3/(\text{s}\cdot\text{m})]$

下游河床为坚硬但完整性较差的基岩，查表取 $K_s=1.3$。

冲刷坑深度

$$T=K_s q^{0.5}z^{0.25}-h_t=1.3\times32.6^{0.5}\times49.5^{0.25}-6.5=13.2(\text{m})$$

(2) 射程计算。

流能比
$$K=\frac{q}{\sqrt{g}S_1{}^{1.5}}=\frac{32.6}{\sqrt{g}\times47.5^{1.5}}=0.032$$

流速系数
$$\varphi=\sqrt[3]{1-\frac{0.055}{K^{0.5}}}=\sqrt[3]{1-\frac{0.055}{0.032^{0.5}}}=0.885$$

总射程
$$L=\varphi^2S_1\sin2\theta\left(1+\sqrt{1+\frac{a-h_t}{\varphi^2S_1\sin^2\theta}}\right)+\frac{T+h_t}{\sqrt{\tan^2\theta+\frac{a-h_t}{\varphi^2S_1\cos^2\theta}}}$$

$$=0.885^2\times47.5\times0.866\times\left(1+\sqrt{1+\frac{8.5-6.5}{0.885^2\times47.5\times0.25}}\right)$$

$$+\frac{13.19+66.5}{\sqrt{0.333+\frac{8.5-6.5}{0.885^2\times47.5\times0.75}}}$$

$$=98.68(\text{m})$$

(3) 检验冲刷坑是否危及大坝安全。

$$i=\frac{T}{L}=\frac{13.2}{98.68}=\frac{1}{7.48}<i_K=\left(\frac{1}{2.5}\sim\frac{1}{5}\right)$$

故认为冲刷坑不致危及大坝安全。

专 题 小 结

1. 泄水建筑物下游水流衔接与消能形式主要有：底流衔接消能、面流衔接消能和挑流衔接消能。

2. 底流式衔接的主要形式：当 $h_t=h_c''$ 时，水跃自收缩断面处开始发生，这种水跃称为临界式水跃，这种水流衔接称为临界式水跃衔接；当 $h_t<h_c''$ 时，水跃发生在收缩断面下游，称为远离式水跃，这种衔接就称为远离式水跃衔接；当 $h_t>h_c''$ 时，收缩断面处于水跃旋滚之下，这种水跃称为淹没式水跃，这种衔接就称为淹没式衔接。

3. 消力池的形式：①挖深式：降低护坦高程，在下游形成的消力池；②消力坎式：在护坦末端修建消能坎来壅高水位，在坎前形成消力池；③综合式。

4. 挑流消能的消能原理：一是空中消能，即利用被鼻坎挑射出的水股在空中的扩散掺气消耗一部分动能；二是水下消能，即利用扩散了的水舌落入下游河床时，与下游河道水体发生碰撞，并在水舌入水点附近形成的两个大旋滚消耗剩余的大部分动能。

5. 挑流消能水力计算的主要任务是：

(1) 挑距 $L=L_0+L_1$。

(2) 坑深 T。

(3) 选择挑坎型式，确定挑坎高程，反弧半径 r，挑射角 θ。

习 题

一、问答题

1. 水跃为什么可以消能？

2. 泄水建筑物下游常采用的水面衔接及消能措施有哪几种？它们各自的水流特征是什么？

3. 怎样判别堰、闸下游水流衔接形式（即确定水跃位置）？可能有哪三种形式的水跃产生？

4. 在什么情况下，堰、闸下游需要修建消能池？如何确定消能池的深度及长度？

二、计算题

1. 有一溢流坝，上下游坝高 $P=P_1=14\text{m}$，单宽流量 $q=8.25\text{m}^3/(\text{s}\cdot\text{m})$，流量系

数 $m=0.45$，下游河道水深 $h_t=3.05\text{m}$，河道与坝同宽，为矩形，流速系数 $\varphi=0.96$。试求：

（1）收缩断面的水深 h_c。

（2）判定是否采取消能设施。

（3）若需消能，不计挖深影响，初步估算消力池池深 $S(S=1.05h_c''-h_t)$。

2. 某溢流坝下游采用挑流消能，其挑射角 $\theta=25°$，鼻坎高程 $Z_{鼻坎}=678.00\text{m}$，鼻坎处溢流宽度 $B=40\text{m}$，下游河床底高程 $Z_{河底}=675.00\text{m}$，当通过设计流量 $Q_P=800\text{m}^3/\text{s}$ 时，对应的上游水位 $Z_上=714.4\text{m}$，堰顶水头 $H=4.4\text{m}$，下游水位 $Z_下=677.00\text{m}$，下游河床岩基坚硬，但完整性较差。试计算水舌挑距，估算冲刷坑深度，并校核建筑物是否安全。

附录Ⅰ　梯形和矩形断面明渠正常水深求解图

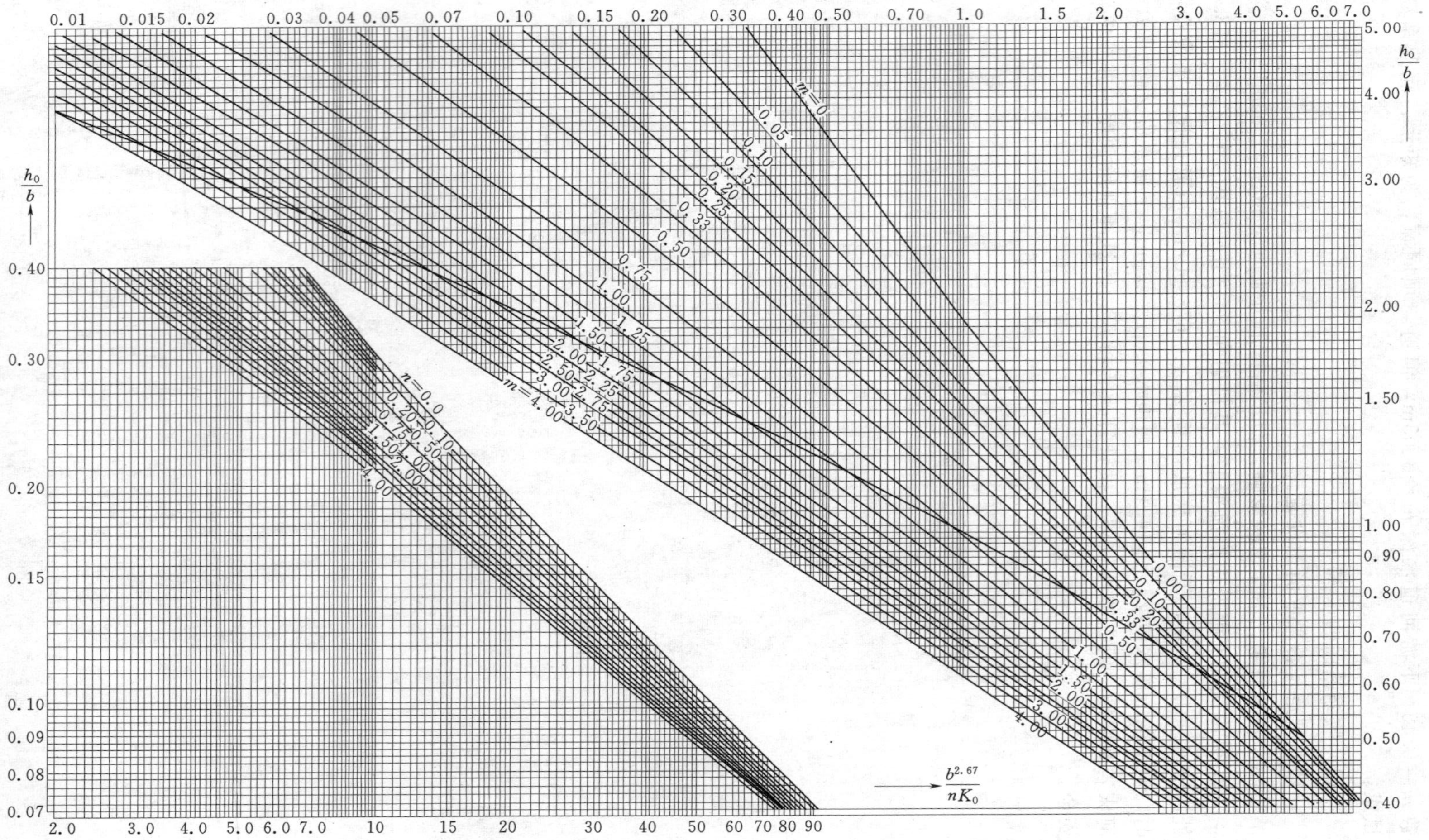

$\frac{h_0}{b}$

$\frac{b^{2.67}}{nK_0}$

0.01　0.015　0.02　0.03　0.04　0.05　0.07　0.10　0.15　0.20　0.30　0.40　0.50　0.70　1.0　1.5　2.0　3.0　4.0　5.0　6.0　7.0

5.00　4.00　3.00　2.00　1.50　1.00　0.90　0.80　0.70　0.60　0.50　0.40

0.40　0.30　0.20　0.15　0.10　0.09　0.08　0.07

2.0　3.0　4.0　5.0　6.0　7.0　10　15　20　30　40　50　60　70　80　90

$m=0$　0.05　0.10　0.15　0.20　0.25　0.33　0.50　0.75　1.00　1.25　1.50　1.75　2.00　2.25　2.50　2.75　3.00　3.50　$m=4.00$

0.00　0.10　0.20　0.33　0.50　1.00　1.50　2.00　3.00　4.00

$n=0.0$　0.10　0.20　0.50　0.75　1.00　1.50　2.00　4.00

附录Ⅱ　梯形和矩形断面明渠底宽求解图

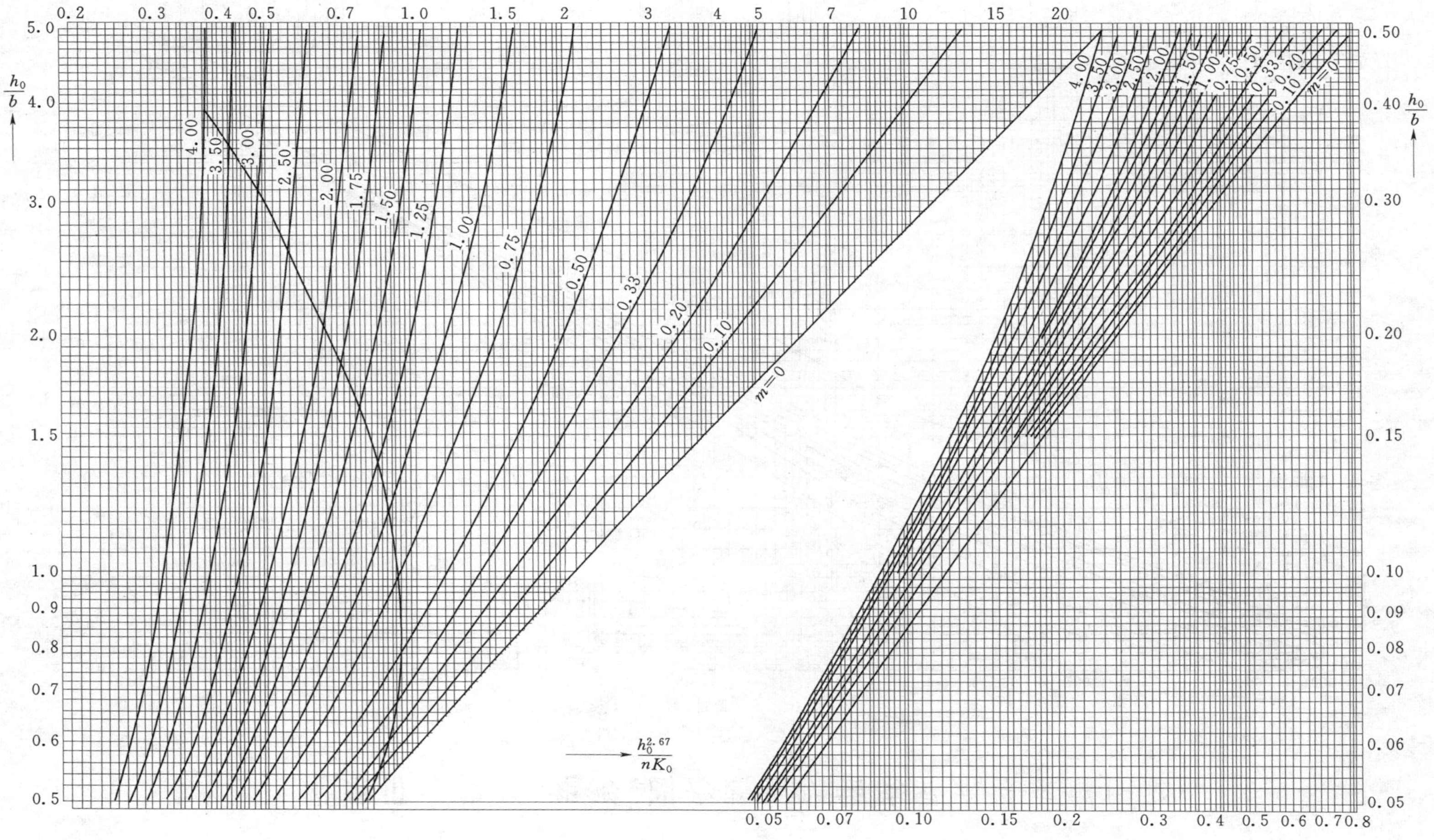

附录Ⅲ 梯形、矩形、圆形断面明槽临界水深求解图

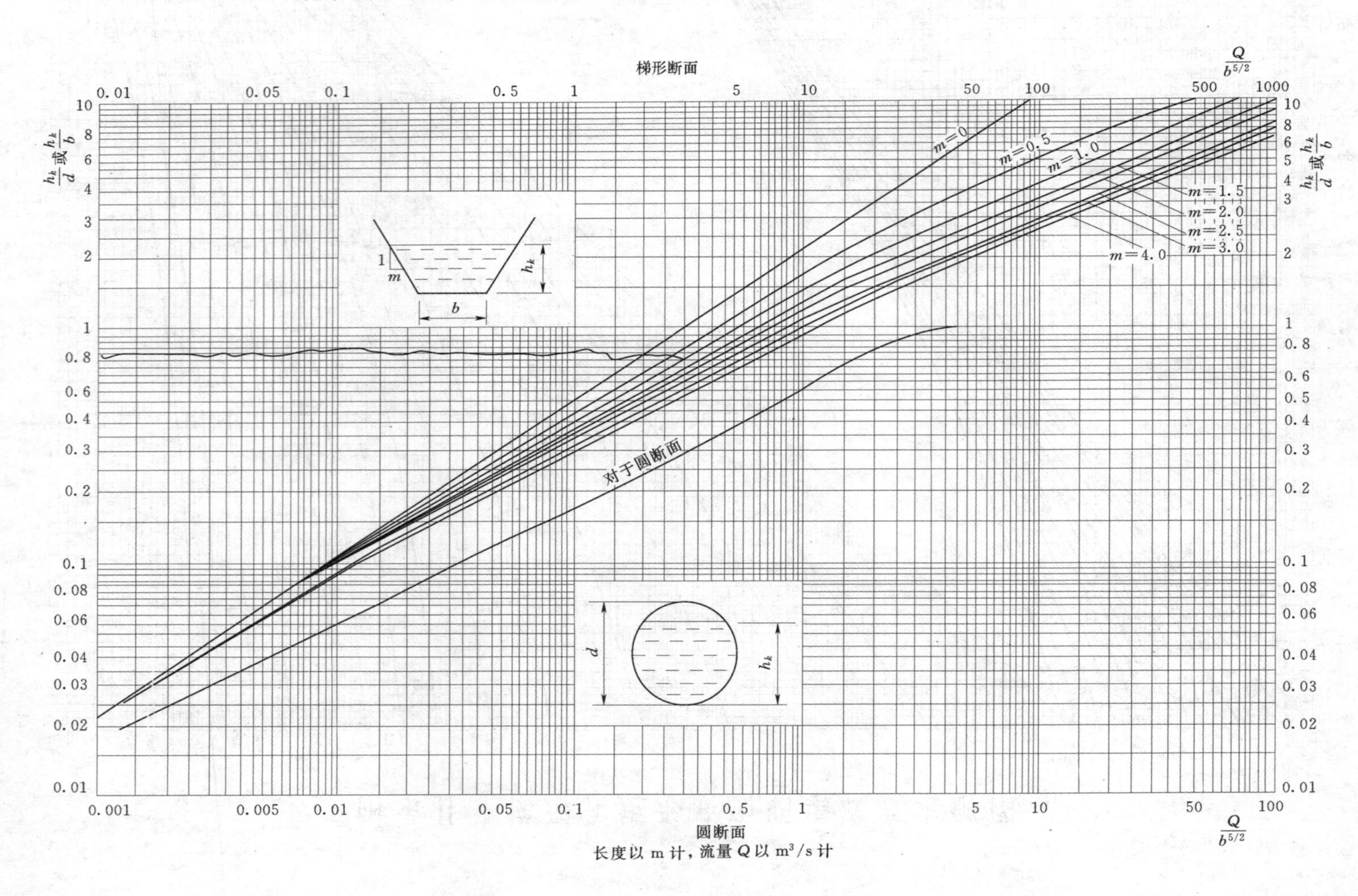

长度以 m 计，流量 Q 以 m^3/s 计

附录Ⅳ　建筑物下游河槽为矩形时收缩断面水深及其共轭水深求解图

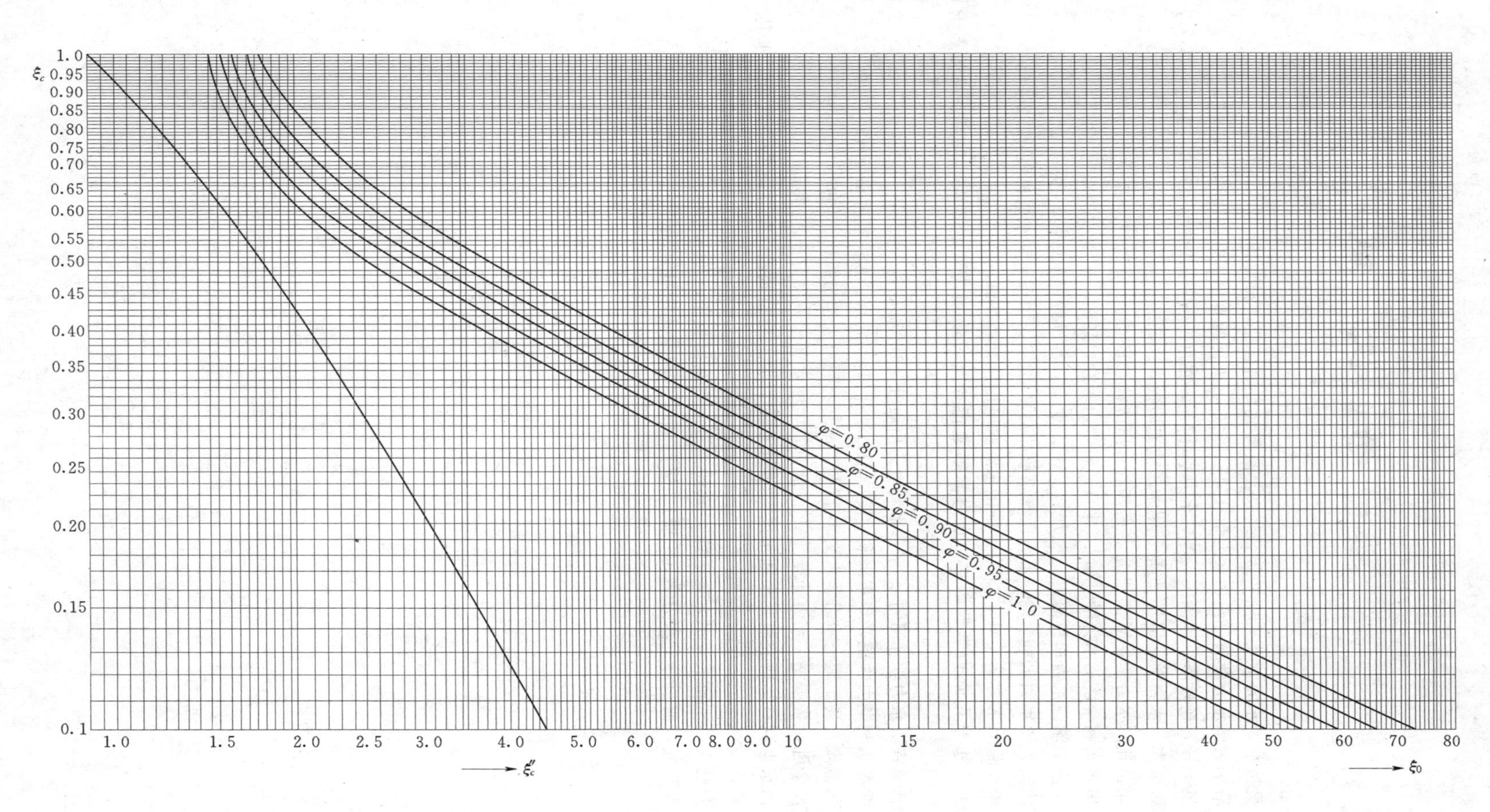

参 考 文 献

[1] 吴持恭．水力学［M]．3版．北京：高等教育出版社，2003.

[2] 清华大学水力学教研组．水力学［M]．北京：人民教育出版社，1980.

[3] 吴桢祥，杨玲霞，李国庆，等．水力学［M]．北京：气象出版社，1994.

[4] 张耀先．水力学［M]．北京：化学工业出版社，2005.

[5] 徐正凡．水力学［M]．北京：高等教育出版社，1986.

[6] 华东水利学院．水力学［M]．北京：科学出版社，1983.

[7] 大连工学院水力学教研室．水力学［M]．北京：高等教育出版社，1985.

[8] 武汉大学水利水电学院．水力计算手册［M]．北京：中国水利水电出版社，2006.

[9] 李序量．水力学［M]．北京：中国水利水电出版社，1999.

[10] 大连工学院水力学教研室．水力学解题指导及习题集［M]．2版．北京：高等教育出版社，1984.

[11] 孙道宗．水力学［M]．北京：水利电力出版社，1992.

[12] 武汉水利电力学院，华东水利学院．水力学［M]．北京：人民教育出版社，1980.

[13] 张耀先，夏于廉．水力学水文学［M]．南京：河海大学出版社，1995.

[14] 罗全胜，张耀先．水力计算［M]．北京：中国水利水电出版社，2001.

[15] 南京水利科学研究院，水利水电科学研究院．水工模型试验［M]．2版．北京：水利电力出版社，1984.

[16] 张耀先，丁新求．水力学［M]．郑州：黄河水利出版社，2008.

[17] 张耀先，游玉萍．水力学（上册）［M]．北京：科学出版社，2005.